A History of the U.S. Seventh Fleet

第七艦隊

READY SEAPOWER

民主與和平的守護者

EDWARD J. MAROLDA

愛德華・馬洛達——著　葉家銘——譯

海軍並不只是「國防的第一線」。

它經常是，而且也必須是，我們在海外軍事行動的先鋒。

海軍在很多情況下都是「衝擊的第一線」。

阿利・伯克上將

海軍軍令部長

1955—1961

目　錄

2009 年 2 月，在「藍嶺號」指揮艦上，第七艦隊司令約翰‧柏德中將正在與日本海上自衛隊自衛艦隊司令官泉徹中將討論行動細節。

「列克星頓號」特遣艦隊在八二三砲戰期間的 9 月 25 日在台海周邊巡弋，支援台灣度過這一次的台海危機。

序

為了增強我們對於美國海軍第七艦隊從第二次世界大戰到 2010 年之間，在西太平洋所扮演的關鍵角色的理解，海軍歷史及遺產司令部出版了這一本第七艦隊史。這個企劃的目的，與司令部持續不懈地為海軍人員提供能直接支援他們全球性任務的歷史資料與分析的目標，可以說是一致的。沒有任何一個海軍單位能比第七艦隊在捍衛及宣揚美國在亞洲利益方面有更多的付出。這一支「戰鬥艦隊」一直都在二戰太平洋各大小戰役，以及在韓國、越南以及波斯灣戰鬥的美軍部隊的最前線。在二十世紀後半以及二十一世紀的頭十年之間，第七艦隊成為了對抗侵略，以及與美國的亞洲盟友維持這個重要區域的和平穩定的堡壘。不管是與正規軍、游擊隊、叛亂份子、海盜或恐怖份子戰鬥，第七艦隊的水兵們在日常行動中都展現出超凡的勇氣與奉獻精神，同時也成為了代表美國核心價值——自由、民主、自由市場、進取以及尊重人權的大使。

這一本圖解歷史的作者——海軍前資深歷史學家愛德華・馬洛達博士（Dr. Edward J. Marolda），擁有超過四十年與上述題材相關的學術能力及經驗。他撰寫、編著及與他人合著過十二本極受好評的海軍歷史著作，而且還特別專注於研究海軍與現代亞洲衝突及發展的關係。

傑・德洛阿奇（退役）少將，美國海軍

海軍歷史署長

（Jay DeLoach, Director of Naval History）

在菲律賓外海的湯瑪士·金凱德中將及其麾下的指揮官們。左起：傑西·歐登多夫少將、金凱德、西奧多·錢德勒少將（稍後在一次神風攻擊中遇襲陣亡），以及羅素·伯基少將（日後的第七艦隊司令）。

第七艦隊大事年表

1941.12.7	日本帝國海軍攻擊了在夏威夷珍珠港內的美國海軍太平洋艦隊，點燃了第二次世界大戰太平洋戰場的戰火。
1942.6.4-6	美國海軍在中途島戰役中擊敗日本海軍艦隊。
1943.2.19	美國海軍設立第七艦隊。
1943.11.26	金凱德中將成為第七艦隊司令。
1944.2.29	第七艦隊把部隊送上阿德默勒爾蒂群島。
1944.4.22	第七艦隊把地面部隊送上新幾內亞的荷蘭迪亞。
1944.10.20	盟軍登陸菲律賓的雷伊泰島。
1944.10.25	雷伊泰灣海戰中，第七艦隊及第三艦隊擊敗了日本帝國海軍。
1944.10.25	對美國海軍發動的第一次主要神風特攻攻擊，「聖羅號」護航航艦被擊沉。
1944.12.15	第七艦隊把部隊送上菲律賓的民都洛島。
1945.1.9	第七艦隊兩棲部隊把陸軍師送上菲律賓主要島嶼呂宋島上的仁牙因。
1945.8.15	麥克阿瑟將軍發佈了《一般命令第一號》，指示在中國及韓國的日軍解除武裝。
1945.9.2	日本官員在「密蘇里號」戰艦上簽署降書，二戰結束。
1945.9.9	金凱德海軍上將及約翰・霍奇陸軍上將在漢城的投降儀式上，接受在朝鮮半島南部的日軍投降。
1946.7.4	第七艦隊到訪馬尼拉，慶祝菲律賓獨立日。
1947.1.1	第七艦隊更名為美國西太平洋海軍部隊。
1948.1.17	攻擊人員運輸艦「倫維爾號」成為了荷蘭政府及印尼獨立運動領袖舉行停火談判的場地。
1949.5.25	第七艦隊最後一次從中國的青島港出航，青島是艦隊在 1946 至 1949 年的母港。
1949.8.19	美國西太平洋海軍部隊改稱美國海軍第七特遣艦隊。
1949.10.1	中共領導毛澤東成立中華人民共和國。

1950.1.12	國務卿艾奇遜宣佈美國在西太平洋的防線，把南韓及台灣摒除在美國保護圈之外。
1950.2.11	美國海軍第七特遣艦隊改稱美國海軍第七艦隊。
1950.2.14	中共與蘇聯簽訂了三十年的《中蘇友好同盟互助條約》。
1950.6.25	中共及蘇聯支持共產北韓入侵南韓。
1950.6.27	杜魯門總統指示第七艦隊駛近台灣，挫敗中共意圖入侵這座由國民政府控制的島嶼。
1950.7.3	第七艦隊「福吉谷號」航艦與皇家海軍「凱旋號」航艦對北韓發動了首次海軍攻擊，目標是首都平壤附近的目標。
1950.8.4	第七艦隊司令成立了福爾摩沙巡邏部隊（第72特遣艦隊），並在接下來近三十年以台海巡邏部隊之名展開行動。
1950.9.15	第七艦隊與聯合國軍作戰艦還有地面部隊，在南韓仁川發動了兩棲突擊行動，徹底擊潰了入侵的北韓軍隊並解放了南韓。
1950.11.25	中共人民解放軍發動了一次主要攻勢，迫使美軍及聯合國軍撤出北韓。
1950.12.24	第七艦隊及其他聯合國軍海軍部隊將接近二十萬名美軍及聯合國軍地面部隊及難民，自北韓興南港撤離。
1951.8.30	美國及菲律賓簽訂了《美菲協防條約》。
1951.9.1	澳洲、紐西蘭及美國簽訂了《澳紐美安全條約》。
1953.3.5	蘇聯獨裁者史達林去世。
1953.7.27	韓戰交戰雙方簽署停戰協定，結束了在朝鮮半島的戰鬥。
1953.10.1	美國及大韓民國簽訂了《美韓共同防禦條約》。
1954.5.7	胡志明的越盟部隊壓制了法國在印度支那奠邊府戰鬥基地的最後一名法國守軍。
1954.7.21	在瑞士日內瓦的會議上，第一次法屬印度支那戰爭的交戰雙方在停戰條款上取得共識，結束了這場戰爭。
1954.8.16	在「自由之路行動」當中，第七艦隊將293,000名難民當中的第一批，從越南北部運送到越南南部去。
1954.9.3	毛澤東的軍隊開始砲擊金門及馬祖，這些島嶼都是台灣的蔣介石國民政府所控制的。

1954.9.8	在馬尼拉舉行的會議上，美國、澳洲、英國、法國、巴基斯坦、菲律賓、紐西蘭及泰國同意成立「東南亞公約組織」，以應對共產黨的入侵。
1954.12.2	美國及中華民國簽訂《中美共同防禦條約》。
1955.1.20	中共部隊佔領了大陳列島中的一江山島。
1955.1.28	美國國會通過「台灣決議案」，以支援中華民國與中華人民共和國對抗。
1955.2.6	第七艦隊船艦開始把國軍及平民從大陳列島撤離。
1958.8.23	中共部隊開始砲轟台灣海峽內的金門島國軍陣地，點燃了與美國的對峙。
1958.10.6	毛澤東宣佈對金門「單打雙不打」，結束了這一次台海危機。
1960.1.19	美國及日本簽訂了《美日安保條約》。
1962.5.17	甘迺迪總統指示，第七艦隊將陸戰隊及其他美軍部隊部署到泰國，以嚇阻在鄰近的寮國大有進展的共產黨勢力。
1962.7.23	在瑞士日內瓦的會議上，美國及其他國家同意寮國在東南亞衝突中保持中立。
1963.11.1	南越發生軍事政變，總統吳廷琰遇刺身亡。
1963.11.22	甘迺迪總統在美國德州達拉斯遇刺身亡。
1964.8.2	北越魚雷艇在東京灣攻擊了第七艦隊「馬多克斯號」驅逐艦。
1964.8.7	國會通過「東京灣決議案」，授權總統使用武力手段對抗東南亞的共產黨部隊。
1965.3.8	第七艦隊兩棲部隊把陸戰隊第 9 遠征旅送到南越的峴港登陸。
1965.3.11	涉及第七艦隊、美國海岸防衛隊及南越海軍部隊的「市場時間」反滲透行動，開始在南越海岸線外海展開。
1965.3.15	第 77 特遣艦隊航空母艦在海空軍對北越的「滾雷行動」轟炸作戰當中，展開了海軍第一次空襲行動。
1966.10.26	「歐斯卡尼號」航艦在東京灣發生大火，導致 44 名海軍航空人員及艦上官兵殉職。
1967.7.29	「福萊斯特號」航艦的飛行甲板發生致災性大火，134 名官兵殉職。
1968.1.23	北韓海軍部隊在國際水域扣押了「普韋布洛號」情報船。

1968.1.31	共產黨部隊對南越展開新春攻勢。
1968.3.31	詹森總統宣佈終止對北緯 19 度線以上北越地區的轟炸行動。
1969.4.15	北韓米格戰機擊落一架海軍 EC-121 電偵機，機上 31 名組員全數殉職。
1971.12.9	因應印度–巴基斯坦戰爭，華府下令「企業號」戰鬥群部署到印度洋。
1972.2.21	尼克森總統前往中國與中共領袖毛澤東會面。
1972.5.9	從「珊瑚海號」航艦起飛的海軍及陸戰隊飛機，在北越海防港的進出水路佈置水雷。
1972.5.10	第七艦隊及美國空軍的作戰飛機展開對北越的「線衛 I」轟炸行動。
1972.12.18	尼克森總統指示，第 77 特遣艦隊及空軍飛機展開了對河內及海防的「線衛 II」轟炸行動。
1973.1.27	為了結束戰爭及在越南恢復和平，簽下《巴黎和平協議》，對美國來說越戰已經結束了。
1973.2.6	按《巴黎和平協議》條款要求，第七艦隊的掃雷部隊（第 78 特遣艦隊）開始掃雷行動，以保證北越水域內再無美國佈置的水雷。
1975.4.12	第七艦隊及陸戰隊單位在「鷹遷行動」中，將美國人、柬埔寨人及其他相關人員自柬埔寨的金邊撤離。
1975.4.30	第七艦隊指揮「常風行動」的撤離工作，終結了美軍在南越的駐軍時代。
1975.5.15	海軍及陸戰隊成功奪回兩天前被柬埔寨紅色高棉奪去的「馬亞圭斯號」商船。
1976.8.21	為了應對兩名美國陸軍軍官被北韓士兵殘忍以斧頭砍殺，第七艦隊及其他美、韓部隊，在朝鮮半島非軍事區內及周圍展開大規模的展示實力行動。
1979.1.1	美國及中華人民共和國建交。
1979.2.17	中華人民共和國攻擊越南，前者想要「給越南一個教訓。」
1979.12.27	蘇聯入侵阿富汗。
1983.9.1	蘇聯戰機在庫頁島附近擊落了一架大韓航空的波音 747 巨無霸客機，機上人員全數遇難。
1986.11.5	自 1949 年以來，第七艦隊作戰艦首次訪問青島。

1989.6.4	中共解放軍粉碎了在北京天安門廣場上的民主運動。
1989.12.1	第七艦隊在馬尼拉的一場軍事政變中，支持了菲律賓現任政府。
1990.8.2	海珊的伊拉克軍入侵科威特。
1990.8.7	老布希總統指示第七艦隊及其他美軍部隊展開「沙漠之盾行動」。
1991.1.17	第七艦隊及其他聯軍部隊發動了「沙漠風暴行動」中的空中及海軍作戰，對抗伊拉克武裝部隊。
1991.2.24	聯軍地面部隊開始對科威特展開地面攻擊。
1991.2.28	聯軍結束對伊拉克的作戰。
1991.5.9	在「海上天使行動」中，第七艦隊及其他部隊展開人道援助，為受到風暴摧殘的孟加拉災民提供協助。
1991.6.16	美國蘇比克灣海軍基地受到皮納圖博火山爆發沉重打擊，第七艦隊開始把撤離人員從基地送到菲律賓的宿霧島。
1992.11.24	第七艦隊結束了美國在蘇比克灣海軍基地接近百年的駐軍歷史。
1993.3.12	北韓宣佈將國家進入「準戰時狀態」，宣佈退出《核武禁擴條約》。
1994.10.21	美國及北韓簽署了《北韓－美國核框架協議》，以限制後者開發核武。
1996.3.11	華府下令「尼米茲號」及「獨立號」航艦戰鬥群在台灣附近海域集結，以嚇阻中共的侵略性姿態。
1997.7.1	英國將皇家殖民地香港的主權移交予中華人民共和國。
1998.1.19	美國及中華人民共和國簽訂了《關於建立加強海上軍事安全磋商機制的協定》。
1998.8.31	北韓發射一枚大浦洞 I 型飛彈，飛越了日本上空。
1999.5.7	美國誤炸位於塞爾維亞的貝爾格萊德的中國駐南斯拉夫大使館。
1999.6.15	南韓海軍在第一次延坪海戰中，擊沉了一艘北韓巡邏艇。
2000.10.12	蓋達組織恐怖份子於葉門的亞丁港內，在「柯爾號」飛彈驅逐艦的艦體旁引爆炸彈，造成 17 名美軍水兵死亡。
2001.4.1	中共戰機與美軍 EP-3E 相撞，迫使後者在中國的海南島緊急迫降。
2001.9.11	蓋達組織恐怖份子劫持民航機撞向位於紐約的世界貿易中心、五角大廈，以及在賓夕法尼亞州中部的田野，造成近 3,000 人身亡。
2001.10.7	美軍部隊開始在阿富汗的「持久自由行動」，展開與蓋達組織及塔利班恐怖份子的戰鬥。

2003.3.19	聯軍部隊在「伊拉克自由行動」中,開始對伊拉克軍的戰鬥。
2003.5.31	小布希總統宣佈了《防擴散安全倡議》,以反制大規模殺傷性武器的擴散。
2004.12.28	在「聯合救助行動」中,第七艦隊被部署到印尼外海,協助南亞大海嘯的人道救援。
2005.6.28	華府及新德里簽訂《美印防務關係框架協議》,一個為聯合保護海上交通的 10 年期協議。
2005 秋	海軍軍令部長呼籲國際組成「千艦海軍」,以防衛海洋公共領域。
2006.7.5	北韓發射了飛毛腿、蘆洞及大浦洞 II 型飛彈到日本海/東海。
2007.11.21	美國海軍、陸戰隊及海岸防衛隊的軍職首長共同簽署《美國 21 世紀海權合作戰略》。
2008.11.26	伊斯蘭恐怖份子對印度孟買的多個目標發動恐怖襲擊,造成 165 人身亡。
2009.3.9	中共船艦在南海騷擾了美國海軍「無瑕號」海測船。
2009.3.20	第七艦隊與南韓海軍首長簽訂了一份協議,內容為:在朝鮮半島進行應變行動時,會採取由南韓海軍接管作戰指揮權。
2010.3.26	一艘北韓潛艦擊沉了南韓海軍天安艦,46 名南韓水兵陣亡。
2010.11.23	北韓砲兵對南韓延坪島開火,造成兩名南韓海軍陸戰隊員陣亡,兩名平民身亡。

美國海軍第七艦隊責任區

1965 年 3 月，「珊瑚海號」航艦的飛行甲板軍官正在指示一架 A-4 天鷹式攻擊機從艦上起飛。

衛兵交接，照片上方將於 1991 年 8 月駛往聖地牙哥並退役的「中途島號」航艦，正在珍珠港海軍基地內，與準備前往日本展開前進部署的「獨立號」航艦共停在同一個碼頭。

前言

美國在遠東的利益，可以追溯到合眾國最早期的年代。當時美國商船已經橫渡浩瀚無垠的太平洋，往返於中國、菲律賓、印度支那及東印度地區的港口進行貿易。美國海軍的作戰艦在不久之後也來到這片海域，以保護那些滿載商業利益的船艦，還有促進美國在亞洲的外交利益。

作為十九世紀的亞洲分艦隊及二十世紀早期亞洲艦隊的後繼者，美國海軍第七艦隊在第二次世界大戰早期便開始創造它本身的歷史。作為美國海軍部隊當中最獨特者，第七艦隊參與了過去六十年來所有的主要衝突，以及絕大多數的危機與對峙。第七艦隊捍衛了美國的利益，亦同美國的亞洲盟友同心合力嚇阻侵略者，以維持區域內的和平與穩定。同時，艦隊官兵在無數國家慘遭天災人禍蹂躪之際，進行人道援助及救災任務。

在二十一世紀，第七艦隊的責任區，包含了太平洋及印度洋地區共四千八百萬平方里之廣，這個區域內還有世界半數人口、35 個國家，以及區域內絕大多數繁華的經濟體。世界上大多數的能源資源及海洋貿易，都會駛經這片由美國海軍第七艦隊的作戰艦、飛機及男女官兵們保衛的海洋。而這支艦隊的格言也是極為恰當的——「為和平常備不懈的力量」（Ready Power for Peace）。

1944 年初，在「鳳凰城號」輕巡洋艦上的第七艦隊司令湯瑪士‧金凱德海軍中將（左），以及他的老闆，盟軍西南太平洋戰區最高總司令道格拉斯‧麥克阿瑟上將。

第一章
麥克阿瑟的海軍

日本在 1941 年 12 月 7 日對珍珠港的攻擊，被羅斯福描述成「它將永遠成為國恥日」的一天，推動著美國及美國人民進入了第二次世界大戰。在接下來的多個月，日軍佔領了菲律賓、馬來亞，以及荷屬東印度（編著：即今日的印尼），並且在過程中擊敗了嚴重兵力且準備不足的美、英及荷蘭海軍。1942 年的春天，美軍太平洋艦隊及澳洲的地面部隊阻止了日軍在新幾內亞（New Guinea）的攻勢。美軍的陸空海部隊，隨後在瓜達康納爾島（Guadalcanal）及索羅門群島島鏈（Solomon island chain）的周邊海域，取得了一場艱難的勝利。1943 年初，南太平洋戰區及南太平洋部隊司令小威廉・海爾賽上將（William F. Halsey）麾下的盟軍部隊，已經準備好穿過索羅門群島繼續向北推進，以新不列顛島（New Britain）——日軍強大的拉包爾基地（Rabaul）所在地為最終目標。與此同時，西南太平洋地區盟軍部隊最高總司令道格拉斯・麥克阿瑟將軍，亦準備帶領他指揮的美軍及澳洲地面部隊，沿著幾乎杳無人跡的北新幾內亞海岸，一路向西分兵進擊。

華府的軍事高層認為，海軍力量會是麥克阿瑟的新幾內亞攻勢的關鍵，因此在 1943 年 2 月 19 日，海軍便成立了由亞瑟・卡本特中將（Arthur S. Carpender）率領的美國海軍第七艦隊。同年六月底，當兩棲部隊（第76 特遣艦隊）在丹尼爾・巴比少將（Daniel E. Barbey）率領下，在新幾內亞的薩拉毛亞（Salamaua）以南、特羅布里恩（Trobriand）及伍德拉克（Woodlark islands）等島嶼上登陸時，第七艦隊亦首次在戰鬥任務中亮相。九月，很快被媒體稱為「兩棲登陸者丹叔叔」（Uncle Dan the Amphibious Man）的第 76 特遣艦隊司令，下令澳洲部隊在萊城（Lae）以東登陸，與此

1941 年 12 月 7 日，日軍偷襲珍珠港期間爆炸的「亞利桑那號」
戰艦（*Arizona*, BB-39）。

NA K-13513

克阿瑟驅馳。

時任美國海軍軍令部長暨美國艦隊總司令的恩斯特·金恩上將（Ernest J. King）挑選了金凱德擔此重任，是因為沒有多久之前，他在阿拉斯加地區與陸軍高階軍官的合作頗為成功。這是一個難能可貴的特質，因為金凱德需要與麥克阿瑟麾下，指揮著龐大地面部隊的美軍及澳軍指揮官緊密合作。金凱德明白，在麥克阿瑟的戰區當中，海軍只是一個輔助性角色，他亦以此為方針行動。再者，海軍只將大型航空母艦，分配予太平洋艦隊司令暨中太平洋戰區總司令切斯特·尼米茲上將（Chester W. Nimitz）領導的中太平洋攻勢，因此第七艦隊還需要美國陸軍航空隊第五航空軍喬治·肯尼中將（George C. Kenney）麾下的岸基轟炸機提供保護。金凱德有一次說道：「肯尼將軍……有一點難以相處……而且他認為『該

同時美國陸軍的空降兵會在萊城以西空降並佔領該處的機場[1]。這一個海空聯合突擊，以及繞過敵方重兵防守據點的做法，將會成為第七艦隊標誌性的作戰方式。

1943 年 11 月 26 日，日後被認定為美國海軍在二戰當中最成功的指揮官之一的托馬斯·金凱德中將（Thomas C. Kinkaid）接管了久經戰陣的第七艦隊指揮權。金凱德不只是麥克阿瑟轄下的第七艦隊司令，同時也是盟軍西南太平洋地區海軍部隊司令，負責指揮澳、紐及荷蘭巡洋艦與驅逐艦供麥

1　譯註：指 1943 年 9 月，以佔領萊城為目標的「後門行動」（Operation Postern）。

死的海軍』是一個正式用語」。不過在痛擊日軍這個任務面前，這兩人還是能互相合作。其中一個例子，就是金凱德成功說服肯尼將陸軍航空軍軍官派駐艦上，負責導引戰鬥機為艦隊提供空中掩護。

麥克阿瑟在指揮、戰略、後勤等多個方面，經常與海軍立場相左，而金凱德則從中調和麥克阿瑟與金恩、尼米茲、海爾賽及其他海軍高階將官之間的關係。他亦致力於促進軍種之間的合作。在規劃及準備菲律賓的作戰行動期間，在麥克阿瑟的命令指導下，金凱德確保了第七艦隊的兩棲作戰將領與尼米茲麾下太平洋艦隊的將官能夠和衷共濟。

但當金凱德與麥克阿瑟將軍在海軍作戰方面意見不合時，他從不猶豫於充滿熱誠地來遊說。在一次菲律賓的登陸行動當中，即使明知道這樣的舉動很可能讓他被撤職，金凱德依然準備越過麥克阿瑟，直接向金恩上將提出申訴。在將他麾下的艦隊開進菲律賓島嶼之間，對艦隊機動限制極大，以及與敵方岸基作戰飛機極為接近的水域前，金凱德希望能推遲登陸行動，

以便盟軍空中力量能先清除這些潛在威脅。在金凱德以及其他海軍將領的分析遊說之下，麥克阿瑟最終同意了將登陸行動推遲。

在 1944 年初，麥克阿瑟麾下的兩棲部隊，已經將經驗豐富的第一陸戰師投射到新不列顛島，繞過了在新幾內亞的日軍，並將陸軍部隊投放到日軍的後方。當麥克阿瑟將軍得出敵方在新幾內亞以北的阿德默勒爾蒂群島（Admiralty Islands）兵力薄弱的結論後，他充分利用了第七艦隊的機動性及靈活性來奪進這些具戰略意義的島嶼。1944 年 2 月 29 日，在日後的海軍軍令部長，威廉・費奇特勒少將（William M. Fechteler）領導下，第七艦隊的兩棲部隊將美國陸軍第 1 騎兵師投射到奈斯內格羅斯島（Los Negros）。不滿足於只能在相對安全的「鳳凰城號」輕巡洋艦（*Phoenix*, CL-46）上觀看登陸作戰，當登陸部隊仍在與守軍交火時，麥帥本人已經親臨灘頭了。將軍相信個人勇氣是戰鬥中的領導才能的表徵。簡而言之，美軍最後佔領了阿德默勒爾蒂群島。

麥克阿瑟的旗艦

　　布魯克林級（*Brooklyn*-class）輕巡洋艦「納什維爾號」（*Nashville*, CL-43）在 1938 年服役，是第七艦隊在二戰期間多次作戰行動的支柱。早在 1943 年初加入金凱德中將的艦隊前，「納什維爾號」就與「大黃蜂號」航艦（*Hornet*, CV-8）一起參與了赫赫有名的海爾賽—杜立德轟炸東京的行動，稍後還砲轟了在阿留申群島的基斯卡島（Kiska Island, Aleutians）上的敵軍。這艘作戰艦，在麥克阿瑟將軍經常登艦的情況下，參與了第七艦隊在索羅門群島、新幾內亞、阿德默勒爾蒂群島及菲律賓群島等地的主要兩棲登陸行動。在關鍵的雷伊泰灣戰役後數月，一架日軍神風特攻機命中該艦，殺害了 133 名水兵，還導致另外 190 人受傷，而且還讓「納什維爾號」受到重創。回國進行維修後，該艦於 1945 年重新返回前線戰鬥，並參與了在荷屬東印度及南海的作戰行動。

　　日本投降後，「納什維爾號」作為查爾斯・特納・喬伊少將指揮的第 73 特遣艦隊一員，支援了在中國長江流域的行動，亦護航將美軍陸戰隊運送到華北的船艦。這艘輕巡洋艦隨後參與了把數以百萬計美軍服役男女官兵送回本土的「魔毯行動」（Operation Magic Carpet）。1946 年 6 月，海軍將「納什維爾號」退役，並將它封存至 1951 年為止，並在其後售予智利。這艘第七艦隊自豪的老兵，在智利海軍一路服役至 1980 年代初為止。

U.S. Army C-259

1944 年 10 月，麥克阿瑟將軍（右起三）及其他軍官，正在「納什維爾號」巡洋艦艦橋上，觀察雷伊泰的登陸行動。

在一次更為大膽的行動當中，麥克阿瑟運用第七艦隊，將兩個陸軍師投射到日軍戰線後方 300 英里外，新幾內亞的荷蘭迪亞（Hollandia）。這是一次跨軍種協力成功的故事。肯尼將軍的第五航空軍、馬克·米契爾海軍上將（Marc Mitcher）的快速航艦部隊，以及來自海爾賽第三艦隊的護航航艦特遣艦隊，肅清了航程能觸及荷蘭迪亞的日軍岸基飛機，迫使敵方的水面部隊及補給船撤離該區域。在被海空斷絕之下，岸上的日軍部隊注定只能被擊敗。

麥克阿瑟下一步的目標是有重兵把守的比亞克島（Biak），大概在荷蘭迪亞西北 325 英里外。日本帝國海軍派出了「扶桑號」戰艦、兩艘巡洋艦及五艘驅逐艦運送增援部隊，以增強該島的防禦。這一支分艦隊得到了超過 200 架作戰飛機的掩護。得益於第七艦隊的潛艦及偵察機，盟軍發現了這個目標，可是日軍卻轉向並撤退了。相反的是，盟軍在比亞克登陸作戰的海軍支援，由澳軍重巡洋艦「澳大利亞號」（Australia, D84）及「什羅浦夏號」（Shropshire）、美國海軍輕巡洋艦「鳳凰城號」、「納什維爾號」及「博伊西號」（Boise, CL-47），再加上多

支澳軍及美國海軍驅逐艦隊負責。這一支聯合部隊阻止了日軍第二次增援比亞克島守軍的意圖。這支海軍支援部隊也被證明是極其重要的，因為當美國陸軍登陸後，他們花了一個月的時間來攻克一早掘壕固守的敵方駐防部隊。

正如其他美國海軍部隊在 1944 年夏天，將盟軍戰鬥師投射到法國諾曼第地區的灘頭，以及在中太平洋地區的馬里亞納群島，麥克阿瑟麾下的美澳司令部，連同第七艦隊在內，終於結束了與日軍爭奪新幾內亞以北，長達一千英里海岸線的戰鬥。

這些作戰行動都得到了雷夫·克里斯蒂海軍少將（Ralph W. Christie）麾下，第七艦隊的潛艦部隊不可估量的支援。克里斯蒂的潛艦得益於由麥克阿瑟在澳洲的解碼員所提供的「Ultra」無線電情報，將敵軍無數滿載的商船都送到海底去，也保護了盟軍兩棲特遣艦隊免受敵方水面艦艇的攻擊，還負責為荷屬東印度群島及菲律賓南部的游擊隊提供補給。

在向北推進時，菲律賓現在引起了麥克阿瑟的關注。在戰爭稍早時，這一位美菲軍總司令在菲律賓被擊敗了，將軍長久以來都表達出，他要把

這一段災難性大敗的記憶清除掉的決心。當他在提及菲律賓時承諾「我將回來」的時候，盟軍領袖們對於麥克阿瑟的戰略態度沒有絲毫的懷疑。並且被麥克阿瑟將軍的「從殘暴的日本人手中解放菲律賓在道義上及軍事上都是極為迫切」的雄辯所說服，羅斯福總統對入侵菲律賓行動就此開了綠燈。指揮官們開始為部隊整裝備戰，以在 1944 年 10 月 20 日在菲律賓的雷伊泰島發動兩棲突擊作戰。

「田納西號」戰艦是珍珠港事件的倖存者之一，在雷伊泰灣戰役的蘇里高峽海戰協助摧毀日本艦隊的同時，等同是報了一箭之仇。

在二戰的多場戰鬥當中，沒有任何一場比雷伊泰灣海戰更考驗著第七艦隊的能耐。日本人在無望的孤注一擲當中，下定決心不會保留那怕一艦、一機、一人以試圖阻止盟軍的太平洋攻勢。在艦隊靠近菲律賓之際，日本帝國海軍的指揮官發動了一場準備良久的作戰行動，目的是要摧毀美國海軍入侵艦隊的運兵船、兩棲作戰艦、登陸艦，以及在路上遇到的任何作戰艦隻。海軍中將栗田健男指揮，由「大和號」及「武藏號」與另外 3 艘戰艦、12 艘巡洋艦及 15 艘驅逐艦組成的中路艦隊，將會通過聖貝納迪諾海峽（San Bernardino Strait）向東航行，意圖攻擊盟軍在雷伊泰的灘頭。當航艦艦載機擊沉「武藏號」之後，美國海軍將領都認為這個損失，以及其餘艦隻的戰損，會迫使栗田艦隊掉頭並退出戰場，但是美國人估算錯誤了。

與此同時，西村祥治指揮，由 2 艘戰艦及 15 艘其他作戰艦隻組成的南路艦隊，正通過蘇里高海峽（Surigao Strait）向雷伊泰灣推進。

傑西・歐登多夫海軍少將（Jesse B. Oldendorf）麾下的「密西西比號」（*Mississippi*, BB-41）、「加利福尼亞號」（*California*, BB-44）、「馬里蘭號」（*Maryland*, BB-46）、「賓夕法尼亞號」（*Pennsylvania*, BB-38）、「田納西號」（*Tennessee*, BB-43）及「西維珍尼亞號」（*West Virginia*, BB-48）（後五艘都是珍珠港事件中的倖存老兵），以及 8 艘巡洋艦、26 艘驅逐艦與 39 艘魚雷艇，已經部署在海峽北端出口，等候著西村艦隊通過海峽而來了。

1944 年 10 月 25 日，剛好過了凌晨三時的時候，由羅蘭・斯穆特海軍上校（Roland Smoot）所指揮的第 56 驅逐艦支隊的 9 艘驅逐艦，已經在俯視著蘇里高海峽的群山陰影之下守候著。在佛萊徹級驅逐艦「班尼恩號」（*Bennion*, DD-662）的上層建築頂端，負責 Mk 37 主砲指揮儀的詹姆士・霍諾威三世中尉（James L. Holloway III）已經坐在位置上，通過他的雙筒望遠鏡細看周遭。當美軍魚雷艇遇上了日軍艦隊時，開火的砲口焰點亮了遠方的夜幕。霍諾威的部下拉了一下長官的衣袖，建議他應該要到指揮儀的大

Courtesy James L. Holloway III

在前往西太平洋路上，「班尼恩號」官兵參與了「跨越赤道」活動。詹姆士・霍諾威三世中尉正手持模擬的「劍與盾」，站在艦長約書亞・庫柏中校身旁。

雷伊泰灣，日軍「山城號」戰艦在蘇里高海峽，由約翰‧漢密爾頓所繪（油板畫作品）。

倍率光學觀測鏡去瞧一瞧——一艘正在以25節航行，向著無法目視的目標開火，還有著標誌性寶塔式艦橋的日本戰艦，塞滿了整個觀測鏡及其準星。當霍諾威向艦橋報告觀測到的目標時，艦長約書亞‧庫柏中校（Joshua Cooper）對中尉下令，讓他用射控雷達鎖定敵方編隊當中兩艘戰艦的第二艘，並在接到開火射擊命令後，才發射本艦的5枚魚雷。同時，日本艦隊和美國驅逐艦在雙方發射的照明彈的照亮下迅速逼近。

敵方作戰艦率先開火，他們的14吋及8吋砲彈在這些「錫罐」驅逐艦周圍掀起了一個又一個高聳的水柱。突然之間，歐登多夫麾下戰鬥線的16吋及14吋艦砲亦開火了。在15到20秒之內，這些砲彈便呼嘯著越過各驅逐艦，砰然一聲重重地砸在敵方艦隊上。透過指揮儀的光學瞄具，霍諾威「能清楚看到砲彈在日艦上起爆時的火光，以及當這些爆炸拽走艦上砲座，還有爆炸所迸出大量火熱的熔鋼碎片，崁入厚重的裝甲板時所產生的一陣又一陣的烈焰。」

當「班尼恩號」與其他驅逐艦突入到距敵艦隊6,000碼內範圍時，他們轉向右舷準備發動魚雷攻擊。艦長下令「發射魚雷」後，霍諾威立即按下魚雷火控儀具上的開火鍵。當這些美軍驅逐艦以30節駛離現場時，這位年輕的海軍軍官觀察到，日本艦隊的陣

列已經「崩潰，其艦隻或因為無法操縱而打轉，或成為水中的殘骸，或起火，或因為猛烈的爆炸而顫抖著。在失去了艦艉，艦舺被爆炸而吹飛，以及上層結構被夷平後，再也沒有辦法辨識出誰是誰了。」

美軍的攻擊狠狠重創了敵人，但戰鬥還遠遠沒有結束。霍諾威發現了另一個目標，研判為一艘大型的日軍作戰艦，僅在 3,000 碼之外。艦長下令發射本艦最後五枚魚雷，數秒之後這些致命的武器離開了發射管，徑直落入水中，並朝著目標前進。其後的戰況分析確認，「班尼恩號」的魚雷擊沉了日本海軍「山城號」戰艦。

第七艦隊在蘇里高海峽海戰的勝利，對於霍諾威海軍中尉的事業生涯來說可謂十分關鍵——他未來將成為韓戰及越戰的老兵、第七艦隊司令，以及海軍軍令部部長。

與此同時，由小澤治三郎海軍中將指揮的一群航空母艦及水面艦隻——這一次作戰當中的北路艦隊——矇騙了海爾賽上將，並使海爾賽及美國海軍第三艦隊緊隨其後，窮追不捨。這個決定使雷伊泰入侵行動的登陸灘頭變得極其脆弱，因為海爾賽及金凱德都相信對方的主力作戰艦

隻，都在保護登陸灘頭。

對美軍來說，可怕的是在 10 月 25 日黎明時分，栗田的中路艦隊通過了聖貝納迪諾海峽，並向著登陸區的一群小型護航航艦、運輸及登陸艦推進——當中還有搭載著麥克阿瑟將軍的「納什維爾號」輕巡洋艦。

雷伊泰灣海戰不但讓解放菲律賓的行動得以繼續，同時也註定了日本帝國海軍的命運。美國空、海及潛艦的攻擊殲滅了敵方大多數餘下的作戰力量，擊沉了 4 艘敵方航艦、3 艘戰艦、8 艘巡洋艦及 8 艘驅逐艦。此後，盟軍的領袖們當在規劃最終擊潰日本的作戰時，再也不用對敵方海上力量感到畏懼了。

奪下菲律賓

然而，一個新的名詞——神風，很快便將恐懼散播於第七艦隊的水兵之間。正當日軍飛行員絕望地試圖阻擋盟軍在太平洋的攻勢，以及最終對日本的入侵行動時，刻意透過將座機撞向美艦隊來奉獻自己的性命。第一艘遭受這種攻擊的大型船艦——護航航艦「聖羅號」（*St. Lo*, CVE-63），便因此而在雷伊泰灣海戰期間的菲律賓水域沉沒。在 1944 年 10 月及 11 月，

第七艦隊的戰士

　　第七艦隊在 1944 年 10 月的雷伊泰灣海戰當中，成功讓日本帝國海軍遭遇決定性戰敗，這得歸功於無數勇敢、果斷及具備自我犧牲精神的美軍水兵。恩內斯特‧艾文斯中校（Ernest E. Evans），佛萊契爾級「約翰斯頓號」驅逐艦（*Johnston*, DD-557）的艦長，更是當中的楷模。

　　艾文斯的母親是切羅基族人（Cherokee），父親是白人 - 切羅基族印第安混血兒，而艾文斯則是在一個偏見仍十分普遍的年代，畢業於奧克拉荷馬州一間幾乎全白人的高中。他加入了海軍，爾後獲得指派進入美國海軍官校深造的機會，於 1931 年畢業。在 1930 年代，他曾在巡洋艦及驅逐艦上服役，並在「約翰斯頓號」於 1943 年 10 月 27 日成軍時，執掌該艦的指揮權。在成軍典禮上，艾文斯對官兵們說道，如同約翰‧保羅‧瓊斯（John Paul Jones）那句永垂不朽的名言，「我打算走一條困難重重的道路！」

　　當日本海軍栗田健男中將艦隊的 23 艘戰艦、巡洋艦及驅逐艦，在當天清晨霧氣彌漫之際，突然出現在菲律賓薩馬島（Samar）水域，並繼續向雷伊泰灣灘頭迫近時，艾文斯中校及「約翰斯頓號」顯然就踏上那一條困難重重的道路上了。在當時處在敵軍部隊與全然毫無防衛、正在把美國陸軍部隊卸下灘頭的運輸船艦之間的，就是由

NH 63499

恩內斯特‧艾文斯少校及「約翰斯頓號」驅逐艦的官兵們，攝於該艦 1943 年服役典禮。

克利夫頓·「蛇行」·斯普拉格海軍少將（Clifton A. "Ziggy" Sprague）指揮的第七艦隊第 77.4 特遣支隊的護航航艦、驅逐艦及護航驅逐艦了。而第 77.4.3 特遣區隊，呼號「塔菲 3」（Taffy 3）亦包括其中。

由於他的驅逐艦距離日本艦隊最近，艾文斯當機立斷，立即下令將其座艦轉向敵方，加速至戰鬥航速，並採取之字形航行。看到這個動作後，斯普拉格下令「霍爾號」（*Hoel,* DD-533）及「海曼號」（*Heermann,* DD-532）驅逐艦及「山謬·羅伯茲號」（*Samuel B. Roberts,* DE-413）護航驅逐艦跟上。少將支隊長還下令護航航艦的各架艦載機，不管手頭上有什麼武器裝備，都拿來攻擊敵艦。

「約翰斯頓號」驅逐艦，在她面臨雷伊泰灣戰役中的最終結局前一年。

NH 63195

艾文斯及其舵手假定「閃電永遠不會命中同一個位置兩次」的說法，操縱著「約翰斯頓號」駛過敵方砲彈激起的水花。當栗田艦隊進入這艘驅逐艦的射程後，艾文斯咆哮下令：「發射魚雷」。十枚魚雷當中，有一枚把日軍「熊野號」巡洋艦的艦艏炸掉了。但現在敵方戰艦及巡洋艦的各個砲彈都找到了目標，砲彈不停落在「約翰斯頓號」上，並持續殺害艦上的水兵。

在失去兩隻手指，臉頰及軀幹遭割傷流血的情況下，艾文斯繼續鎮定自若地指揮座艦以五吋砲向敵方開火，儘管砲彈命中敵艦時似乎都跳彈了。等到座艦停在水面動彈不得，且沒力繼續還擊之下，艾文斯才下達棄艦命令。「約翰斯頓號」隨後傾覆沉沒，艾文斯亦隨艦而逝。在戰況殘酷的太平洋戰爭當中頗為罕見地，一名日軍驅逐艦的艦長在駛經正在海上載浮載沉、掙扎求存的「約翰斯頓號」官兵時，特別對他們敬禮表達致意。

艾文斯及「塔菲 3」其他成員的艱苦奮戰讓栗田確信，他的任務是不可能成功的，他隨後下令艦隊通過聖貝納迪諾海峽返航。「塔菲 3」及艾文斯中校獲追頒榮譽勳章，因為他的英勇奮戰，使得在雷伊泰外海的美軍部隊免於遭到殲滅。

由陸上機場起飛、實施神風攻擊行動的飛行員，擊沉或重創了一打的大型航艦、護航航艦、巡洋艦、驅逐艦及其他各種各類的海軍船艦。

當 12 月 15 日第七艦隊在亞瑟‧杜威‧斯特魯布爾少將（Arthur D. Struble）指揮下，將二萬七千名陸軍部隊投送到民都洛這一個在雷伊泰及仁牙因灣之間的戰略性島嶼時，也標誌著盟軍對菲律賓的征服行動仍持續在進行當中。日軍派出了好幾波的飛機，對在島嶼周圍的艦隊進行無望的

栗田健男海軍中將的艦隊攻擊在薩馬島外海的雷伊泰入侵部隊船艦，直到被「約翰斯頓號」驅逐艦及「塔菲 3」其餘的驅逐艦及護航航艦趕跑為止。

攻擊。在行動中部署在白灘的戰車登陸艦 738 號（LST-738）及 472 號（LST-472）的經歷，並非單一個案。一隊 10 架的敵機在突破防線後，猛撲向這些兩棲艦隻。一架敵機撞中了由海軍預備役上尉 J‧T‧巴內特（J. T. Barnett）指揮的 738 號登陸艦，在水線附近衝破了艦體，並在堆滿燃料及彈藥的戰車甲板中爆炸。附近執勤中的「莫爾號」驅逐艦（Moale, DD-693）擊落了另一架衝向 738 號登陸艦的敵機，並駛到該艦旁邊，派員協助撲滅艦上的大火。接著三次猛烈得讓艦體晃動起來的爆炸讓「莫爾號」一名船員陣亡，10 名船員受傷。最終巴內特只能下令棄艦了。

與此同時，由約翰‧H‧布萊克利上尉（John H. Blakley）指揮的 472 號登陸艦在民都洛作戰時，也吸引到日軍的注意。一架敵機投下來的炸彈貫穿了該艦的艦體，隨後便撞上了它，並且將燃燒中的航空引擎部件噴向整片甲板。接著又有 4 架飛機攻擊該艦，而附近的船艦擊落了當中的 2 架。驅逐艦「奧拜恩號」（O'Brien, DD-725）及「霍普威爾號」（Hopewell, DD-681），還有 PCE-851 號護航巡邏艦隨後靠近，並協助這一艘遭重創的船艦。

「莫爾號」驅逐艦前往支援戰車登陸艦 738 號，後者在被神風特攻命中之後火勢極為猛烈。

儘管各員表現英勇，但爆炸與大火已經撕裂了它的艦體，促使布萊克利只能下令棄艦。這一次攻擊使得該艦有 9 名船員陣亡或受傷。

在一個月之內，美國海軍工程營的海蜂及陸軍工兵已經讓當地的機場完工並投入運作，為呂宋島的仁牙因登陸提供空中掩護。儘管日軍對在民都洛附近出現的艦隊作出了猛烈的空中反抗，但盟軍的海陸航空單位仍然對日軍還以顏色，在十二月便在空中或地面上，摧毀了上百架敵軍飛機。

隨著艦隊愈加靠近敵方在呂宋島及台灣的機場，金凱德及其特遣艦隊的指揮官尤其擔憂敵方集中兵力發動空中攻擊的危險性。為了支援在仁牙因灣主要的登陸作戰，海爾賽的第三艦隊對台灣、香港與廣州的機場與港口，以及日軍在南海的商船發動了毀滅性的空襲。陸軍航空軍及盟軍東南亞戰區最高總司令，英國的蒙巴頓勳爵（Lord Louis Mountbatten）麾下的單位，亦對敵軍的機場進行打擊，以及發動了牽制性的攻擊。

儘管遭受如此巨大的空中壓制，日軍所實施的神風及空中攻擊，還是

讓第七艦隊從雷伊泰前往仁牙因灣進行兩棲突擊的船艦遭到擊沉或擊傷。日軍的攻擊擊沉了護航航艦「奧馬尼灣號」（Ommaney Bay, CVE-79）及高速掃雷艦「隆號」（Long, DMS-12）；並擊傷了護航航艦「馬尼拉灣號」（Manila Bay, CVE-61）、戰艦「新墨西哥號」（New Mexico, BB-40）及「加利福尼亞號」、澳洲巡洋艦「澳大利亞號」，以及美軍巡洋艦「路易斯維爾號」（Louisville, CA-28）及「哥倫比亞號」（Columbia, CL-56）。對「新墨西哥號」的空中突擊使得西奧多‧錢德勒少將（Theodore E. Chandler）陣亡，他除了是特遣艦隊司令之外，還是十九世紀一位海軍部長的孫子。

1945 年 1 月 9 日，呂宋攻擊部隊（第 77 航艦特遣艦隊）司令金凱德海軍中將麾下的陸海軍部隊，集結在仁牙因灣入侵作戰的灘頭上。巴尼海軍中將的第 78 特遣艦隊，負責將由美國陸軍 43 及第 6 步兵師組成的陸軍第 1 軍送到岸上。西奧多‧威爾金森海軍中將（Theodore S. Wilkinson）的第 79 特遣艦隊，則負責將美國陸軍第 14 軍及其所轄 37 及 40 步兵師送上岸。支援這一次登陸的主要海軍戰力——6 艘戰艦、9 艘重及輕巡洋艦、無數的驅逐艦——則負責重擊敵方盤據的海岸。護航航艦及潛艦則一同建立了屏護這支兩棲攻擊部隊的防線。

在之前盟軍多次兩棲登陸行動當中，敵軍負責呂宋島防務的山下奉文將軍理解到，要阻止盟軍自海上登陸是一件幾近不可能的任務。於是他下令部隊不要在近岸與盟軍交火，而是撤退到內陸山區，這樣就能盡可能延長抵抗盟軍攻勢的時間。

在一月完結之際，金凱德的兩棲艦隊將更多的美國陸軍部隊送到巴丹半島——戰爭一開始雙方激烈交戰之地。盟軍在呂宋島迅捷的推進，隨著美軍第 6 軍團麾下的師級部隊抵達馬尼拉即戛然而止，這歸因於當地的敵軍指揮官決定要抵抗到最後一兵一卒。經歷了超過一個多月，以十萬菲律賓人的性命為代價的艱苦戰鬥後，盟軍才得以肅清馬尼拉的日軍，重新奪回這座被戰火摧殘的首都城市。為了擊敗在棉蘭老島、宿霧及內格羅斯島（Negros）上的日本守軍，在第七艦隊的兩棲部隊協助投送到灘頭之後，麥克阿瑟將軍的地面部隊還得再花四個月時間才能完成任務。金凱德最後以一場歷經十六天的岸轟行動，為第七艦隊成功圓滿的西南太平洋戰役向

觀眾脫帽致意且謝幕。這一場岸轟行動由美、澳及荷蘭作戰艦負責，目標是婆羅洲峇里巴板（Balikpapan）[2]的敵方守軍。岸轟結束之後，就由澳軍第7步兵師負責緊接而來的登陸行動。

1945 年 1 月，金凱德中將正在視察第七艦隊對仁牙因灣的兩棲登陸行動。

NH 84675

第七艦隊的官兵在二戰之中蛻變成為軍種及兵種聯合作戰的專家，尤其精於兩棲作戰行動。在金凱德確切明瞭的指導下，巴比海軍少將及費奇特勒海軍少將領導艦隊進行了一次又一次成功的兩棲突擊作戰。麥克阿瑟將軍的西南太平洋司令部以堅定不移且不屈不撓的步伐，既快速而又具威力地一島接一島向著日本本土進軍時，第七艦隊的官兵們都能和他們的美國陸軍及澳軍同袍們和衷共濟。在金凱德中將、歐登多夫少將及斯普拉格少將的領導下，艦隊官兵們在決定性的雷伊泰灣海戰中戰鬥並獲勝，註定了日本帝國海軍的命運。這些二戰先輩們的傑出表現，將會在接下來無數年的時光中，持續鼓舞著第七艦隊的官兵。

2　編註：位於今日印度尼西亞的加里曼丹省，面對望加錫海峽的婆羅洲東海岸。

第二章

航向戰後亞洲動盪的時代

在第二次世界大戰結束前，第七艦隊已經從事一項日益重要的任務——成為美國遠東外交政策的支柱。日本的戰敗迎來了一個美國得面對蘇聯的崛起以及眾多的激進獨立運動，當中不少是由共產黨所策畫的。

在杜魯門總統（Harry S. Truman）治下，對於 1945 年後美國在亞洲的目標可以說是多所不同。對數以百萬計

哈利·杜魯門總統。

於軍中服役的美國男女官兵而言，二戰結束之後，除了脫下軍服在和平的國度，重新開始平民生活之外別無所求。杜魯門也希望美國經濟在四年的「民主兵工廠」，生產出堆積如山的戰爭物資之後，能重新轉回海外貿易及本土商品經濟當中。為了振興經濟，杜魯門削減了原本用於維持一支強大海軍及武裝部隊的國防預算。一個被大幅削弱的軍事機構，要支持一個野心勃勃的美國外交政策，將會是困難重重的。讓情勢變得更複雜的是，杜魯門與他的主要顧問群都把強化西歐經濟，以及嚇阻史達林（Joseph Stalin）領導下的蘇聯在東歐的挑釁行動，視為他們的首要任務。

1945 年 9 月 2 日，盟軍高層及官兵在「密蘇里號」戰艦上，見證日本的投降。

SC-210649

　　對杜魯門政府來說，亞洲局勢遠比歐洲更為混亂，因此也更難處理。從 1937 年到 1945 年，日軍對中國的侵略所帶來的死亡與破壞，打亂了中央政府對這個國家的掌控，令不少觀察者預計，一場由蔣介石領導的中華民國與毛澤東領導的中國共產黨之間的內戰即將爆發。當 1945 年 8 月日本在韓國長達四十年的嚴酷佔領結束後，眾多的韓國獨立運動組織，正準備為控制這個國家而戰。日本的侵略行動，亦弱化了英、法、荷政府在馬來亞、印度支那及荷屬東印度的管治。有不少曾與日本人交戰的原住民決心

要結束他們作為被殖民者的身分。戰後的亞洲，正因為這些政治、社會與經濟上的不滿而沸騰著。

在韓國及中國的任務

遠在 1945 年 9 月 2 日，日本政府在「密蘇里號」戰艦（*Missouri*, BB-63）上投降前，第七艦隊已經準備投入執行另一個新任務。戰時盟軍正面臨著將數以千百計被擊敗且惱怒，更充滿潛在敵意的日軍遣送回國。《一般命令第一號》（General Order Number 1）為日軍在亞洲各地投降行動提供了指令，而在 1946 年 1 月到 1947 年 4 月間，第七艦隊在中國及韓國遣返了超過四十萬名在戰時為帝國效忠的日本人回國。

在麥克阿瑟的指導下，金凱德中將籌畫了約翰・霍奇中將（John R. Hodge）麾下，美國陸軍第二十四軍從沖繩轉移到韓國西岸港口仁川的運輸行動。在華府及莫斯科雙方同意之下，蘇軍移動到臨時分界線以北的韓國土地，也就是北緯 38 度線，而美軍部隊則進駐了分界線以南。金凱德的艦隊隨後便回到沖繩，搭載著第 1 陸戰師，並將這支久經戰陣的部隊送到位於北京市東南邊的天津。其後艦隊還有一

約瑟夫・史達林，蘇聯獨裁者及國際共產運動的精神之父。二戰結束時，蘇聯在東北亞的軍事力量及對土地的覬覦，導致美國領袖的擔憂。

次行動，將第 6 陸戰師送到華北地區。在同一段時間，艾爾墨・朱瓦特中尉（Elmo R. Zumwalt Jr.）──日後的海軍軍令部長──正指揮著一艘俘獲的日軍掃雷艇沿著長江進到上海，成為第一個進入中國主要港口的第七艦隊軍官。

如 1945 年 8 月 26 日的 13-45 行動計劃（Operation Plan 13-45）所示，金凱德成立了五支主要特遣部隊去處理西太平洋的行動：華北地區的第 71 特遣部隊，擁有 75 艘船艦。第 72 特遣部隊，也就是第七艦隊的快速航艦部隊，被指派去為岸上的陸戰隊提供

空中支援；以及派出艦載機，在任何可能阻礙任務行動的共產黨部隊上空，大動作地飛越來嚇阻他們。第73特遣部隊是長江巡邏部隊，擁有75艘作戰艦。第74特遣部隊是南海部隊，奉命保護行經此區域的日軍及中國國民軍的運輸船。最後是第78

1945 年 10 月，在上海港內，艾爾墨·朱瓦特中尉（日後的海軍軍令部長，右二），正向一名日本陸軍軍官下達指令。

特遣部隊，也就是第七艦隊的兩棲部隊，負責為第 3 陸戰兩棲軍調動到中國時提供支援。

金凱德直到 1945 年 9 月 2 日的對日戰爭勝利日為止，都持續擔任麥克阿瑟麾下海軍部隊的指揮官，不過在韓國及中國的新任務實際上為這段戰時關係劃上句號。當金凱德的艦隊在 1945 年 8 月 28 日離開馬尼拉灣時，麥克阿瑟將軍大方承認第七艦隊在二戰中，為盟軍在西南太平洋地區取得成功所作出的貢獻：「我希望能對（第七艦隊）所有單位，在這個戰區的多場戰役當中，執行其被指派的作戰任務時，所呈現出極其卓越的行動表現，致以欽佩及滿懷感激的謝意。你及你麾下軍官與水兵，充分展現出我國海軍傳統的最高水準——高度的英勇無畏、足智多謀，以及為任務而犧牲，我祝願你們一路平安」。

儘管調度到韓國及中國的美軍部隊的任務，是在當地建立秩序及將日軍遣返回國，但蘇、美兩國政府均決心展示他們的力量，以影響亞洲在戰後的政治局勢。對於史達林可能會運用蘇聯紅軍來導引韓國的政局發展，以及迫使中國政府在滿州及華北地區的港口與鐵路問題上對蘇聯妥協，杜

魯門政府對此表示擔憂。即使冷戰在美蘇兩國間浮現之前，美國的高層官員已經警告，莫斯科已經對亞洲地區有其盤算。海軍部長詹姆斯·福萊斯特（James Forrestal），以及身為總統首席軍事顧問、參謀首長聯席會成員之首的海軍五星上將威廉·李海（William D. Leahy），均預計蘇聯會對韓國及中國的共產黨提供軍事援助，還會為了對抗美國利益而作出行動。

1945 年 9 月，金凱德投入了第七艦隊的飛機及船艦，以使中、韓及俄羅斯人都對美國海軍的實力留下了深刻印象。第七艦隊的船艦在青島民眾都能清楚看到的地方駛過。航艦艦載機在韓國仁川的港口、中國的長城及上海、天津、北平及大連的城市上空飛過。與此時同，第七艦隊的船艦亦從菲律賓、中國、台灣（當時還被稱為福爾摩沙）及韓國等地將盟軍戰俘撤離。

一組在漢城與金凱德交談過，為數 128 人的戰俘，跟金凱德說了一個在他們被俘期間發生的悲慘故事。在戰爭後期，日軍將這些戰俘與其餘 1,672 名在 1942 年巴丹半島戰役中俘虜的美軍戰俘，一同裝上了在蘇比克灣內的商船鴨綠丸。當盟軍飛行員在沒有留意到船上乘客身份的情況下擊沉鴨綠丸時，300 名戰俘亦因而身亡。另一艘運載這些倖存者的船隻在台灣外海沉沒，又殺死了更多的人。饑餓、疾病及暴露於風霜之中又進一步減少了這些倖存戰俘的人數，使得最終抵達日本時，僅餘下 600 人。當日軍將其轉移至韓國繼續囚禁時，就只有這 128 人仍然存活了下來。

1945 年 9 月 9 日，金凱德中將與

NH 102339

1944 年 12 月 14 日，在菲律賓蘇比克灣內，受到美軍艦載機攻擊的日本運輸船鴨綠丸。攻擊者不知道的是，這艘船上不少乘客其實都是美軍戰俘。

第七艦隊旗艦「洛磯山城號」指揮艦（*Rocky Mount*, ACG-3）。

19-N-73760

（*Rocky Mount*, ACG-3）安排了一個在港內最受尊榮的位置繫泊，這個位置在戰前可是專門預留給英國皇家海軍派駐當地的船艦。到了1945年，國民政府為英國艦隻另行安排了一個在較為上游、沒那麼令人滿意的泊位予英軍船艦。當地官員無視來自英國的投訴——中國人已經意識到戰後遠東地區權力平衡的新面貌。

霍奇陸軍少將一同接受韓國的日軍投降。在漢城一座政府大樓舉行受降儀式結束後，美軍士兵從大樓前的旗桿上把日本國旗降下，並升起了一面星條旗。

9月16日，金凱德搭乘YMS-49號掃雷艇抵達上海，並在當地與美國海軍駐華代表團（Naval Group China）指揮官，同時也是美國海軍戰時在中國地區的最高階將官，梅樂斯海軍少將（Milton"Mary"Miles）會面[1]。梅樂斯為第七艦隊的旗艦「洛磯山城號」

金凱德在上海建立了第七艦隊總部，並在那裡與駐中國戰區的陸軍司令官魏德邁中將（Albert C. Wedemeyer）、美國大使帕特里克·赫爾利（Patrick J. Hurley），還有其他中美主要官員及軍方領袖會面。1945年9月20日，金凱德飛到當時中華民國的陪都重慶與蔣介石委員長[2]，以及他

1　編註：美樂斯將軍與軍統局的戴笠將軍共同組織、運作總部位於重慶的「中美特種技術合作所」（簡稱中美合作所），他所帶領的海軍人員負責收集氣象、地理及軍事情報，同時開設訓練班，培訓特種作戰人員。這支專門的內陸一不同的形式參與作戰的單位，被稱為「稻田海軍」。

2　編註：作者以西方慣常的方式稱蔣為 Generalissimo，但為符合中文讀者的閱讀習慣，還是以軍事委員會委員長稱之。

那一位以迷人魅力聞名國際的夫人蔣宋美齡會面。這位美國海軍上將得到了東道主的讚揚與稱頌，這都是為了讓金凱德留下一個中國水域歡迎美國海軍及第七艦隊到來的好印象。

第七艦隊在戰爭結束後的歲月當中，並沒有得到多少喘息的時間。金凱德在寄給妻子的信中寫道：「海軍在這裡忙得不可開交。第七艦隊已經將陸軍送到韓國，將陸戰隊送到天津，另一支陸戰隊（第6陸戰師）很快也將會在另一個地點登陸，而且我們也準備開始將大量中國軍隊從一個地點移防到另一個地點的運輸行動。同時間，我們還在更動艦隊組織架構的過程當中……還有建立相應的組織編制來支援中國戰區的部隊。」第七艦隊還參與了將現役軍人送回美國老家的運輸任務。在「魔毯行動」（Operation Magic Carpet）當中，從1945年10月到1946年5月期間，在太平洋地區就投入了369艘海軍船艦，以將超過200萬現役男女軍人從戰區送回老家。

在中國的情勢很快便演變得格外緊張。在凱勒・羅基少將（Keller E.

金凱德中將及美國陸軍第24軍司令約翰・霍奇陸軍少將正在漢城簽署日軍駐韓部隊投降的正式文件。金凱德左邊是未來的第七艦隊司令，丹尼爾・巴比中將。

Rockey）麾下的陸戰隊第3兩棲軍的陸戰隊員，被第七艦隊部署到北平、天津，以及華北地區其他人口核心地區之後，便發現他們身處一場政治鬥爭的困局之中。包括日軍、親日中國部隊、中國共產黨以及中國國民黨在內，多支重武裝且互相對立的部隊，都在互相交疊的區域謀求他們聲稱的利益。

不過，中共與國民黨之間的爭端，引起了最大的關注。在二戰當中，由蔣介石領導的國民政府與毛澤東領導的共產黨游擊勢力，都與日軍交戰過。隨著日軍投降，當中共佔領了滿州及華北大片區域後，蔣介石亦投入部隊

陸戰隊第 3 兩棲軍司令凱勒・羅基少將。

USMC A32295

重新確立國民政府在這些地區的控制權。當雙方部隊接觸之際，往往便會爆發戰鬥。

美國政府的外交政策要求海軍及陸戰隊支持蔣介石的合法政權，但必需遠離中國的內部衝突——這是一個不可能的任務。當羅基手下的陸戰隊員被第七艦隊部署到某些已被毛澤東的部隊佔領的區域時，這些中共部隊可不太喜歡美軍陸戰隊員闖進來。

在某些案例當中，第七艦隊的高層運用常識以確保任務得以順利執行的同時，又避免與中國內部的衝突有任何糾葛。舉例來說，丹尼爾・巴比中將（金凱德麾下的兩棲部隊指揮官）就認為，在當地共產黨部隊反對之下，將陸戰隊員送到山東半島北岸的港口煙台，是一個完全不合理的決策。在羅基的支持下，巴比推論出，既然在該區域沒有任何盟軍戰俘或日本軍人需要遣送回國，而且共產黨已經在港口確立了民事管治體制，就也沒有必要強行實施。相反地，第七艦隊將陸戰隊員送到了山東半島以南的青島。

儘管如此，第七艦隊還是將國民黨軍隊大規模地投送到華北及滿州地區，以支持蔣介石在全中國重新確立管治權的努力。這個任務的官方理由如下：以中國政府的武裝部隊接替華北的美國海軍陸戰隊，以及在滿州的蘇聯部隊（正如同盟國二戰時的協議所列明的那樣），接受當地日軍投降，以及將日軍遣返回國。不過美軍將領都理解，這些行動都是為了避免中共在相關區域建立據點。共產黨部隊也理解到這一點，並且封鎖了國民黨軍隊在葫蘆島及營口的上岸行動，所以艦隊只能把部隊送到更南邊的秦皇島登陸。

10 月，海軍將第七艦隊的行動區域，從原本中國至法屬印度支那的水域，進一步向南擴展至北緯 16 度線。

美國海軍高層作出此舉動，是為了方便艦隊將國民黨軍隊從中南半島的東京灣區域，運送到華北地區。從 10 月底到 11 月初，史特勞斯・里昂中校（Strauss S. Leon）指揮的第 106 掃雷戰隊（第 74.4 特遣支隊轄下）那些 136 英尺長的輔助掃雷艇（YMS），以及一定數量的日本掃雷艇，一同掃清了海防附近的水域。同一時間，艾德溫・蕭特中校（Edwin T. Short）指揮的第 24 運輸戰隊轄下的 28 艘「自由輪」、攻擊人員運輸艦（APA）及攻擊物資運輸艦（AKA），便立即將國軍第 52 軍的 23,000 名官兵裝載上艦，並送往華北地區。

第一任第七艦隊司令金凱德中將於 1945 年 9 月 24 日出訪中華民國的戰時陪都重慶，去到一所美國海軍醫院視察。在他左邊的是陪同視察，且在二戰期間與美國海軍的梅樂斯將軍有著良好互動的軍統局負責人戴笠將軍。

在意識到在戰後時期，海軍在中國及中南半島的職責會更為傾向外交多於作戰任務後，海軍指派了柯克海軍上將，在 1946 年 1 月 8 日出任第七艦隊司令，並於 1947 年 1 月將其職務重新命名為美國西太平洋海軍部隊（U.S. Naval Forces Western Pacific）。為了履行相應的職責，柯克麾下通常會有一支巡洋艦分隊、三支驅逐艦分隊、一支兩棲群，以及一小部分數量不多的後勤艦隻。

1946 到 1948 年，陸戰隊第 3 兩棲軍在華北的形勢日益變得難以為繼。由戰時陸軍參謀長馬歇爾將軍（George

冷戰時期的海軍上將

美國海軍任命了小查爾斯·「精明的」柯克（Charles M. "Savvy" Cooke Jr.）上將出任第七艦隊司令，來處理美國外交政策在一個受二次大戰及內戰騷亂所摧殘的中國所會面對的種種難題。這位天才橫溢的將官，是金恩五星上將的戰時參謀長及主要的作戰規劃者，他將自己的任務定位為阻止共產黨人入侵亞洲。他與很多其他海軍領導階層都提倡，要對蔣介石委員長的國民政府提供強而有力的美國軍事及政治援助，以防止蘇聯和中共聯手在這個全球人口最多的國家當中取得勝利。這個定位使得他與杜魯門政府意圖從中國撤出陸戰隊員及關閉基地的立場相左。也許有些不情願，但他還是執行了自己的命令。

隨著他的美國西太平洋海軍部隊司令的任期結束，而且也退休在即，柯克在1948年2月24日公開表明了他的立場。他與眾多保守派美國人站在同一線，共同責難杜魯門「丟失中國」，並將之拱手讓予共產黨人，呼籲為現在已經退居台灣的蔣介石政府大開軍事援助之門。他透過為蔣介石直接提供有關軍事戰略、戰術及訓練方面的建議，以及引入美軍軍事援助予蔣介石的行動，以支持自己的倡議。在共產黨入侵南韓前幾個月，柯克上將呼籲美國在遠東確立一個立足之地。柯克的大力鼓吹，加上其他擁有相近想法的軍官，影響了杜魯門總統在1950年6月作出一個戲劇性的決定——派遣美軍保護南韓，以及第七艦隊保衛台灣。

NA 80-G-358247

1946年1月，在第七艦隊司令交接典禮上的丹尼爾·巴比中將（左），以及小查爾斯·柯克上將（右）。海軍指派了一位海軍上將來掌管這個職務，並將其重新命名為美國西太平洋海軍部隊司令，這是為了彰顯出這個職位日益增長的外交權責。

C. Marshall）促使國共雙方組成聯合政府的嘗試失敗後，隨後國共內戰很快便爆發了開來。當發現美國海軍及陸戰隊為蔣介石的部隊提供訓練及戰爭物資後，中共展開了報復。毛澤東的部隊伏擊了第 3 兩棲軍的崗哨及車隊，造成陸戰隊員的傷亡。在共產黨的敵意面前，加上認為美國應公開地站在國民政府一方的信念，柯克上將及其他美國海軍高層呼籲，將在青島港的陸戰隊分遣隊兵力，從 2,000 人增加至 5,000 人，並且無論中國內戰的結果如何，均保留在當地的基地予海軍使用。柯克將青島的海軍基地視為蘇聯在遠東擴張的強大障礙。但是，杜魯門政府，特別是國務卿艾奇遜（Dean Acheson），均開始視蔣介石的政途已告失敗，所以拒絕了柯克的建議。華府下令削減在華北的陸戰隊兵力，並最終令其撤出中國。

日益受關注的東南亞

在二戰後的五年間，第七艦隊司令實際上就成為了美國在東南亞的海軍大使。在國務院的敦促之下，還開創出一個不在麥克阿瑟將軍的遠東司令部管轄的責任區，海軍增加了派遣船艦到東南亞港口出訪的次數。在 1946 年 7 月 4 日，「安提頓號」（Antietam, CV-36）及「拳師號」（Boxer, CV-21）航艦、「托彼卡號」巡洋艦（Topeka, CL-67），及七艘驅逐艦在

「托彼卡號」輕巡洋艦是第七艦隊停泊在馬尼拉外海，以代表美國出席 1946 年 7 月 4 日的菲律賓獨立日的船艦之一。

USN 1044186

攻擊人員運輸艦「倫維爾號」，在 1948 年 1 月 17 日成為了荷蘭政府及印尼獨立運動領袖們舉行停火談判的場地。

馬尼拉渡過了菲律賓獨立日。在新獨立的菲律賓政府支持下，海軍在當地建立了美國海軍駐菲律賓顧問團。在 1947 年 3 月，兩國簽訂了一項協議，容許美國海軍使用蘇比克灣（Subic Bay）及桑利角（Sangley Point）的海軍基地設施。當艦隊在 1949 年 5 月離開青島後，菲律賓便顯得更為重要了。儘管海軍視位於日本的橫須賀海軍基地為艦隊重新安置的最佳地點，不過又不願意讓第七艦隊為麥克阿瑟所直接管轄。因此，第七艦隊大部分單位最終都移駐到菲律賓這個能保有更大自主權的地方。

海軍軍令部長福雷斯特・薛曼上將（Forrest P. Sherman）指示美國西太平洋海軍部隊司令柯克上將，要他開始「在新加坡及周邊的其他地點作正式訪問並展示軍力」。1947 年 11 月 8 日，第 70.7 特遣支隊的旗艦「艾斯特斯號」兩棲指揮艦（Estes, AGC-12）、「亞特蘭大號」輕巡洋艦（Atlanta,

CL-104），以及驅逐艦「魯普圖斯」號（*Rupertus*, DD-851）及「梅森號」（*Mason*, DD-852），便從青島出發前往東南亞展開預定三十天的遠航。柯克的船艦途中分別在香港、新加坡、汶萊灣（婆羅洲）、馬尼拉、蘇比克灣，以及台灣的基隆進港訪問，最終在 12 月初回到青島。

1947 年底，在華府的指示下，柯克派出攻擊人員運輸艦「倫維爾號」（*Renville*, APA-227）前往荷屬東印度，並在爪哇島外海為荷蘭官員與當地獨立運動的領袖們提供一個中立的談判場地。1948 年 1 月 17 日，雙方簽下了《倫維爾協議》（Renville Agreement）。儘管協議壽命不長，但也展示出美國如何熱衷於確保東南亞地區的和平。

除了外交任務之外，第七艦隊在這段期間幾近無事可為。1947 年，艦隊共有 2 艘航艦及 34 艘其餘作戰艦在其所屬區域作業中，但到了 1949 年這些數字便縮減到只剩 5 艘小型作戰艦，而且也沒有固定部署的航艦。薛曼知道杜魯門政府對東亞情勢的關注持續上升，因此獲准將「拳師號」航艦、一艘巡洋艦以及兩艘驅逐艦，以「發揮其對穩定局勢的影響力」的名義部署到該區。

1950 年 3 月 16 日，從「拳師號」上起飛的 60 架飛機，在西貢的上空進行了一次空中分列式。隨同第七艦隊司令羅素·伯基中將（Russell S. Berkey）出訪的，還有「安德森號」（*Anderson*, DD-786）與「斯蒂克爾號」（*Stickell*, DD-888）驅逐艦，在中南半島南部這個最大的城市進行訪問。第七艦隊的作戰艦，在接下來一段很長時間也會成為西貢附近民眾所共有的景觀。

中國及韓國局勢升溫

儘管對蔣介石政權的前景，以及其在內戰的情勢感到疑慮，然而在 1948 至 1949 年間，杜魯門政府實際上增加了對中華民國的軍事援助。作為《1948 年援華法案》（China Aid Act of 1948）及其他計劃的成果，美國政府提供了總值 4 億美元的經濟及軍事援助，轉移了 165 艘剩餘作戰艦隻予國府海軍，以及為使用美製軍械及裝備的國軍部隊提供訓練課程。可是，國府海軍在中國大陸的作戰表現頗為不濟。不少操作美援及英援艦隻的水兵，最終連人帶船投向了共產黨。

提供給蔣介石政府的美援，對於

改變共產黨的浪潮幫助不大。到了1949 年中，毛澤東的部隊已經擊敗了一隊接一隊的國軍，佔領了整個滿州和華北，還渡過長江向華南地區挺進。蔣介石及其剩餘的追隨者逃到台灣及沿海地區大部分的島嶼。鑑於共產黨的進迫，杜魯門政府最終下令第七艦隊撤離青島。白吉爾中將（Oscar Badger）建議將艦隊設施及中國海軍訓練中心（Chinese Naval Training Center）轉移到台灣，但這個建議遭到國務卿艾奇遜的否決。1949 年 5 月，在白吉爾的監督之下，駐防青島的陸戰隊移防到關島及日本，所有海軍人員亦登上了港內的船艦。1949 年 5 月25 日，第七艦隊航向了大海，標誌著其冷戰歷史當中充滿戲劇性篇章的結束。

在中國的失敗，並不是唯一一個具威脅性地破壞美國在太平洋取得的艱難勝利和美國在本區域影響力的發展。1949 年 7 月，在持續升級的美蘇對抗當中，毛澤東宣佈「一邊倒」（倒向蘇聯那一邊）外交政策。在當年 9 月成功試爆一枚原子彈後，蘇聯成為了第二個擁有核武的強權。在征服了整個中國大陸後，1949 年 10 月 1 日，毛澤東在北京天安門廣場宣佈中華人民共和國的成立。中共接管了美國在中國大陸的資產，還不斷騷擾仍留在當地的美國外交人員。1950 年 2 月，中共與蘇聯簽訂了三十年的《中蘇友好同盟互助條約》。蘇聯武器及軍事顧問隨即湧入中國。與此同時，中共開始對在中南半島，由胡志明領導的共產黨—民族主義運動提供武器及顧問。4 月，毛澤東的中國人民解放軍擊敗了在海南島的國民黨守軍，並準備進攻台灣——蔣介石的最後避難所。

儘管對這些事態發展感到焦慮，杜魯門總統、國務卿艾奇遜，以及其他政府高層即使想支持一個更為雄心勃勃的外交政策，短時間內也是心有餘而力不足，這是基於美國的軍事力量在當下是極為疲弱。總體來說，海軍，特別是第七艦隊，已經發現要履行他們的職責，可謂困難重重。在當時僅有一艘「福吉谷號」航艦（Valley Forge, CV-45）仍留在西太平洋。第七艦隊的其他成員，就只有兩個驅逐艦分隊、潛艦「鯰魚號」（Catfish, SS-339）、「石紋魟號」（Cabezon, SS-334）及「塞貢多號」（Segundo, SS-398），還有兩艘輔助艦隻。一支規模更小的海軍分遣隊——遠東海軍部隊（Naval Forces Far East）——正處於麥克阿瑟所屬的遠東

美國海軍在中國青島的海軍基地

　　從冷戰一開始的前面四年，第七艦隊以青島的海軍基地為其母港。這個港口曾經是德國海軍的遠東前哨，直到在第一次世界大戰時被日軍攻佔為止。二戰之後，當美國海軍受命把陸戰隊及蔣介石的國民黨軍隊運送至華北地區，還有把日軍遣返回國之後，海軍很快便認知到青島港作為行動基地的價值。1945 年 10 月 11 日，第七艦隊船艦把第 6 陸戰師送至青島登陸，不久之後第七艦隊司令丹尼爾‧巴比中將便成立了中國海軍訓練中心，以準備訓練國民黨海軍操作兩棲作戰艦[1]。1946 年，第七艦隊的多位指揮官將青島視為該艦隊在華的首要錨地，而這個基地肩負了訓練中國水兵、將多餘船艦轉移給中國，同時還負責運作一個機場。

　　1947 年，毛澤東的中共部隊的敵意越來越大，這不但是針對駐在華北的美軍陸戰隊，還包括在青島的海軍人員。6 月，當救難艦「解救號」（*Deliver*, ARS-23）正在打撈一個在港口附近載浮載沉的浮箱時，遭到共軍開火射擊。在「解救號」及「班

USN 120346

1947 年 6 月救難艦「解救號」，在青島海軍基地附近遭受中共部隊開火射擊。

1　編註：美國依 512 號租借法案無償轉讓給中華民國海軍，當時所接收的四種不同噸位的兩棲船艦，分別以「中、美、聯、合」來命名 LST 戰車登陸艦、LSM 中型登陸艦、LSIL 大型步兵登陸艇 /LSSL 大型火砲支援登陸艇、LCU 通用登陸艇。

納號」驅逐艦（Benner, DD-807）意在「挫敗並嚇退攻擊者，而不是要殺傷他們」的掩護火力之下，來自「霍金斯號」驅逐艦（Hawkins, DD-873）的登岸小組成功回收了浮箱。

兩個月之後，惡劣天氣迫使一位陸戰隊飛行員在青島附近共產黨

1949 年 2 月，駐青島的陸戰隊官兵登上「倫維爾號」攻擊人員運輸艦，與他們在青島的基地告別。

控制區內降落。一支來自「聖保羅號」重巡洋艦（Saint Paul, CA-73）的陸戰隊，以及「塔克號」驅逐艦（Tucker, DD-875）的水兵們共同組成被派往拯救該名飛行員的登岸小組，與毛澤東的部隊開始交火。為了避免讓情勢火上加油，美軍摧毀了這架飛機後便撤回艦上。中共在與美方官員進行了冗長及持久的談判後，才釋放了這名年輕的飛行員。

1947 年 12 月，共黨部隊向青島基地外的陸戰隊員開火，射殺了 1 名陸戰隊員，並俘獲了另外 4 人，而且直到 1948 年 2 月才承認此事，並同時要求美國從青島基地撤軍，以及停止援助蔣介石部隊。直到同年 4 月，被俘的 4 員陸戰隊員以及殉職的陸戰隊員的遺體才被送回美方手上。

儘管這些事故，青島在 1940 年代末仍然成為了一個繁忙的基地。交替擔任艦隊旗艦的「艾多拉多號」（Eldorado, AGC-11）及「艾斯特斯號」兩棲指揮艦、「福吉谷號」及「安提頓號」航艦、「安詳號」醫院船（Repose, AH-16），以及其他巡洋艦、潛艦、驅逐艦及兩棲船艦，還有輔助船艦，都曾經以此為母港。

為了維持與華府的政策步伐一致，1947 至 1948 年，西太平洋海軍部隊司令（前身為第七艦隊司令）小查爾斯‧柯克上將將陸戰隊自華北撤離。當毛澤東的部隊席捲全中國之際，柯克上將的繼任人奧斯卡‧白吉爾中將亦開始停止在青島的行動。

司令部在東京指揮。

不過，國會已經開始行動，以提高美國及其亞洲盟友的軍事能力。1949 年 10 月，國會撥出了 7,500 萬美元用於「中國整體區域」。1950 年 3 月，國務院的政策規劃辦公室主任保羅·尼采（Paul Nitze），撰寫了一份關於如何增強美國軍事及經濟力量的研究報告，並在 9 月經杜魯門總統批准後成為了美國國家安全會議 NSC-68 號文件。很多人都將 NSC-68 號文件視為美國在冷戰時期擴充軍事力量的藍圖。

在國務院及國防部內，主要官員都多番迫切要求增加對日本、台灣的國民政府、以及對法國軍事及經濟方面的援助，當中法國正在對抗並試圖遏制胡志明的越南反抗勢力。陸海軍高層都明白，他們在當時並沒有部隊能擊敗中共對台灣展開的全面性兩棲登陸行動，不過他們呼籲為了支援國民政府，必須為其提供一切除軍事之外的干預行動。假如中共控制了台灣，這個位於日本及菲律賓之間的戰略位置，將會危害到美國在西太平洋的戰略部署。麥克阿瑟將軍主張台灣是「不沉的航空母艦」，而且對不論哪一方來說都是一個重要的潛艦基地。

不過，觸發美國戰鬥力重新再生的關鍵，卻是和另一個與海相鄰的亞洲國家有關：韓國。朝鮮半島上，在 38 度線這一條非正式分界線以北的蘇聯紅軍，以及在這條界線以南的美軍，其軍事佔領行動都是為莫斯科及華府對各自支持的獨立運動而行事。蘇聯紅軍撤出北韓後，史達林卻為金日成領導的朝鮮人民民主主義共和國提供了數以百計的飛機、戰車、以及火砲。數以千計在國共內戰期間，在中國人民解放軍內服役，久經戰陣的朝鮮人被遣送回北韓後，亦成為了朝鮮人民軍的戰力核心。1940 年代末朝鮮半島的特點，就是充斥著共產黨及反共勢力之間，因為跨界劫掠、屠殺及政治暗殺而衍生的激烈戰鬥。1950 年，美國在韓的軍事人員，就僅有少量的軍事顧問。這些軍事顧問當時負責為李承晚的大韓民國反共武裝部隊，進行短程火砲、輕武器及小型海軍船艦的訓練。

被共產黨在中國的成功所壯膽——加上錯誤地認為美國不會抗衡他們的行動——史達林、毛澤東及金日成計劃發動戰爭，以將朝鮮半島統一在金日成的馬克思 - 列寧政權。1950 年的頭六個月，7 個北韓步兵師在數以

百計的蘇製戰車及火砲支援下，開始沿著 38 度線集結，準備對大韓民國發動進攻。

在華府的美國政府以及在太平洋的海軍高層，都沒意識到這個對東北亞的和平穩定所造成的威脅已是迫在眉睫。結果在 1950 年 6 月，戰力在戰後大為消減的第七艦隊的艦隻，正在菲律賓蘇比克灣愉悅地停泊著。他們的靜好歲月將不會持續太久了。

第三章
投入韓戰

經過五年的短暫和平之後，1950 年 6 月底，第七艦隊又一次迎來了它的主要任務：在戰鬥中擊敗美國的敵人。接下來三年，艦隊的航艦艦載機、水面作戰艦以及兩棲作戰部隊都投入了冷戰以來的首次武裝衝突當中。這支強大的海軍部隊在遠東的存在，也幫忙防止這場衝突在區域內蔓延開來。

1950 年 6 月 25 日，裝備了蘇製戰車、火砲與作戰飛機的北韓軍，開始進攻大韓民國（南韓）。共產黨的攻勢很快跨越了南韓的邊防，並進一步向南方快速推進。杜魯門總統下令美國空、陸、海軍馳援南韓及聯合國軍，以助他們扭轉局勢。第七艦隊在 6 月 27 日從菲律賓的蘇比克灣基地出發，經台灣及沖繩航向朝鮮半島，並在入侵後一週沒多久，即開始導引海軍艦砲及空中支援攻擊岸上目標。美國海軍充分利用了其對周邊的制海與制空權所帶來的全般優勢。7 月 2 日美國海軍「朱諾號」輕巡洋艦（*Juneau*, CL-119）、英國皇家海軍「牙買加號」輕巡洋艦（*Jamaica*）及「黑天鵝號」巡防艦（*Black Swan*），就在南韓的東海

朝鮮半島的戰爭，1950 年至 1953 年。經授權後使用，原圖載於 Malcolm W. Cagle 及 Frank A. Manson, *The Sea War in Korea* (Annapolis: Naval Institute Press, 1957)。

NA 80-G-428152

杜魯門總統指示「福吉谷號」航艦，搭載海軍第一個具作戰能力的 F9F 黑豹式噴射戰鬥機中隊，在台灣近海航行，以給予毛澤東領導的新生中共政權一個訊息：美國會阻止對台灣的入侵，以及阻止韓戰的進一步擴大。

岸攔截了一隊北韓魚雷艇及砲艇，並擊沉了當中的四艘。隔天，「福吉谷號」航艦與英國皇家海軍「凱旋號」航艦（*Triumph*）對北韓首都平壤發動了空襲。艦隊最新型的噴射式 F9F 黑豹式戰鬥機，寫下了海軍在韓戰中的首個空戰勝利紀錄：雷納德‧博格中尉（Leonard H. Plog）與小艾當‧布朗少尉（Eldon W. Brown Jr.）兩人共擊落了兩架北韓軍的 Yak-9 活塞式戰鬥機。

第七艦隊的作戰飛機及船艦，在北韓軍席捲整個朝鮮半島前，為聯合國軍提供了火力支援，以遏止其攻勢。美軍及其盟友的巡洋艦與驅逐艦砲轟了在沿岸道路行進的敵方部隊，而航艦艦載機則轟炸了在內陸地區向南挺進的共產黨軍隊與補給車隊。聯合國軍當中八個國家的海軍部隊，從戰爭

初期便一直與美國海軍一同作戰。這八個國家計有英國皇家海軍的分遣隊，包括航艦「光榮號」（Glory）、「忒修斯號」（Theseus）、「海洋號」（Ocean）及「凱旋號」；以及澳洲、紐西蘭、加拿大、哥倫比亞、法國、荷蘭及泰國海軍的部隊，這些海軍的船艦都在朝鮮半島的前線海域執行戰鬥任務。

由於受到保護，不會在海上遭到干預，海軍的軍事海運勤務處（Military Sea Transportation Service, MSTS）得以為在半島南方的重要港口——釜山——附近建立了小型立足點的聯合國軍，持續運送增援與補給。沒有第七艦隊為這條海上生命線提供保護的話，在南韓的聯合國軍很可能被逼付出沉重代價，從釜山環形防線撤離了。

第七艦隊的機動性與制海能力，容許麥克阿瑟將軍及聯合國軍司令部扭轉韓戰的態勢。1950 年 9 月中，第

NH 97046

在朝鮮半島奮戰的聯合國軍部隊，並不單單只有美國海軍，還有來自其他聯合國成員國的海軍部隊。照片是停泊在佐世保港內的三艘軍艦，左起：皇家澳洲海軍「瓦拉蒙加號」驅逐艦（Warramunga）、皇家加拿大海軍「努特卡號」驅逐艦（Nootka）、以及英國皇家海軍「帽章號」驅逐艦（Cockade）[1]。

1　譯註：三艦當中，「瓦拉蒙加號」及「努特卡號」都屬於部族級驅逐艦（Tribal Class），而「帽章號」則屬於 C 級驅逐艦。

戰時艦隊司令

　　史樞波中將（Arthur D. Struble）出任第七艦隊司令時，正值艦隊正要執行其在冷戰期間最為決定性的作戰行動之一——在仁川進行兩棲突擊登陸。史樞波是美國海軍官校 1915 年班畢業，在日軍偷襲珍珠港之前，他先後在岸上的參謀單位，以及戰艦、巡洋艦和驅逐艦上服役。由於確信史樞波在兩棲作戰方面的天賦，在他參與完 1944 年 6 月 6 日 D 日入侵法國的行動後，海軍便將他指派到第七艦隊。作為「麥克阿瑟的海軍」當中的戰鬥指揮官，史樞波指揮了在菲律賓的雷伊泰、民都洛及呂宋的兩棲突擊作戰，使得他因此獲頒海軍傑出服役勳章。戰後幾年，他在指揮太平洋艦隊的兩棲及掃雷部隊時，累積了寶貴的近岸作戰經驗。而在華府的參謀首長聯席會議（Joint Chiefs of Staff, JCS）時，更進一步彰顯了他在軍種間進行聯合行動方面的能耐。

　　在新近被任命為第七艦隊司令及晉升至海軍中將後，史樞波指揮了艦隊在 1950 年 7 月對北韓發動的首次攻擊。他在杜魯門總統要求下，設立了空中、水面及潛艦巡邏部隊，以保衛台灣免受共產黨入侵。

　　作為第 7 特遣部隊（Task Force 7）指揮官，史樞波領導了美國及聯合國部隊，在 1950 年 9 月執行了精湛的仁川兩棲突擊作戰——「鐵鉻行動」（Operation Chromite）。麥克阿瑟五星上將那個勇敢無畏的作戰計劃，在史樞波指揮的聯合國軍執行之下，很快便將南韓從北方侵略者之手解放。

　　直至 1951 年 3 月 28 日離任為止，史樞波中將監督了第 77 特遣支隊的空中阻絕及密接空中支援作戰，以及第七艦隊的水面作戰部隊進行的岸轟任務。在他的領導之下，第七艦隊又一次展示了海軍在支援及持續在沿岸進行戰鬥行動方面的獨特能力。

在賣亦樂海軍少將（James H. Doyle，左）及約翰・希金斯海軍少將（John M. Higgins，右）注視下，第七艦隊司令史樞波中將正在仔細檢視作戰計劃。

七艦隊司令、同時也是第七特遣部隊司令的史樞波中將，帶領了 230 艘美軍與盟友的船艦，包括兩棲登陸艦及其餘各式作戰艦，渡過黃海並向北韓佔領的仁川港進發。

正當這支無敵艦隊在 9 月 15 日的清晨通過指向仁川的狹窄水道時，一座已經許久不曾運作的燈塔，突然重新亮了起來。點亮這座燈塔的人，正是尤金·克拉克上尉（Eugene F. Clark）——他從九月初開始，便在敵後執行大膽無畏的情報作戰任務。這位勇敢且足智多謀的海軍軍官與一小群南韓人及美國人，在仁川附近的一座小島靈興島行動，了解有關當地潮汐漲退，以及其他有益於盟軍兩棲作戰規劃人員的情報。克拉克一行人收集情報的同時，也與共產黨部隊打了一場小型海軍作戰：透過精準的機槍火力，克拉克讓北韓軍損失了兩艘小艇。與此同時，克拉克還修復了前述的燈塔。敵方隨即壓制了靈興島，捕捉並處決了 50 名曾協助美國人的村民，但不久後被稱為「靈興島上的黑鬍子」（Blackbeard of Yonghung Do）的克拉克，

透過完成了這一個對艦隊而言十分重要的任務，來為村民復仇了。

過去幾天，第七艦隊及聯合國海軍部隊負責火力支援的船艦還有艦載機，都持續攻擊仁川岸際的敵方防禦據點。隨後，在 9 月 15 日早上 6 時 33 分，兩棲登陸艇將第 1 陸戰師 5 團一個營的兵力，送到仁川港外的月尾島。仁川之戰就此開始了。

在持續數天的艱苦奮戰，再加上來自陸戰隊其他單位、南韓軍、還有陸軍第 7 步兵師轄下單位的支援下，聯合國軍總算佔領了港口以及附近的金浦機場。9 月 21 日，從釜山環形防

1950 年 7 月，北韓境內元山港的東海岸，在美國海軍航艦艦載機空襲之後起火。

線突圍而出的美國陸軍，終於與仁川登陸的部隊會師了。經過一星期的血腥逐街戰鬥後，第1陸戰師終於佔領了漢城。在仁川登陸當中，兩棲部隊有3,500人戰死、受傷或在行動中失蹤，但他們為敵軍帶來了二萬人的傷亡。更重要的是，仁川登陸成功迫使北韓人民軍向北落荒而逃，結果就是南韓光復了。

麥克阿瑟將軍希望透過第七艦隊再一次發動兩棲突擊，這一次是面對日本海的元山，徹底殲滅北韓陸軍並佔領朝鮮半島東北。海軍奉命要將陸軍第10軍（包括第1陸戰師在內）送到元山。登陸後，第10軍下轄的步兵師預料會向著鴨綠江推進，一路抵達北韓與中共及蘇聯的邊境。不過，快速推進的南韓軍在10月10日便抵達元山，也就是預計登陸日的一星期前。除此之外，艦隊吃盡苦頭後發現，北韓軍一早在通向元山港的水道佈置了2,000到4,000枚蘇聯製磁性與接觸水雷。在特遣部隊終於成功清出一條安全的航道之前，已經有不少的美軍及南韓掃雷船艦因為觸雷沉沒。最後在1950年10月25日，第1陸戰師從第七艦隊及海軍遠東部隊的船艦向元山岸上出發，並向北韓的崇山峻嶺推進。

來自中國人民解放軍的「志願軍」從北韓披滿白雪的山嶺湧現，並將目光注視在過度延伸的美國陸軍、陸戰隊及南韓軍。第十軍不得不在狂風呼嘯的酷寒環境下，一路突圍殺回海岸。第77特遣部隊的航空母艦「菲律賓海號」（*Philippine Sea*, CV-47）、「福吉谷號」、「普林斯頓號」（*Princeton*, CV-37）及「雷伊泰號」（*Leyte*, CV-32），還有為數不少的護航航艦上的陸戰隊與海軍攻擊中隊，不斷攻擊試圖包圍在內陸的聯合國軍的中共軍隊。在僅一星期的作戰行動當中，海軍航空部隊對敵空襲的次數就多達1,700架次。

在此同時，大多數聯合國軍地面部隊都已經殺出一條向海岸線突圍的血路。在海岸線那頭，「密蘇里號」戰艦、重巡洋艦「羅徹斯特號」（*Rochester*, CA-124）及「聖保羅號」，還有為數不少的驅逐艦及搭載火箭砲的船艦，以猛烈的砲火在友軍步兵與敵軍之間築起一道火牆。美國海軍及其盟友的船艦對朝著興南市港口推進的共產黨部隊，一共發射了總計超過23,000發16、8、5及3吋砲彈及火箭砲彈。

1950年底，第七艦隊對朝鮮海

NA 80-G-421944

在兩棲登陸成功後，麥克阿瑟將軍在史樞波中將（左）及第 1 陸戰師師長 O‧P‧史密斯少將等人陪同下，來到了仁川岸邊。

Navy Art Collection

仁川，由 Herbert C. Hahn 繪畫，顏色鉛筆繪於紙上。

域的支配地位，讓麥克阿瑟得以在地面戰鬥開始轉為不利於聯合國軍時，將部隊撤退到安全的海上。在平安夜，第七艦隊的兩棲特遣艦隊已經透過海路撤離了10.5萬名官兵、91,000名難民、35萬噸物資以及17,500輛軍用車輛。海軍及陸戰隊的飛機則將另外3,600名官兵、1,300噸物資及196輛車輛以空運方式撤離。海軍水下爆破大隊將興南的港口設施夷平，以阻絕敵方重新將其投入運作，同時第七艦隊亦航向南方。幾個星期之後，從北韓撤退的單位都重新投入戰鬥，繼續為保衛大韓民國的獨立而戰。

在通往元山港的航道上，南韓掃雷艦 YMS-516 號觸碰到一枚蘇聯供應北韓的水雷後，受到嚴重破壞。

破壞隧道任務，Morgan Wilbur 所繪，油畫布。

新戰爭形態

從 1951 年春天到 1953 年 7 月，在這個被稱為「僵持階段」期間，海軍航空部隊將戰火帶到北韓的後方，以阻止重武器、彈藥、補給以及建造物資能抵達敵方前線部隊。第 77 特遣部隊包括擁有大型飛行甲板的航艦（整個韓戰中共有 11 艘航艦參與），而第 95 特遣部隊（一艘輕型航艦及四艘護航航艦）則在朝鮮半島外海執勤。

「畢格號」快速人員運輸艦（*Begor*, APD-127）在旁警戒待命之下，海軍爆破小組破壞了興南的港口設施，以妨礙敵方使用。

海軍戰鬥機中隊被部署在航空母艦上，而陸戰隊的航空單位則同時被部署在陸上基地及護航航艦上。海軍飛行員駕駛了 F9F 黑豹式戰鬥機、F2H 女妖式噴射戰鬥機，還有韓戰中的軍馬，採用螺旋槳動力的 F4U 海盜式戰鬥機及 AD 天襲者式攻擊機。

第七艦隊的戰鬥機中隊為了取得制空權，持續與數以百計由北韓、中國以至是蘇聯機組人員駕駛的軍機交戰，並擊落了 13 架敵機。在擊落 5 架敵機後，蓋伊·博德倫上尉（Guy P. Bordelon）成為了韓戰中海軍唯一一位空戰王牌。他也得到了「夜間查床的查理」（Bedcheck Charlies）的外號，因為他會在晚上飛越戰線，投彈攻擊讓敵軍夜不安枕。

攻擊中隊的主要作戰任務，則是集中攻擊敵方的鐵路機車、列車車廂、橋樑、隧道、補給倉庫、鴨綠江上的發電水壩以及其他重要目標。在韓戰其中一次最為戲劇性及不尋常的作戰行動當中，由哈羅德·「瑞典人」·卡爾森中校（Harold G. "Swede" Carlson）率領，從「普林斯頓號」航艦起飛的第 195 攻擊中隊共 8 架天襲

者式攻擊機，以空投魚雷洞穿了華川水壩。經此一役，海軍便開始稱呼該中隊為「水壩剋星」（Dambusters）。

直升機在韓戰中，亦證明了其特別適合用於拯救落水的機組人員。在「羅徹斯特號」重巡洋艦上的直升機機組人員之一，恩尼‧克勞福德二級航空機械士（Ernie L. Crawford）就因為拯救一名落水且失去知覺的飛行員的英勇行為，獲頒海軍十字勳章。克勞福德將那位昏迷的飛行員安全送上救援直升機後，便單獨在冰冷的海水中待了20分鐘，等待直升機回來把他接走。

航艦與岸基航空單位還肩負起另一個極為關鍵的責任，便是為前線部隊提供隨時待命的密接空中支援。韓戰結束時，海軍航空部隊已經在朝鮮半島出勤27.5萬架次，佔了空軍、海軍及陸戰隊作戰飛機執行密接支援任

NH 97164

直升機首次在韓戰亮相，並且證明了其在北韓崎嶇的荒野地帶，執行拯救被擊落飛行員的任務時尤為有效。

務總數的 53%，以及空中阻絕任務的 40%。海軍作戰飛機投下了超過 17.8 萬噸炸彈，發射了超過 27.4 萬枚空對地火箭，還射擊了超過 7,100 萬發彈藥。

除了航空兵力外，這些從海上投射的戰鬥力還有另一個源頭——就是第七艦隊的戰艦、巡洋艦、驅逐艦及火箭砲艦。陸戰隊及陸軍士兵在面對中共人海戰術突擊時，往往都急切地渴求來自二戰時建造的「愛荷華號」（*Iowa*, BB-61）、「紐澤西號」（*New Jersey*, BB-62）、「密蘇里號」及「威斯康辛號」（*Wisconsin*, BB-64）戰艦搭載的 16 吋主砲的火力。第七艦隊的水面艦也會沿著朝鮮半島的海岸線開火，砲轟鐵路、道路、補給貯藏站及部隊集結點。聯合國軍估計，數以千計的敵軍部隊遭擊殺，還有多不勝數被摧毀的敵方建築、卡車、橋樑及補給堆棧的摧毀，都歸功於美國海軍及其他聯合國軍作戰艦所發射的 400 萬枚海軍砲彈。與此相反的是，敵軍的岸防砲完全沒辦法擊沉那怕是一艘聯合國軍的作戰艦。

毫無疑問的是，強大的空中武力，再加上來自水面艦隻的岸轟行動，阻絕了敵方關鍵的彈藥補給，也拯救了無數正在奮戰以奪回或固守 38 度線附近陣地的美軍與聯合國軍士兵的性命——但這還是沒辦法完全切斷敵軍的補給線，也沒辦法阻止敵軍發動壓倒性的攻勢。數以萬計的北韓平民及工兵一再地讓被轟炸的鐵路、橋樑及補給倉庫能重新投入運作。而且敵軍也經常利用暗夜來掩飾補給行動。再者，敵方的防空砲火也擊落了 559 架海軍及陸戰隊飛機，米格噴射機也聲稱再擊落了 5 架。韓戰的經驗展示了

「紐澤西號」戰艦的 16 吋主砲，正在對北韓海岸上的敵方目標開火射擊。

在新的「有限戰爭」年代，空中武力不可能是贏得戰爭的工具。15年之後，這個教訓將會在東南亞再學習一次。

在整個韓戰的過程，美國及其盟友的海軍部隊持續對北韓水域實行緊密的封鎖，剝奪了敵軍利用海路運輸部隊及補給的能力。制海權也容許第七艦隊在陳兵於 38 度線的中共與北韓軍隊後方，再實行一次兩棲登陸行動的可能性來嚇阻敵軍。敵方對這個潛在威脅極為嚴肅看待，還將相當數量的部隊部署到朝鮮半島東西兩岸極為遠離前線的地方，而這些部隊可是前線極為需要的。為了讓敵軍繼續把注意力盯在海上，第七艦隊實施了為數不少的海上佯攻及武力展示行動。在 1952 年 10 月的「誘餌行動」（Operation Decoy）中，第七艦隊的艦隊型航艦及水面作戰艦便攻擊了北韓在舊邑里（Kojo）附近的防禦工事，兩棲船艦也進行機動，彷彿準備將陸軍第 1 騎兵師送到元山附近登陸。敵軍因此不得不把部隊火速送到附近的海岸線，準備擊退永遠都不會發生的兩棲突擊行動。

第七艦隊也負責把特戰部隊送到北韓的東西岸，以及在這些水域中星羅棋布數以百計的小島上。從 1951 年

2 月開始一直到戰爭結束的元山港封鎖行動，讓共產黨部隊始終不能利用這個極具潛力的重要港口。艦隊的船艦將水下爆破大隊、海軍陸戰隊以及英國、南韓軍的海軍突擊隊員送到岸上，破壞敵方戰線後方的主要公路的橋樑、補給品堆棧處、鐵路路軌以及鐵路隧道。

有些在韓國近海作戰的第七艦隊作戰艦，還利用鯨形小艇將戰火帶給敵人。「道格拉斯·霍士號」驅逐艦（Douglas H. Fox, DD-779）上極有魄力的艦長詹姆士·戴利中校（James A. Dare），便將艦上的鯨形小艇載滿麾下最為足智多謀的軍官及大膽無畏的官兵，還為他們提供了 75 公厘無後座力砲、輕兵器、炸藥包、手榴彈、無線電以及用來破壞漁網的工具。每天晚上小艇組都會部署到距離驅逐艦五到七海里遠的位置（仍在驅逐艦無線電通訊及水面搜索雷達範圍內），去捕獲敵方漁船及船員，再連人帶船把他們押回驅逐艦。透過破壞漁網、扣押漁船，還有其他擾亂當地捕漁作業的行動，第七艦隊成功阻絕了敵方部隊從大海中獲利。值得一提的是，很多時候這些俘虜都會供出北韓軍部署岸防砲的位置，以及其砲組員的作業

美軍及南韓軍官正在訊問一名被俘的北韓漁民。

模式。

第七艦隊的水兵還對敵方進行了一個小小的心理戰。1952 年的五一勞動節前夜——共產國家都將 5 月 1 日定為國際勞動節來慶祝——「道格拉斯‧霍士號」驅逐艦的鯨形小艇官兵在元山港海口處的一個小島上，升起了美國國旗。因此，當在這個共黨重要的日子，日出東方之際，敵方第一眼看到的，就是這面古老的榮光之旗在旭日之下隨海風歡快地飄揚。

第七艦隊的作戰艦，以及在航艦與陸上基地部署的航空單位，都為美軍及其盟友在這場冷戰的第一次有限戰爭當中，提供了不可或缺的支援。韓戰當中，艦隊沒有損失過任何一艘主要作戰艦艇。超過 1,177,000 名第七艦隊及海軍遠東部隊編制下的人員參與了韓戰。有 458 名水兵在戰鬥中陣亡、1,576 人受傷，以及 4,043 人因戰傷或因病去世。沒有這些海軍男女官兵的恪盡職守以及犧牲，不管是在艦

上還是岸上，聯合國也許沒辦法保住大韓民國的獨立，也不可能達成與中國及北韓的停戰協定，並在 1953 年 7 月 27 日結束戰事。

讓韓戰不致擴大

當第七艦隊在朝鮮半島執行重要的戰鬥勤務時，它也同時在執行另一個同等重要的職責——防止衝突擴大到整個遠東地區。杜魯門政府與聯合國盟友，並不希望朝鮮半島的戰鬥點燃起與蘇聯、中共的全球或區域性戰爭。沒有錯，第七艦隊在韓戰的首個作戰行動，就是嚇阻國共雙方，讓中國共產黨不敢進攻台灣，同時也讓國民黨打消攻擊中共的念頭。在韓戰爆發數日之後，杜魯門總統宣佈，他認為「讓共產黨勢力佔領福爾摩沙（台灣），將會對美國軍事力量以及太平洋地區的安全構成直接威脅。」他補充道：「我已下令第七艦隊防止任何對福爾摩沙的攻擊」，並請求蔣介石政府「停止所有針對大陸的海空行動」。他也強調，「第七艦隊會確保這個命令得以達成」。當第七艦隊在1950 年 6 月 27 日從菲律賓的蘇比克灣向韓國出發時，「福吉谷號」航艦、「羅徹斯特號」重巡洋艦與 8 艘驅逐

艦便在中國沿岸執行了一次軍力展示行動。6 月 29 日，從「福吉谷號」起飛的艦載機編隊飛過台灣海峽，向北京發出訊息：美國會阻止其攻擊台灣。

第七艦隊迅速部署到黃海／西海（中國及南韓對同一個水域有著不同的稱呼），以及派出部署在日本及美國的部隊進行增援行動，同樣也對共產黨勢力發出了一個強烈的訊息——任何蘇聯或中共海上力量對韓戰的介入，都會讓他們的沿海城市及軍事基地陷入第七艦隊報復性打擊的巨大危機當中。對於訊息的理解，有助於史達林限制蘇聯空軍對中共及北韓部隊提供的支援力道，同時也讓史達林將其龐大的潛艦部隊的活動範圍，限制在母港海參崴（Vladivostok）鄰近海域。

在整個韓戰當中，第七艦隊的潛艦、岸基巡邏機以及航艦特遣艦隊持續監視著亞洲海域及海岸地區以收集情報。1950 年 7 月中，「鯰魚號」及「梭魚號」潛艦（Pickerel, SS-524）從橫須賀的基地出發執行秘密任務。兩艘潛艦奉命到台灣海峽巡邏，但巡邏時不得進入中國大陸 12 海里，也不可以進入台灣 6 海里範圍。這兩艘潛艦就這樣在廈門及汕頭外海執行了 10 天

「梭魚號」潛艦（*Pickerel*, SS-524）及第七艦隊的其他潛艦、水面船艦及巡邏機展開了台灣海峽巡邏任務，以監視中國沿岸水域的軍事活動。

的巡邏任務。中國共產黨發出的新聞廣播指出，有 1,500 艘戎克船正從汕頭航向廈門，在最初引起了關注，不過隨後這證明是個假情報。最終在 6 月 30 日，「梭魚號」及「鯰魚號」結束了巡邏任務，並回到橫須賀。一抵達東京後，兩艘潛艦的艦長並向史樞波及查爾斯・特納・喬伊中將（C. Turner Joy）匯報，喬伊中將為時任美國海軍遠東部隊司令。兩位潛艦艦長的報告，都有助於反駁其他指出中共正準備入侵台灣的情報。

在 7 月的第二個星期，史樞波、第 28（VP-28）及第 46 巡邏中隊（VP-46）的指揮官們，在台北與國民政府的軍事將領展開了會談。7 月 16 日，第 1 艦隊航空聯隊（Fleet Air Wing 1）便開始在海峽執行偵巡任務。28 巡邏中隊從沖繩那霸起飛的 9 架 P4Y 私掠者式巡邏機，可以說開創了在台灣海峽北部執行每日監視任務的先河。隔天，46 巡邏中隊的 9 架 PBM-5 水手式水上飛機亦開始了對台灣海峽南部的巡邏任務，這些水上飛機是由澎湖

群島起飛的,「休森號」水上機母艦(Suisun, AVP-53)在 6 月 17 日已經先行部署到該海域。

美軍高層擔心中共會在 7 月到 8 月之間入侵台灣。7 月 17 日,中央情報局(CIA)推斷,即使在美國反抗之下,解放軍仍然能對台發動一次成功的兩棲突襲行動。不久之後,一艘英國商船上的船員目擊,台灣海峽內有大批戎克船集結。當第 28 巡邏中隊的一架私掠者式巡邏機在 26 日前往調查時,便遭到兩架敵方戰鬥機的攻擊,不過那架巡邏機成功逃脫了。隔天,在台北的遠東司令部的軍官們得知,一名在大陸敵後的國民黨特工出席了一場會議,會議上共產黨領導們討論了在近期內對台發動突襲的事宜。為了回應這個入侵威脅,參聯會下達指令給遠東總司令,在台灣海峽執行另一次海軍武力展示行動。參聯會認為,即使只是短時間,但第七艦隊轄下單位出現在海峽內,已經能展示美國的決心,同時亦能收嚇阻之效。

7 月 26 日,史樞波派出查爾斯·

韓戰期間,在遠東水域執勤的「朱諾號」輕巡洋艦。

NH 52364

哈特曼少將（Charles C. Hartman）的水面特遣支隊前往台灣海峽，支隊包括「海倫娜號」重巡洋艦（Helena, CA-75）以及第111驅逐艦分隊的3艘驅逐艦。哈特曼支隊與「朱諾號」輕巡洋艦會合後，在28日抵達台灣海峽北端，並開始向南偵巡。

8月4日，史樞波以這個特遣支隊的船艦為中心，成立了福爾摩沙巡邏部隊（Formosa Patrol），並以台灣基隆為行動基地。這是1949年5月撤離青島海軍基地後，美國海軍船艦首次部署到國民政府控制的港口。福爾摩沙巡邏部隊（第72特遣部隊，Task Force 72）——其後的台海巡邏艦隊（Taiwan Patrol Force）——將會在冷戰接下來的二十年期間於台灣海峽內執勤。

這些艦隊行動可不是虛有其表的。例如在1950年9月，美軍的艦載機便擊落了一架蘇聯轟炸機，因為它在黃海／西海進行偵察任務時，飛得太接近聯合國軍艦隊了。蘇聯並沒有反制，實際上也不想這件事被公諸於世。最起碼在一定程度上，歸功於美國海軍的存在，韓戰期間不管是北京還是莫斯科，都不敢動用其海上部隊或海軍航空兵力支援在朝鮮半島苦戰中的共產黨部隊。不過有時候他們還是攻擊了第七艦隊的巡邏單位，擊落美軍飛機並殺害海軍機組人員。例如在1951年11月6日，當一架海軍的P2V海王星巡邏機在執行空中偵察時，便因為在日本海／東海飛得太靠近蘇聯國境，而被蘇軍戰鬥機擊落。

除此之外，中共亦在韓戰期間，攻擊在大陸近海執勤的美國海軍巡邏部隊。在當時，從國民政府控制的島嶼、沖繩以及菲律賓起飛的水上機及巡邏機，都會沿著亞洲近岸地區飛行，有時還會飛越近岸地帶。如果是空照偵察機的話，有時還會深入中國大陸的內陸地帶。台海巡邏艦隊的驅逐艦和美軍潛艦，同樣也會在中國水域突顯其存在。

為了使得杜魯門總統要中共部隊遠離台灣的警告更為真實，第七艦隊曾兩度在朝鮮戰場以外的中共沿岸展示其實力。1951年4月，「菲律賓海號」及「拳師號」航艦便沿著海岸線南行，派出艦載機飛越廈門、汕頭及福州這三個沿海城市，還受到中共防空砲火的問候。隔年7月，「艾塞克斯號」（Essex, CV-9）與「菲律賓海號」航艦在8艘驅逐艦隨行下，設定了一條從朝鮮半島一路航向位於南海

的海南島的航路，並且派出艦載機執行對中共軍事設施的低空航照偵察任務。即使中共的防空砲火與米格機的攔截，也無法對任務構成妨礙。在後者的行動當中，太平洋艦隊總司令亞瑟·雷德福上將（Arthur W. Radford）的發言人便向媒體表示，這次行動將會「展示出海軍有能力在任何時候轟炸廈門、福州及汕頭這些沿海城市」。隔天，正在對遠東地區進行訪問的海軍軍令部長威廉·費奇特勒上將更宣稱美國海軍「在接到命令後，有能力在韓國（並暗示在區域內任何地點）投放小型核武」。

次年1月，中共的防空砲火對另一架巡邏機開火，殺死了機組人員，並逼使其在接近中國海岸線的地方迫降。在試圖拯救倖存機組人員時，一架美國海岸防衛隊的水上飛機失事墜毀並沉沒，造成更多的人命傷亡。來

NH 92980

一架 P2V 海王式正從日本飛向大海，準備執行巡邏任務。在沖繩及菲律賓的空中單位例行性監視著台灣海峽內的海洋航道。

自中共岸防砲的砲火落在前來救援的美國海軍船艦，以及以香港為基地的英國船艦上。

由此可見，這些由第七艦隊執行的偵巡行動，代價有時可頗為沉重，但這些行動向北京展示了美國海上力量會反抗其對台灣的攻擊。根據一名出席過中共領導人高層會議的國民黨特工所言，中共高層頗為擔心，任何侵略台灣的艦隊「在第七艦隊及美國空軍面前，都只能存活數小時」。這個恐懼在整個韓戰期間均揮之不去。北京在朝鮮半島的戰場投入了極為龐大的陸軍及大量的空軍，而正如新近研究所證實的，蘇聯亦透過提供數以百計由俄羅斯人駕駛的作戰飛機與防空部隊來介入戰事。不過，由聯合國軍各個成員國聯合組成的艦隊在中俄兩國海岸的存在，打消了中俄兩國在戰爭中投入實力相當的海軍部隊。在整場戰爭，中共及蘇聯均沒有試圖利用海洋來支援戰事。

韓戰期間，「菲律賓海號」航艦及其他第七艦隊單位都在中國沿岸航行，以嚇阻北京攻擊台灣的意圖。

第七艦隊在韓戰中展示出海權是在遠離美國本土，以及在亞洲大陸上的衝突當中致勝的關鍵。艦隊可以阻絕敵方運用海洋，透過艦載機空襲、水面艦砲火以及兩棲突擊對岸上目標投射武力，還可以確保在整場戰爭中對部隊的增援，以及對聯合國軍的後勤補給安全無虞。而且，第七艦隊還標誌著美國在防止朝鮮半島衝突向外擴散上的決心與能力。假如沒有第七

1953 年 7 月 27 日，在遠東海軍部隊司令羅伯特‧布里斯科中將（Robert P. Briscoe）及第七艦隊司令 J‧J‧「喬科」‧克拉克中將（J. J. "Jocko" Clark）注視下，遠東總司令馬克‧克拉克陸軍上將正在韓戰停戰協定上簽字。此畫作由 Orlando S. Lagman 所繪。

艦隊這一支強大且靈活多變的海軍力量在遠東的話，美國在冷戰的首場有限戰爭當中，將會面臨極大的挑戰。

第四章
嚇阻遠東的衝突

韓戰結束並沒有為遠東的敵對行為畫上句號，也沒有為第七艦隊帶來喘息的時間。以美國及其盟友為一方，蘇聯及其一伙的馬克思－列寧主義國家組成的另一方，兩個陣營之間的全球性衝突，在亞洲尤其激烈。1950 年代，第七艦隊在多次有可能升級成核戰的衝突當中，與中共及越共正面對抗。為了應付這些挑戰，華府提升了這支西太平洋戰鬥艦隊的戰鬥力，以及強化了艦隊的基礎結構。

韓戰之後，共產黨的武裝部隊繼續攻擊第七艦隊。在靠近蘇聯海岸線，以及在海岸線上空執行情報收集任務的巡邏機，經常會面臨蘇軍的攻擊。1954 年 9 月，一架米格 15 噴射戰鬥機將一架巡邏機迫降在西伯利亞外海冰冷的海面上，導致一名機組人員死亡。兩年之後，一架 P4M 麥卡托式偵察機在抵近溫州時被中共戰鬥機擊落，全機 16 名機組人員陣亡。

胡志明，一位狂熱的共產主義者及越南民族主義者。

當蘇聯獨裁者史達林於 1953 年 3 月去世後，身為中共領導的毛澤東日益加強宣傳其在共產主義運動中的領導地位，特別在亞洲地區。他不但支持北韓的極權政體，還包括整個東南亞的共產黨叛亂與游擊運動，尤其是中南半島胡志明所領導的越共。在中共所提供的包括火砲、迫擊砲、輕兵器、彈藥、軍事顧問以及許多其他各種的支援下，越南獨立

東南亞。

同盟會的游擊隊亦得以在 1950 至 1954 年間，擊敗一支又一支的法軍部隊。

杜魯門及其後的艾森豪政府，均決心強化法國政府在本國及在越南對抗共產黨的能力。華府為法國在越南的部隊提供了 260 億美元的軍事援助，這包括兩艘輕型航艦、500 架飛機、438 艘兩棲登陸船艦及內河巡邏艇、火砲、卡車以及彈藥。為了展示美國對交戰中的法國的支持，第七艦隊的船艦頻繁地訪問越南的港口。第 30 驅逐艦分隊的 4 艘「錫罐」驅逐艦在 1953 年 10 月訪問西貢。同月，「Ｗ・Ｍ・布萊克將軍號」運輸艦（*General W.M. Black*, APB-5）將一個法軍步兵營從韓國轉移到越南。這個法軍步兵營在韓戰中一直卓越地作為美軍第 2 步兵師的一部分作戰。這些法軍士兵在西貢下船時，還自豪地展示著他們在美軍單位中作戰時的臂章。

海軍被要求在東北亞地區防衛日本，同時在東南亞地區促進美國利益的義務日益繁重。1953 年，海軍軍令部長羅伯特・卡尼（Robert B. Carney）聯同其他海軍高層提出，第七艦隊應該時刻擁有 3 艘前進部署的航艦。海軍希望透過在遠東地區維持 3 艘航艦，來證明有必要獲得在全球各地同時持有 14 艘航艦運作的經費——海軍認為這在冷戰中極為關鍵。艾森豪總統批准了海軍的計劃，而國會則授權了相關開支。

法屬印度支那戰爭

儘管有美國的軍事援助，但在 1954 年春，具有中共軍備支援的越盟軍隊攻擊之下，法軍已經在戰敗的邊緣了。法軍的精銳部隊——外籍兵團

及傘兵——發現他們在奠邊府被重重包圍，而且實質上已經與外界隔絕。奠邊府位於叢林密集，還有崇山峻嶺處處的東京地區與寮國邊界附近，該地只有一個又小又偏遠的小機場。

艾森豪政府盤算著要以軍事介入來拯救奠邊府的法軍，指示部署一支航艦特遣艦隊到南海去。海軍隨即任命以美國西岸為基地的第一艦隊的司令，威廉·菲利普中將（William K. Phillips）為這支特遣艦隊的指揮官。選擇第一艦隊，而不是第七艦隊的原因，是因為第七艦隊在東京的遠東司令部的編制下，受一名陸軍將官節制，華府的海軍高層想要有更大的自由度來指導菲利普的行動。因此，雖然不常見但偶然還是會發生，他們從兩支艦隊納編航空母艦到這支特遣艦隊，包括「胡蜂號」（Wasp, CVA-18）、「艾塞克斯號」、「拳師號」和「菲律賓海號」。

少量部署到這些航艦上的飛機，具有投擲核武的能力。有少數美軍高層，特別是新近就任參聯會主席的雷德福海軍上將，反覆呼籲認真考慮使用核武來幫助法軍脫離困境。到最後，艾森豪決定放棄透過軍事介入來拯救法國人。作為美國盟友的英國政府強烈反對軍事介入，而且總統亦質疑，不論美國空軍使用核武還是傳統武器，是否能帶來決定性的影響。最終在 5 月 7 日，越盟軍隊壓制了奠邊府法軍最後的陣地。這一次軍事上的失敗，也意味著法國在中南半島前途已盡。

奠邊府戰役結束前一個月，當時全球主要強權齊集瑞士的日內瓦，開會商討中南半島衝突的解決之道。法國同意讓越南、寮國及柬埔寨得到

美國太平洋艦隊總司令菲臘·史敦普上將（左），以及參聯會主席亞瑟·雷德福上將，兩人同樣擔憂 1950 年代共產黨人在遠東的行動。

最終的獨立。「印度支那停戰協定」（The Agreement on the Cessation of Hostilities）將越南一分為二，分隔開越盟及法軍部隊。胡志明的部隊集中在17度線以北的東京地區，而法軍及其越南盟友部隊則在這條臨時分界線以南聚集。根據協定，越南平民允許按其意願自由定居。

為了回應法國政府請求的援助，

NHHC L File

在「自由之路行動」當中，第七艦隊及其他美國海軍船艦把超過293,000名不願在胡志明共產政權統治下生活的難民，從越南北部運送到南部去。

華府指示海軍，將那些與法國人結盟的武裝部隊及難民，從北部的海防撤離到南部的西貢。這個由當時的西太平洋兩棲部隊司令洛倫佐・沙賓少將（Lorenzo S. Sabin）負責的撤離行動，後來被稱「自由之路行動」（Operation Passage to Freedom）。他的特遣艦隊包括了來自第七艦隊及第一艦隊的74艘戰車登陸艦、運輸艦、攻擊物資運輸艦、船塢登陸艦及各式其他船艦，還有39艘由軍事海運勤務處提供的船艦。至於來自西太平洋後勤支援部隊（Logistic Support Force Western Pacific）的船艦，包括各式油輪、貨輪、給養船、維修艦、救難艦及醫院船等，則以峴港為基地展開行動。橫須賀基地醫院的醫官及水兵亦被部署到海防，為港口的難民營提供醫療及防疫服務。

在1954年8月到1955年5月間，沙賓的艦隊運送了17,800名越南士兵、8,135架車輛、68,757噸貨物到越南南部。在一次特

殊運輸任務當中，從韓國航向西貢的
「避風港號」醫院船（*Haven, AH-12*）
在搭載了 721 名從越盟戰俘營獲釋的
法軍士兵後，再將其運送回法國的馬
賽。美國海軍還將 293,000 名越南人送
到南方——他們當中有不少人是天主
教徒，寧願選擇在南部的非共產黨政
府治下生活，都不願接受胡志明領導
的專制、反宗教政權所統治。

1954-1955 年間的台海危機

　　由於在中國大陸戰勝蔣介石的國
民政府、中國人民解放軍在韓戰中受

水兵正在將一架執行完遠東偵察任務的
PBM-5 水手式水上飛機吊上母艦。

「避風港號」醫院船。

肯定的戰鬥表現，還有在中南半島與越南人聯手擊敗法軍，都讓毛澤東更有膽量在遠東採取再進一步挑釁的路線。使情況更為嚴重的是，當第七艦隊繼續在台灣海峽進行自 1950 年開始的空中巡邏任務後，中共領導人下令其空軍，攻擊其中一架美軍偵察機。1954 年 7 月 7 日，中共的米格機攻擊了一架在海峽巡邏中的 P2V 海王星巡邏機，該機倖免得以脫離攻擊者的追擊。

而在 7 月 22 日，一架從曼谷飛往香港，毫無防護能力的英商國泰航空公司的客機就沒那麼幸運了。中共戰鬥機在海南島東南 20 海里處擊落了該機，18 名乘客身亡。一支第七艦隊麾下，由哈利·費爾特少將（Harry D. Felt）指揮，包括「菲律賓海號」航艦在內的特遣艦隊，當時正在南海進行演習，隨即被調派到肇事海域並救起 9 名倖存者。僅 4 天後，兩架中共的 LA-7 戰鬥機便攻擊了「菲律賓海號」上，由喬治·鄧肯中校（G. C. Duncan）率領的第 5 艦載航空大隊的「天襲者式」攻擊機群。

攻擊者朝著鄧肯及萊伊·泰瑟姆上尉（Roy M. Tatham）的天襲者機群正面射擊，但完全沒有命中。隨後獵人就變成獵物，泰瑟姆跟其他的海軍飛行員把這些攻擊者都擊落了。

來自中共的敵對行為並沒有減少。1954 年 9 月 3 日，部署在金門正對面，僅僅有幾英里之遙的廈門港的中共砲兵陣地，開始對這個國軍據守的島嶼開火。北京宣佈其終極意圖是奪取包括台灣在內所有仍然被國民政府掌控的島嶼，以及摧毀蔣介石政權。當中共海軍船艦在 11 月 14 日午夜，攻擊在大陳列島附近海域巡邏的中華民國海軍「太平號」護航驅逐艦時，也標誌著對位處台灣以北二百英里的

NHHC L File

1955 年台海危機期間，中華民國總統蔣介石與美國海軍第七艦隊司令蒲賴德中將會面。

1955 年 2 月，大陳島撤退行動期間，在上海東南方大陳列島的其中一座島嶼上，平民們正準備登上第七艦隊的登陸艇離開家園。

大陳列島的直接威脅逐漸形成。儘管太平艦以艦上的三吋砲及 40 快砲開火，但在其火力達成任何效果前，一枚中共魚雷業已命中該艦，發出轟然巨響。在接下來的早上，「太和號」護航驅逐艦前來進行拖航，但太平艦的艦體受創扭曲，並在抵達友方港口前沉沒了。

經過中共空軍對大陳列島上的國軍軍事設施展開了一連串轟炸後，共軍在 1955 年 1 月對大陳列島展開了認真規劃的攻擊行動。大陳與台灣相距

200 英里，使得國軍空軍為島上守軍提供空中掩護尤為困難。1 月 20 日，中共兩棲部隊猝不及防的攻擊，成功佔領了一江山島。

在高層指導之下，第七艦隊司令蒲賴德中將（Alfred M. Pride Jr.）將艦隊部署到鄰近水域，準備迎接一切可能發生的意外事件。一個由「奇爾沙治號」（*Kearsarge*, CVA-33）、「艾塞克斯號」、「胡蜂號」、「中途島號」（*Midway*, CVA-41）及「約克鎮號」（*Yorktown*, CVA-10）航艦，以及負責

NA 80-G-K-22608

在劍拔弩張的 1958 年台海危機期間，艾森豪總統與海軍軍令部長阿利·伯克上將緊密合作。

護衛這些航艦的巡洋艦與驅逐艦組成的分遣隊，都奉命集中在大陳列島附近海域。

美國與中華民國在 1954 年 12 月 2 日已經簽訂了共同防禦條約。1955 年 1 月 28 日，美國國會亦通過了台灣決議案，授權美國總統在他認為必要時，派遣美軍協助中華民國防衛台灣以及由國民政府所控制的中國大陸沿岸島嶼。艾森豪總統已經準備好為了保衛台灣而與中共交戰，但他並不想為了距離台灣又遠又難以防守的大陳列島

而戰鬥。艾森豪遊說蔣介石將大陳島的全體軍民撤離，作為確立《中美共同防禦條約》的交換條件。2 月 6 日，第七艦隊在大陳島附近集結了強大的艦隊，以此向北京發出強烈的訊號：共軍任何干擾撤離行動的行為，都會面臨具壓倒性優勢的美軍部隊。

水面作戰部隊（第 75 特遣部隊）在大陳列島附近巡邏，其上空則由攻擊航艦打擊部隊（第 77 特遣部隊）的艦載航空大隊提供空中掩護。一個潛艦獵殺支隊（第 70.4 特遣支隊）則負責反潛防護。台海巡邏艦隊（第 72 特遣部隊）與美國空軍及國軍的空軍，則為大陳島 100 英里範圍內提供額外的空中掩護。在接下來數天，兩棲撤離部隊（第 76 特遣部隊）及國軍海軍搭載了 11,120 名士兵、8,630 噸軍用物資與裝備、166 門火砲、128 輛車輛。這些船艦還撤離了 15,627 名大陳居民，他們當中絕大多數再也不會看到父輩長居之地了。

就正如毛澤東在 1954 至 1955 年間突然促成中共與美國還有中華民國的軍事對抗一樣，他也突然地為其劃

上了句號。1955 年 4 月 23 日，他手下的官員們宣佈中共願意談判，解放軍也在 5 月 1 日結束對金門及馬祖的砲轟。在 1955 年餘下的時間及接下來兩年間，中共首長們發動「和平攻勢」來贏得在那些新近獨立，被稱為「第三世界」的「不結盟」國家當中的領導地位。1955 年 4 月在印尼舉行的萬隆會議期間，中共就對那些亞非國家展示出其為國際和平使者、堅定的反帝國主義份子，還有世界上被剝奪者朋友的角色。

儘管在國際會議上展示出如此面貌，在同一段時間北京仍然繼續為亞洲地區的共產黨政權及顛覆現有政權的游擊戰團體提供外交、經濟及軍事方面的援助。

東南亞的召喚

1954 年，艾森豪總統、杜勒斯國務卿（John Foster Dulles），以及在歐亞地區友好的領袖們，都對共產黨在 1949 年開始的步步進迫表示擔憂。共產國家的軍隊已經征服了整個中國大陸及西藏，在朝鮮半島掀起一場破壞性的戰爭，在多場災難性的戰鬥中擊敗法軍，而且還威脅要殲滅蔣介石的中華民國。馬克思－列寧主義游擊團體還試圖推翻在菲律賓、印尼以及整個中南半島的合法政權。

9 月，美國與其盟友齊聚馬尼拉，希望能訂出戰略政策與組織，以扭轉遠東地區令人生厭的態勢發展。這次會議當中，美國、英國、澳洲、紐西蘭、菲律賓、泰國、巴基斯坦與法國共同簽訂了《馬尼拉條約》，成立了總部位於泰國曼谷的東南亞公約組織（Southeast Asia Treaty Organization, SEATO），並同意對抗共產黨軍事力量與馬列主義意識形態在這個區域擴散。可是，與北大西洋公約組織不同，東南亞公約組織並沒有一支常備軍隊。再者，1954 年日內瓦會議簽訂的協定禁止了南越、寮國及柬埔寨加入任何軍事同盟，即使東南亞公約組織成員國聯合起來的目的，就是為了保衛這些國家而成立。

在整個 1950 年代，東約成員國家的海軍部隊執行了聯合演習、人員交流互訪以及規劃東南亞地區的防衛計劃。東約的第一個聯合軍事演習，是在 1956 年 2 月舉行的「堅實連結」（Firm Link）。參與這次演習的艦隻就有第七艦隊的「普林斯頓號」航艦（CVS-37）、驅逐艦「麥德蒙特號」（McDermut, DD-677）及「丁蓋號」

「普洛威頓斯號」在亞洲，John Roach 所繪，油畫布。

（*Tingey*, DD-539），還有「索爾茲伯里灣號」水上飛機支援母艦（*Salisbury Sound*, AV-13）。此外還有英國及澳洲海軍的巡洋艦及驅逐艦，以及泰國與菲律賓的部隊參與其中。「普林斯頓號」起飛的直升機將一支為數 850 人的美軍陸戰隊突擊部隊送到曼谷的廊曼機場（Duan Muang Airport），而「索爾茲伯里灣號」則把菲律賓部隊送到港口。在接下來的一天，曼谷的

市民們還能登上參演軍艦參觀。這次演習在 2 月 18 日，以一個有數以萬計觀眾參與的閱兵式劃上句號。而 1956 年 6 月舉行的「海上連結」演習（Sea Link）當中，來自第七艦隊、澳洲海軍及菲律賓海軍的作戰艦隻就演練了海軍艦砲支援與兩棲作戰行動。

接下來兩年，第七艦隊參與了四次東約組織的演習。由英國主辦舉行的「阿斯特拉」演習（Exercise

Astra）就模擬了在敵方空襲與潛艦攻擊的情況下，保衛一支由新加坡到曼谷的船團，第七艦隊有三艘驅逐艦、一艘潛艦以及反潛巡邏機參與。十月，澳洲亦舉辦了一場類似的船團護航演習。在同一個月舉行的「團隊合作」演習（Exercise Teamwork）當中，第七艦隊的一個兩棲作戰特遣支隊、美國海軍陸戰隊的登陸加強營（BLT），以及泰軍部隊就演練了一次兩棲突擊行動。該年年底，第七艦隊的整個兩棲登陸部隊、駐防在沖繩的第3陸戰師、一個反潛獵殺特遣支隊以及一個菲律賓海軍特遣支隊，就一同參與了「菲布林克」演習（Exercise Phiblink）。美國、英國及澳洲的航艦特遣艦隊亦一同參與了1958年10月的「海洋連結」聯合軍演（Exercise Ocean Link）。

東南亞公約組織成員國經常在如何界定本區域內主要威脅的本質上出現分歧——不管是顯而易見的軍事侵略還是來自內部的顛覆——但由美國、澳洲及紐西蘭海軍部隊進行的演習，均增強了他們之間的聯合作戰能

1961年5月東南亞公約組織的「小馬快遞」演習（Exercise Pony Express），作為演習的一部分，美軍陸戰隊員突襲了北婆羅洲的海岸。

力。東約演習一直持續到1960年代。

發展艦隊的遠東基地

韓戰期間以至戰爭結束後，日本的防務與美國在遠東的戰略利益，都要求發展一個強固的基地供前進部署的第七艦隊使用。海軍高層考慮到，要從千里之外的夏威夷或美國西岸的後勤設施橫渡太平洋為第七艦隊補給是完全不可行的。為了準備應對下一輪共產黨侵略或攻擊美軍部隊的行動，艦隊需要一個近在咫尺的岸基飛行基地，還需要堆積如山的彈藥、燃料、維修零件、糧草以及其他補給品，還需要船艦維修設施。

1960年的《美日安保條約》修訂

1962 年，俯瞰日本橫須賀基地。

NHHC L File

賀，在冷戰期間及其後，都是第七艦隊最具戰略地位的基地。作為大日本帝國海軍從十九世紀後期開始建設的主要基地，橫須賀擁有 6 個大型船塢及大規模的船舶維修設施，大量的倉庫和行政管理所在的建築。很多日本海軍的戰艦、航空母艦以及潛艦都是從這裡的船台下水成軍的。二戰結束時，這裡成了放眼亞洲其中一個最現代化的海軍船舶建造中心。

了 1951 年與日本達成的安全協定，並將其永久化。後者的條文中特別指出，「為了促進日本的安全，以及維持遠東地區的國際和平與穩定……美國獲授權其陸、空及海軍部隊使用日本的設施。」對日方而言，日本在防務上則集中在反潛作戰以及控制日本重要的海峽。為了完成這些防務所需的作戰艦、飛機及武器所導致的國防預算上升，除了幫助日本在 1975 年成為世界首屈一指的經濟體，還促成日本發展出一支按噸位算排名為世界第五的海軍——日本海上自衛隊。

在東京西南四十英里外的橫須

韓戰展示了橫須賀對第七艦隊的重要性。在朝鮮半島外海執勤的航艦、戰艦、巡洋艦、驅逐艦與其他各種作戰艦隻的數量，幾乎在一夜之間翻了好幾倍，而它們都需要一個基地支援。橫須賀基地內的船艦維修設施招募了數以千計熟練的日本工人，不但修復了第七艦隊的作戰艦隻，還協助將 27 艘蘇聯在二戰結束後不久交還的租借

法案船艦重返現役。橫須賀的設施提供了在韓國作戰的船艦，修理、維護及再補給等方面能量 85% 的需求。1952 年 12 月，遠東海軍部隊司令將其司令部自東京轉移到橫須賀，這個舉動也反映出橫須賀基地日益提升的重要性。

不單是美國海軍高層，連日本政府的文官以及海自軍官亦體認到美軍駐防在橫須賀基地帶來的莫大益處。東京的文人政府渴望美軍能駐防在日本的心臟地帶，如此一來這個飽受戰火摧殘的國家就不用重新武裝來防衛自己了。諷刺的是，日本海自軍官亦希望將美軍保持在這個近在咫尺的位置，這樣就能透過美軍來幫助日本重建海上部隊。不管原因為何，日方高層都渴望美軍繼續駐守在這個島國。

韓戰結束並沒有改變橫須賀的命運。持續好戰的北韓、三不五時威脅要進攻台灣的毛澤東，還有在中南半島持續升溫的衝突，都需要前進部署的第七艦隊枕戈待旦。在韓戰結束後的十年間，除了有一年之外，每一年在太平洋地區執勤的航艦比在大西洋及地中海地區加起來的總和還多。橫須賀繼續為四個航艦特遣艦隊提供日常維護服務。

橫須賀基地得以蓬勃發展，歸因於美國海軍鼓勵並援助了其在東北亞地區主要的對應單位——日本海上自衛隊——的發展。橫須賀市區及鄰近地區工人的高就業率，加上美日群體之間普遍良性的交流，都將文化衝突保持在最低程度。

舊日本帝國海軍在佐世保及南方琉球群島的海軍基地，在冷戰期間對第七艦隊而言，重要性僅次於橫須賀。1945 年之後，由於美軍的轟炸以及一個猛烈的颱風，已經將這些基地的原有建築夷為平地，使得新的基地設施不得不從灰燼中重新起步。1950 年 6 月，戰爭在鄰近的朝鮮半島爆發後，標誌著佐世保的重生。這個海軍基地被證明對於保衛南韓極為重要，特別是在戰爭開打後的頭六個月。隨著時間推移，越來越多美軍及聯合國軍的航艦、水面作戰艦、兩棲作戰艦、潛艦以及運兵船在通過附近的對馬海峽進入戰區前，都先抵達佐世保進行補給、加油以及整備的工作。

韓戰亦為在東京及橫須賀附近的厚木老舊機場設施帶來生機。經過海蜂工兵以及第 11 艦隊飛行中隊的人員對跑道進行維修後，美國海軍在 1950 年 12 月 1 日在厚木設立了海

軍航空站，以支援艦隊航艦的作戰行動。韓戰期間，有三艘或更多的航艦艦載機，以及陸戰隊飛行大隊的作戰飛機會例行性地部署在厚木基地。在1950年代，厚木海軍航空站進駐超過5,000人，成為了西太平洋艦隊航空部隊（Commander, Fleet Air Western Pacific）的指揮部所在。1950年代末期，海蜂營延長了基地跑道的長度，以容納新近加入艦隊的高性能戰鬥機與攻擊機。

沖繩在二戰期間，曾經發生過一系列血腥的海上與陸上的戰鬥。冷戰時期，因為沖繩鄰近日本、韓國、中國及台灣而顯得更為重要。在韓戰之後許多年，第七艦隊的兩棲部隊都利用沖繩縣白灘為基地執勤，而海軍航空部隊則部署在嘉手納的海軍航空站。第3陸戰師與陸戰隊第3飛行聯隊是沖繩的主要駐軍。與在日本本土的軍事基地不同，沖繩的美軍基地完全由美國控制。儘管在1950年代面臨來自部分日本政治人物與市民堅決且有時激烈的政治行動，華府直到1972年以前仍拒絕將沖繩及其上的軍事基地主權移交予日本，稱這是為了冷戰期間所必

NA 80-G-478506

韓戰期間，在佐世保海軍基地內的「阿賈克斯號」維修艦（*Ajax*, AR-6），以及她提供維修服務中的四艘驅逐艦。

NHHC L File

1960年代初，在佐世保的第七艦隊船艦及基地設施。

要，有些觀察家甚至將沖繩稱之為「美國在太平洋的直布羅陀」。

韓戰之後，隨著東南亞的戰略地位提升，其對美國利益相當於東北亞，華府開始考慮改變在太平洋地區的聯合指揮架構。海軍高層爭論道，由於海軍在整個亞太地區的責任日益增大，再加上在這個區域的海洋特性，第七艦隊只應該服從於單一的指揮體系，而不是兩個。經過對這個構想的深思熟慮後，最終在1957年參聯會撤銷了麥克阿瑟過去成立的遠東司令部，並將其在整個地區的權責轉移予太平洋司令部總司令。因此，第七艦隊司令只需要向太平洋司令部總司令／太平洋艦隊司令回報。直至1958年為止，這兩個職務都是由同一位海軍四星上將擔任。

承接由雷德福上將在韓戰期間展開的工作，新上任負責太平洋地區的長官，菲利・史敦普上將加倍努力建設第七艦隊在蘇比克灣的基地。這個海軍基地從1898年美西戰爭開始，便持續以不同的形式存在。二戰後期，金凱德中將領導的第七艦隊，便在蘇比克灣建立了兩棲作戰及艦隊訓練中心，以及補給與燃油倉庫。1947年華府與馬尼拉簽訂了租借蘇比克灣

九十九年的租約，以供美國海軍及其他美軍軍種使用，但直到韓戰爆發為止，蘇比克灣基地的後勤作為仍然有限。不過，韓戰的爆發刺激了該地設施的建設，直到1953年已經有超過7,000名海軍人員及菲律賓工人在基地工作。1956年7月，蘇比克灣基地醫院投入運作，為該段期間數量大幅增長的第七艦隊官兵們提供醫療服務。

海軍航空部隊在菲律賓還經歷了一個更為戲劇性的成長。1953年，海蜂工兵已經將桑利角海軍航空站的跑道延長到8,000英尺以操作噴射機，而且有接近4,000名美籍及菲藉人員負責設施的運作。三年之後，已經有四個中隊部署到桑利角，而且基地還進一步擴充了機庫及燃料儲藏空間，以便容納戰鬥機、攻擊機、巡邏機、運輸機、訓練機以及水上飛機中隊。

在冷戰時期最卓越的建設工程當中，就屬海蜂工兵從蘇比克灣正對面的庫比角（Cubi Point）的叢林開拓出一整個航空基地。從1951年開始，第3及第5海軍機動工程營將工地的一座山丘切除一半，並將之用作向蘇比克灣方向建造一條10,000英尺長跑道的填海材料。海蜂工兵還建造了一個能容納最大型航空母艦的碼頭。當基地

建造工程在 1956 年 7 月 25 日完工時，耗資一億美元及二千萬工時的庫比角海軍航空站，已經準備好支援第七艦隊在整個東南亞的航空作戰行動了。

1958 年台海危機

到 1958 年，毛澤東的「和平攻勢」在國際舞台上已告失敗，而且他那個災難性的大躍進經濟政策也導致數以百萬計的國民陷入飢荒之中。一如以往，毛澤東又一次透過燃起國際衝擊的火花，號召中國人民對抗「邪惡的外國勢力」，以便將他們的注意力從巨大的內部失敗上轉移。毛澤東利用了美國在 1958 年夏天出兵協助黎巴嫩穩定局勢的行動，又一次燃起了在台灣海峽的衝突之火。這次台海危機始於 1958 年 8 月，毛澤東不惜以爆發戰爭為代價，策劃了一場軍事行動來試探美國會否支持蔣介石政權。他下令

1955 年，中華民國多年來的統治者蔣介石，正在與美國海軍軍令部長阿利・伯克上將握手致意。

解放軍砲擊金門，並切斷其與後方的補給線。蔣介石在 1954 至 1955 年台海危機後，已經將金門駐軍從 30,000 人提升至 86,000 人，這都是他麾下最精良的軍隊。

毛澤東認為，金門失陷以及損失島上數以千計的守軍，會讓台灣的國軍士氣低落。8 月 23 日，在兩小時之內，大概 40,000 發砲彈落在金門。在這座重兵把守且要塞化的島嶼，守軍成功以極少的傷亡度過這場火砲風暴，但除非有彈藥、食物以及其他各種必需品的補給，他們不可能抵受得了長時間的砲擊。與此同時，共軍也砲擊了更遙遠的馬祖，以及對金門十八英里外的東碇島發動了一次不成功的兩棲突擊。中共的海上部隊還攻擊了在附近海域的國軍艦隻，並擊沉了一艘作戰艦。

在這次台海危機當中，海軍軍令部長阿利・伯克上將（Arleigh Burke）成為了華府在衝突中的「執行長」，或者說獲授權掌管執行軍事行動的主管。當時海軍最頂尖的將官以及第七艦隊司令畢克萊中將（Wallace M. Beakley）就預料到，如 1954 年《中美共同防禦條約》所示，美國以軍事回應來支持蔣介石政府。他們將第七艦隊大部移防至台灣周邊水域。此時，第七艦隊計有「漢考克號」（Hancock, CVA-19）、「列克星頓號」（Lexington, CVA-16）及「普林斯頓號」航艦、2 艘巡洋艦、36 艘驅逐艦、4 艘潛艦以及 20 艘兩棲作戰與支援船艦。伯克上將同時下令當時在地中海的「艾塞克斯號」航艦特遣支隊，以及在美國西海岸的「中途島號」航艦特遣支隊，前往西太平洋支援第七艦隊。28 日，一群航艦、水面艦及潛艦已經在台灣海峽及周邊水域集結，成為一支令人生畏，難以對付的戰力。

台海巡邏艦隊也部署了 1 艘巡洋艦及 4 艘驅逐艦在海峽執行水面巡邏，還派出巡邏機在海峽上空執行日夜無間的空中巡邏。這些巡邏機都吊掛了深水炸彈以及魚雷。從航艦上起飛的噴射機飛越了海峽上空，但從來沒有飛近中國大陸海岸線二十英里範圍內，藉此提醒解放軍，第七艦隊的存在與作戰實力。這些展示實力行動的代價，就是讓第七艦隊因為行動意外而損失了三位飛行員與四架飛機。

得益於伯克上將所賦予極大的行動自由，美軍協防司令史慕德中將（Roland N. Smoot）聯同畢克萊中將一起規劃及執行了在金門外海的部署

「霍普威爾號」驅逐艦正在西太平洋乘風破浪。

及軍事行動。華府告誡他們，僅僅在美軍或國軍艦隻受到攻擊之後，才能自衛還擊。畢克萊告訴他屬下的指揮官說：「記得，全世界都會聽到你開火，也許連聯合國的地板都會聽到，不要出錯。」

這段期間，美軍的戰略強調核子攻擊，而美軍亦擁有為保衛國民政府控制的外島而動用核武的計劃。從1953 年夏天開始，海軍航空母艦便獲授權攜帶核彈，而在 1958 年很多航艦艦載機都具有核武投擲能力。可是，艾森豪說得很清楚，核武只能視作最後手段，而且只有在他特別授權下才能使用。

與他的對外公開言論相反，毛澤東害怕美國的核武以及第七艦隊。這位中共領導人發現他不能指望來自蘇聯盟友的支持，他們被毛澤東在這次危機中的挑釁行為嚇呆了。因此，毛

澤東下達了嚴格的命令，甚至對中共軍隊基層嚴令，不得攻擊美軍的作戰艦。毛澤東更拒絕批准解放軍遭受攻擊時的開火還擊要求。在整個台海危機當中，解放軍飛機及魚雷快艇在美軍及國軍執行聯合作戰行動時，不停地在一定距離外具威脅性地盤旋徘徊，但始終沒有進一步接近。當第七艦隊的「霍普威爾號」驅逐艦及「麥金提號」護航驅逐艦（*McGinty*, DE-365）分別在兩次不同的狀況趕赴支援

他們的盟友時，共軍砲兵甚至會停止繼續向原本目標的國軍船艦開火。

可惜的是，現實證明了國軍船艦沒有辦法在共軍砲擊及海上部隊的攻擊之下，讓補給船艦抵達金門。中共海軍的魚雷快艇擊沉了一艘國軍戰車登陸艦，還擊傷了另外一艘。9月5日，蔣介石的將領向他匯報，四艘派往金門運補的戰車登陸艦當中，有三艘被共軍砲擊阻礙而無法成功卸下裝載的補給物資，金門的彈藥及燃料已經開

一艘登陸艇及履帶式登陸運輸車正在進入「加太蒙號」船塢登陸艦的井圍甲板。

始見底了。

　　蔣介石希望對中國大陸上的解放軍發動空襲，但艾森豪成功勸退蔣介石不要採取如此激烈的舉動。作為另一個相對沒那麼敵意的選擇，在 8 月 29 日總統授權第七艦隊為國軍補給船團護航至金門領海三海里範圍外為止，該範圍被華府視為國際水域（中共則聲稱海岸線外 12 海里範圍為其領海）。

　　在 9 月 7 日的「閃電計畫」當中，包括畢克萊搭乘的「海倫娜號」重巡洋艦以及另外一艘巡洋艦，還有四艘驅逐艦及四艘國軍作戰艦，一同為兩艘國軍美字號中型登陸艦護航，以便登陸艦能在不受共軍干擾之下，將關鍵的補給物資送抵金門。接下來三次的「閃電計畫」就沒那麼好運了，解放軍海軍的砲兵火力擊毀了一艘美字號，還擊傷了另一艘，同時還打亂了物資卸載作業過程。不過，在 9 月 14 日至 19 日之間，國軍開始運用美援的 LVT 履帶式登陸運輸車，使得補給能直接從海上送抵經強化的儲藏點，每一個船團能運送 151 噸補給。

　　美國絕對不會坐視毛澤東佔領金門的企圖，而為了進一步阻礙中共的企圖，在 9 月 18 到 20 日夜間，國軍的合字艇裝上美軍「加太蒙號」船塢登陸艦（*Catamount*, LSD-17），以將 6 門八吋榴彈砲送到金門——這款火砲不但能發射傳統砲彈，還能發射核砲彈。美軍還同時將採用熱能追蹤與火箭推進的新一代響尾蛇空對空飛彈提供給國軍，並對國軍飛行員進行相應的訓練。9 月 25 日，國軍的美製 F-86F 軍刀戰鬥機在海峽上空迎擊中共的米格 17，並利用響尾蛇飛彈擊落了四架。蔣介石部隊在得到響尾蛇飛彈及其他裝備強化後，國軍噴射機在這次台海危機期間擊落了 33 架敵機，而自身僅損失了 4 架[1]。

　　當毛澤東明白到，只要第七艦隊為補給船團提供護航，對金門的封鎖斷無可能成功後，他結束了這次的衝突。10 月 6 日北京宣佈停火一週，前提是第七艦隊不再為船團護航，而在 10 月 8 日艦隊也確實停止了行動。解放軍在 20 日一度恢復砲擊，以抗議國務卿杜勒斯訪台。最終，毛澤東下令他的沿岸砲兵部隊只在單日砲擊金門，也就是說容許國軍在雙日不受阻

1　編註：國軍公開的空戰戰果是 32 比 2。

1962 年訪台期間，第七艦隊司令威廉‧肖克中將（William A. Schoech，左三），與他同行的國軍代表分別是副參謀總長馬紀壯上將（左一），以及總統府參軍長黃鎮球上將（左四）。

礙地為金門運送補給。「單打雙不打」砲擊持續了許多年，但只屬於作秀性質。美國的海權挫敗了毛澤東的虛張聲勢，贏得了這一仗。

1962 年，毛澤東在台灣對岸的福建省集結了可觀的地面部隊，又一次在沿岸觸發了一場對峙。表面的原因，是因為中共指國軍在沿岸島嶼亦有類似的部隊集結行動。這次對峙在時間上剛好與中共增加對北越在南越及寮國地區的軍事行動吻合，顯然是要阻礙美國將中南半島地區的衝突升級。第七艦隊的台海巡邏艦隊對海峽水域狀況始終保持高度警戒，但毛澤東除

了部隊集結之外，並沒有其他後續的挑釁行動。

對第七艦隊來說，韓戰與越戰之間的日子，斷然不能稱之為和平時期。為了支持美國的外交政策以及嚇阻中共的挑釁進迫，美國海軍官兵執行了無數次海空監視行動，這些行動經常考驗著他們的耐力，有時還要他們付出自己的性命。美國的海上力量雖然成功協助解決 1954 至 1955 及 1958 年的兩次台海危機，卻無法扭轉法國在中南半島的命運。艦隊的行動及擴張區域內基地舉措，加強了美國與日本、韓國、中華民國、菲律賓、澳洲及紐西蘭的同盟關係。第七艦隊亦成為了東南亞公約組織軍事力量的基石。而且，正如在不同時期所展示的那樣，第七艦隊的人道行動——大陳撤退以及「自由之路行動」——均展示了美國對那些因為衝突與自然災害而變得一無所有的人們的關懷。第七艦隊及其官兵面對 1950 年代在遠東的政治及意識形態的擾動，但他們依然成功面對了這些挑戰。負責嚇阻在本區域引起的挑釁行為，時至今日仍然是第七艦隊的核心任務。

第五章
對戰與對抗

北越的侵略行動，讓第七艦隊在 1950 年代末到 1960 年代越來越頻繁被調動到東南亞海域。調派到南海的戰鬥部隊，最初的任務是限制共產黨侵略寮國及南越，隨後變成從海上參與在越南的全面性作戰。儘管在越戰的戰鬥任務繁重，但當北韓在東北亞地區攻擊了美軍作戰艦及巡邏機時，第七艦隊仍然作出了強而有力的回應。

1959 年，當胡志明領導的北越共產政權決定要以武裝鬥爭來推翻吳廷琰的越南共和國（南越）時，成為了東南亞衝突的開端。中共全力支持越共的決定。由於第七艦隊在 1950 至 1953 年的韓戰期間成功保衛朝鮮半島，以及在 1954 至 1955 及 1958 年的兩次台海危機中守衛了台灣，接連受挫的中共領導毛澤東下定決心，要透過一場在中南半島的陸地鬥爭來達成共產黨在當地及國際上的目標。中共為了支持北越的行動，向河內提供了價值一億美元的輕兵器、彈藥及火砲的援助。

美國同樣下定決心要打亂共產黨的雄圖大計。 在 1959 至 1963 年 間， 華府多次派出第七艦隊的航艦特遣艦隊到南海及泰國的暹羅灣，試圖為政局不穩的寮國帶來正面影響。在當時，

甘迺迪總統與美國海軍眾將官。作為一名前海軍軍官，總統理解海權，也運用了海權來影響東南亞沿岸發生的事件。

Author File

擁有北越支援的共產黨巴特寮游擊隊（Pathet Lao），正在與其他非共產黨背景的寮國勢力爭奪國家的控制權。例如，在 1962 年 5 月，甘迺迪總統就下令第七艦隊將陸戰隊及陸軍部署到泰國與寮國接壤的邊境。這些展示實力的行動讓河內、北京以及莫斯科明白，假如他們的侵略行動持續下去，美國可能會將部隊調派到非常接近北越及中共邊境的位置，這個結果從他們的立場而言是絕對不樂見的發展。因此，1962 年的日內瓦會議中，主要強權都同意在寮國停火。在接下來許多年，沒有任何一個強權完全尊重停火協議或寮國的主權，而且直到 1975 年，一個主要的敵對勢力還控制了整個國家。

東南亞的威脅

華府同時對於在菲律賓、馬來亞、印尼及其他東南亞國家當中，由原住民組成的共產黨群體，在得到中共支持之下將有可能推翻當地政府而表示擔憂。不過與寮國及北越不同的是，這些國家都沒有與中共或北越領土相連，因此中共要將武器提供予當地叛亂份子變得十分困難，而且在非共產黨武裝部隊迫近之際，中共也沒辦法

為這些共黨叛亂份子提供隨時準備好的避難所。第七艦隊與大英國協國家的海軍部隊掌握了南海與印尼群島周邊水域的控制權，更進一步限制了這些游擊隊指望得到外部勢力提供物資援助的數量。因此在 1965 年，由美國及其盟友支援的菲律賓、馬來亞及印尼政府部隊，已經摧毀或壓制了當地叛亂份子的武裝力量。

不過，甘迺迪政府認知到，要摧毀南越境內的共黨叛亂份子將會十分困難。除了為西貢政府提供軍事顧問及軍事援助外，華府還指示　太平洋司令部採取其他積極行動。第七艦隊則以「展示軍旗」（show-the-flag）的方式——對南越港口進行正式訪問來回應華府的要求，並藉此展示對新生的西貢政府的支持，以及一挫西貢政府境內與外部敵人的氣焰。第七艦隊的旗艦「聖保羅號」及「奧克拉荷馬城號」飛彈巡洋艦（Oklahoma City, CLG-5），以及第七艦隊其他的作戰艦頻繁到訪西貢，並舉辦了登艦參訪活動，招待吳廷琰總統及其他南越官員到訪。

儘管擁有 16,000 名美國海軍人員及軍事顧問盡最大的努力，再加上美援的海軍船艦、飛機、火砲及裝甲車

1964 年 7 月，第七艦隊旗艦「奧克拉荷馬城號」飛彈巡洋艦，正在西貢進行一次展示實力的「展示軍旗」訪問。

輛，在 1964 至 1965 年間，被稱為越共的共黨叛亂份子還是威脅到南越政權的存續。1963 年 11 月吳廷琰及甘迺迪總統先後被刺殺，更讓越共重新加倍他們在軍事及政治方面的努力佔領並控制南越。河內透過被稱為胡志明小徑——一條繞經寮國境內再進入南越地區的補給路線，來為越共提供彈藥補給。北越政府還開始將越南人民軍以步兵團的編制，經胡志明小徑調動到南越來支援游擊隊。

東京灣事件

甘迺迪的繼任人詹森總統，攜手國防部長麥納馬拉（Robert S. McNamara）決定要增加對北越的軍事壓力。美國政府高層相信，海上力量可以對河內造成影響，使其停止支持南越境內

第七艦隊的門面

　　服役了四分之一個世紀的「聖保羅號」重巡洋艦，可以說與第七艦隊歷史上一段重要的時間結伴同行。「聖保羅號」在二戰晚期岸轟過日本本土；在 1945 年 9 月 2 日「密蘇里號」上的日本投降儀式進行時，該艦亦錨泊在東京灣內。這艘重巡洋艦隨後在中國內戰那混亂的年代，先後在上海以及其他中國主要港口執勤。

　　1950 年秋，「聖保羅號」已經在台灣海峽準備就緒，以挫敗中共入侵台灣的意圖。11 月，該艦被部署到朝鮮半島外的日本海／東海，並負責保護第 77 特遣艦隊的航艦執行打擊任務。「聖保羅號」及其他第七艦隊船艦的艦砲，確保了共產黨軍隊不會阻礙聯合國軍在 12 月從興南撤退的行動。韓戰期間，這艘重巡洋艦將其令人敬畏的八吋及五吋砲，用在轟炸敵方砲兵陣地、鐵路隧道、部隊集結點以及其他岸上軍事目標，並且摧毀了它們上百個以上。這些成功的行動並不是毫無代價的：1952 年 4 月一次砲塔爆炸事故導致 30 名官兵殉職。「聖保羅號」還執行了韓戰最後一次岸轟任務——

1960 年 10 月，在旗艦「聖保羅號」上的第七艦隊司令查理・吉芬中將（右）正在歡迎登艦的南越總統吳廷琰及美國駐南越大使艾布里奇・德布羅（Eldridge Durbrow）。

K-33437

1966 年間，正在使用八吋艦砲對越南境內目標開火的「聖保羅號」重巡洋艦。

1953 年 7 月 27 日 21 時 59 分，也就是停戰協定生效前一分鐘，該艦發射了一枚八吋砲彈。

　　在整個 1950 年代，「聖保羅號」完成了 1954 至 1955 年台海危機期間的遠東部署，還有無數次外交與港口訪問任務。從 1959 年 5 月至 1962 年 8 月，「聖保羅號」成為了美國海軍自二戰以來，第一艘以海外港口作母港的作戰艦，並以日本橫須賀為中心展開行動。在此間的大多數時間，她都是第七艦隊司令的旗艦。例如在 1960 年 10 月，查理・吉芬中將（Charles D. Griffin）就搭乘「聖保羅號」訪問了西貢。

　　在越戰期間對艦砲火力需求殷切的情況下，這艘火砲巡洋艦透過多次對北越境內的道路及鐵路、橋樑、岸防砲陣地、補給倉庫及其他有轟炸價值的目標進行岸轟行動，獲得了 8 枚戰鬥之星章。「聖保羅號」擁有 26,000 碼射程的八吋 / 五十五倍徑艦砲，還支援了兩棲突擊行動，以及協助擊退敵軍對南越境內的美軍及盟軍的攻擊。這位英勇的戰士及外交的明星最終在 1971 年退役，結束了她在第七艦隊的歲月。

的越共游擊隊。1964年，美國海軍向南越海軍提供了挪威建造的快速巡邏艇、相應的人員訓練，還在峴港協助修理這些巡邏艇。隨後在「34A行動」（Operation 34A）當中，這些快速巡邏艇便對北越的海岸線發動秘密攻擊。在大多數情況下，這些巡邏艇會把潛伏人員送到岸上以摧毀橋樑及其他軍事目標，同時亦會對海岸雷達站及其他軍事設施進行砲擊。不過，缺乏對敵方防守的完整情報，限制了這些秘密行動能取得的成果。

為了改善資訊的不足，華府下令第七艦隊派出驅逐艦去收集北越的情報，第七艦隊此前一直在蘇聯及中國海岸，以及從1962年開始對北韓的「迪索托巡邏行動」（Desoto Patrol Operation）當中，派出驅逐艦到這些國家的海岸線進行類似行動。1964年8月初，「馬多克斯號」驅逐艦

KN 9045

在西太平洋執勤中的「馬多克斯號」驅逐艦。

1964 年 8 月的東京灣事件期間的戰隊長約翰‧赫里克海軍上校（左），以及「馬多克斯號」驅逐艦艦長赫伯特‧奧吉爾中校（Herbert L. Ogier）。

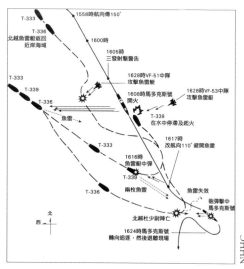

1964 年 8 月 2 日的海戰流程圖。

（*Maddox*, DD-731）[1] 在約翰‧赫里克海軍上校（John J. Herrick）擔任戰術指揮之下，開始沿著東京灣的北越海岸線進行情資偵巡。這次事件開始於由美國支援的南越 34A 巡邏部隊朝更為南方的目標進行砲擊開始的。北越海軍單位已經察覺到他們的行動，並且多次試圖捕獲這些南越快艇部隊而不果。不過在 8 月 2 日現身的「馬多克斯號」，對北越部隊來說就是一個慢得可以的目標，因此北越軍在光天化日之下，派出了 3 艘蘇製 P-4 魚雷快艇來攻擊「馬多克斯號」。這些 P-4 魚雷快艇發射的魚雷都沒有命中目標，但它們的甲板上火砲發射的砲彈，卻有一發命中了「馬多克斯號」。從第 77 特遣艦隊的「提康德羅加號」航艦起飛支援「馬多克斯號」的艦載機掃射了這些攻擊者，還讓其中一艘魚雷快艇在海上動彈不得。「馬多克斯號」隨後全身而退離開這個水域，並與艦隊在東京灣口會合。

1　編註：1972 年 7 月 6 日移交海軍，改稱鄱陽艦（DD-10）。

時任第七艦隊司令的湯瑪士・穆勒中將（右），正在與太平洋司令部總司令尤利塞斯・格蘭特・夏普上將（Ulysses S. Grant Sharp）交談。兩名海軍將領都主張要採取強硬手段來嚇阻東南亞地區的共產黨活動。

北越非但沒有懾服於美方的壓力，反而還作出了如此敵意的回應，這讓詹森總統十分驚訝。詹森總統與太平洋地區的海軍高層都決定，他們不能在這個對第七艦隊明目張膽的挑戰面前退縮。太平洋艦隊司令湯瑪士・穆勒上將（Thomas H. Moorer）隨即下令，派出「圖納・喬伊號」驅逐艦（Turner Joy, DD-951）增援「馬多克斯號」，並讓兩艘驅逐艦沿著北越海岸線繼續執行情蒐任務。8月4日晚，兩艘驅逐艦回報，在東京灣水域遭受到多艘快艇從遠處發動攻擊，並且正在開火還擊。穆勒及其他太平洋海軍指揮體系內的軍官，以及華府的高層都依照當時的信號情報及其他情資確信，北越的海軍部隊已經攻擊了這兩艘驅逐艦。不過現在已經很清楚，當時的美國情報分析師的分析有誤。8月4日晚，北越並沒有發動攻擊。

儘管如此，在當時最起碼對「馬多克斯號」於8月2日遭受攻擊一事是肯定的，總統隨即下令第七艦隊的航艦對北越發動報復性打擊，並在8月5日執行。從「提康德羅加號」及「星座號」航艦（Constellation, CVA-64）起飛的艦載機摧毀了榮市的燃油儲藏庫，還擊毀或擊傷了約30艘在港內或在海岸線的敵方船艦。更具重大意義的是，在8月7日美國國會壓倒性地通過了《東京灣決議案》（Tonkin Gulf Resolution），授權總統在認為有必要的情況下，調派武裝部隊對抗越共。

絲毫沒有被第七艦隊在東京灣的行動所嚇阻，共產黨加強了他們在南越的恐怖襲擊行動。1964年末，北越潛伏份子摧毀了美軍在西貢以北的邊和機場裡的軍用飛機，在平安夜還在西貢的單身軍官宿舍引爆了一枚炸

1965年初，第77特遣艦隊司令亨利·米勒少將（Henry L. Miller）及其參謀長，正在「遊騎兵號」航艦的艦橋上觀察艦上作業。

USN 1110183

彈。炸彈的爆風造成兩名美國人死亡，超過 100 名美國人、澳洲人及越南人受傷。1965 年初，叛亂份子襲擊了美國駐西貢大使館，以及美軍在波來古及歸仁兩地的軍事設施。詹森總統堅信這些行為必需有強而有力的回應，便下令對北越發動一場大規模空中轟炸行動。

在這一場與美國的對抗當中，北越並非單打獨鬥。蘇聯以及其他共產國家亦提供了大量戰爭物資予北越。在 1965 至 1970 年之間，中共就部署了總共 300,000 名軍事人員到北越。為了讓北越人民軍能騰出士兵參與南方的戰鬥，中共士兵還負責操作防空砲，興建岸防要塞以及修理損壞的橋樑、鐵路及道路。河內從這些支援當中獲益甚巨。不過，出於對第七艦隊戰力的恐懼，毛澤東明確地禁止解放軍採取任何海空行動對抗美國人，即使第七艦隊的船艦就在他的國家的南邊海岸線外航行。不過，中共的防空單位，卻擊落了不少無意中偏航而闖入中共空域的美軍飛機。

從南海執行的航艦作戰行動

在越戰的「滾雷行動」（Operation Rolling Thunder）跟「線衛行動」（Operation Linebacker）當中，第七艦隊的攻擊航艦打擊部隊——第77特遣艦隊，用行動證明了其作為艦隊重擊手的角色。在1965至1966年，部分航艦特遣艦隊就部署在金蘭灣東南方海域上的「迪希站」（Dixie Station）。之後，海軍將第77特遣艦隊集中在海灣內，以北緯17度30分、東經108度30分附近的海域為中心。這個集結區，也就是「洋基站」（Yankee Station），成為了這場在東南亞的戰爭中最為人所熟知的名稱之一。航艦艦載機轟炸了在北越及寮國境內的敵方發電廠、燃料及補給設施、重要公路及鐵路橋樑，還有鐵路網。

一個航艦航空大隊一般由兩個戰鬥機中隊、三個攻擊中隊以及其他更小的定翼機及直升機分遣隊組成。「企業號」（Enterprise, CVN-65）及「福萊斯特級」航艦（Forrestal-class）由於擁有面積較大的飛行甲板，因此可以操作最多達100架艦載機。較小的「艾塞克斯級」航艦通常只會操作約70架

中南半島外海的航艦作戰站。

艦載機。F-8「十字軍式」及F-4「幽靈II式」都在攻擊航艦打擊部隊中擔綱主戰力量。主要的空襲任務，都由A-4「天鷹式」、A-6「闖入者式」、A-7「海盜II式」及螺旋槳推力的A-1「天襲者式」等攻擊機負責。

在北越及寮國境內執行航拍偵察任務方面，特遣艦隊通常會派出RF-8A「十字軍式」、RA-3B「空中武士式」及RA-5C「民團式」等偵察機負責。E-2「鷹眼式」則負責為由多種不同飛機組成的「阿爾發打擊」群

（"Alpha strike" groups）提供空中指揮與管制、早期預警以及通訊支援。而艦隊的賽考斯基 SH-3「海王」及卡曼 SH-2「海妖」直升機，則聯手美國空軍的飛機一同行動，專注在海上及陸地拯救那些在作戰行動期間，被擊落或被迫在海上迫降的機組人員。

艦隊的戰鬥機及攻擊機都掛載了殺傷力極為驚人的炸彈、火箭、飛彈及機砲。攻擊機可以投下 250、500、1,000 及 2,000 磅通用炸彈（「鐵炸彈」）、凝固汽油彈及磁性水雷，還可以發射 5 吋「祖尼」（Zuni）及 2.75 吋「巨鼠」（Mighty Mouse）火箭彈[2]。那些負責摧毀敵方對空雷達的「鐵手」（Iron Hand）攻擊機則在行動中使用了百舌鳥飛彈、犢牛犬飛彈及電視影像導引的鼓眼魚導引炸彈。第 77 特遣艦隊的戰鬥機則使用了熱導引的響尾蛇飛彈及半主動雷達導引的麻雀飛彈，還有 20 公厘機砲去擊落敵方的米格戰鬥機。

在一次行動中，「珊瑚海號」（Carol Sea, CVA-43）及「漢考克號」航艦的飛行大隊攻擊了敵方在海岸線以及在東京灣的白龍尾島上的雷達站。70 架參與行動的艦載機成功摧毀了陸地上的目標，但不得不再回來以完成摧毀島上雷達站的任務。在這次行動中，北越空軍導引其防空火力，集中攻擊美軍機隊的領頭機。他們擊落了三位美軍中隊長的座機。第 155 攻擊中隊的指揮官傑克·哈里斯海軍中校（Jack Harris）不得不彈射，並安全地落在海上。讓他詫異的是，一艘美軍潛艦的潛望鏡劃破離他不遠處的水面，而他很快就安全回到航艦上了。第 153 攻擊中隊長彼得·莫吉拉迪海軍中校（Peter Mongilardi），則用盡了他多年來駕駛海軍飛機的經驗及專業的技術，將他受損的座機飛回航艦。由於燃料一直從他那架千瘡百孔的 A-4 天鷹式的破洞中不停漏出，於是他在返航「珊瑚海號」的路上與一架由 A-3 改裝、暱稱「鯨魚式」的加油機會合。在透過加油管連結在一起後，兩架機就一同返航，並且安全地回到航艦上。

第 154 戰鬥機中隊長威廉·唐納尼海軍中校（William N. Donnelly）的經歷更令人詫異。他成功從受損的 F-8 十字軍式戰鬥機「破洞而出」，但在過程中嚴重受傷。即使他的肩膀脫臼，

2　編註：全稱 Mk 4 折疊鰭航空火箭彈。

而且椎骨六處骨折，他還是成功讓救生筏充氣並爬了上去。在接下來一畫一夜，他就在航艦空襲的火光與濃煙掩護下，浮在白龍尾島周邊水域。與此同時，敵方的探射燈亦來回照射水面，試圖找出落水的美軍飛行員。最終，在海上度過 45 小時後，來自「漢考克號」的飛機成功找到唐納尼。一架美國空軍的 HU-16「信天翁式」兩棲飛行艇成功抵近降落，還有一名空降醫護兵到水中與唐納尼會合。鯊魚成群結隊圍在他們四周虎視眈眈之下，空軍的航空人員小心翼翼地將這位海軍飛官轉移到機上，再將他送回航艦。

數個月之後，當四架北越的米格 21 突襲第 21 戰鬥機中隊正在清化上空執行戰鬥空中巡邏的 F-4 幽靈 II 式戰鬥機時，第七艦隊的飛行員取得了更大的成果。當米格機迫近美軍戰鬥機時，中校路易・彭治（Louis C. Page）及他的後座雷達官少校約翰・史密斯（John C. Smith）就用一枚半主動雷達導引的麻雀空對空飛彈擊落了其中一架來犯者。同時間，上尉傑克・巴森（Jack E. Batson）以及他的雷達官少校羅伯特・多雷姆斯（Robert B. Doremus）則擊落了另外一架。兩架倖存的北越戰鬥機隨後便轉向並逃回基地了。

第 77 特遣艦隊在接下來許多年的時間，開發出新的戰術來提升航艦作戰行動的效率。作為採用大機群攻擊的「阿爾發打擊」的替代戰術，作戰規劃人員越來越偏好使用兩機以及單機進行攻擊。

颶風突起，R. G. Smith 所繪，油畫布。這幅畫作描繪了「德・哈文號」驅逐艦（De Haven, DD-727），該艦當時正在洋基站執行對「珊瑚海號」航艦的防空及反潛護衛任務。

Navy Art Collection

在稍後時間的其中一次行動當中，少校查爾斯・亨特（Charles B. Hunter）與他的投彈手／領航員萊伊・布爾（Lyle F. Bull）駕駛著他們的全天候 A-6 闖入者式攻擊機飛進「黑暗之心」裡。他們志願負責一項極度危險的夜間空襲行動，目標是河內附近一處由地對空飛彈陣地、防空砲陣地以及米格戰鬥機基地拱衛的火車渡輪碼頭滑坡道。這架 A-6 在 1967 年 10 月 30 日從「星座號」航艦上起飛，隨後便以低空飛行快速越過北越東北部的山嶺與深谷。他們成功在北越雷達發現他們之前闖入目標 18 英里範圍內。亨特少校只好將其座機維持在樹頂高度飛行，並且不停左閃右避防止被敵方發射的海量 SA-2「指引式」地對空飛彈擊中。隨著防空砲火與探照燈在天空交錯，亨特與布爾亦抵達攻擊目標，並向火車渡輪滑道投下 18 枚 500 磅炸彈。隨著闖入者式攻擊機飛向岸邊，朝大海揚長而去，目標就在攻擊機後方淹沒在極其華麗的爆炸當中。

即使河內派出了接近 40 艘砲艇及快速攻擊艇，第七艦隊還是控制了北越的近岸水域。不過，在少數情況下，北越還是挑戰了美軍艦隊在東京灣內的存在。1966 年 7 月，北越軍派出了三艘 P-4 魚雷艇對抗在近岸的美軍作戰艦。在這次事件中，第 77 特遣艦隊的作戰飛機使用火箭彈、炸彈及機砲擊沉了全數三艘快速攻擊艇，這三艘北越小型艦艇當時已經能目視到美軍「羅傑斯號」驅逐艦（Rogers, DD-876）及「昆茲號」飛彈巡防艦（Coontz, DLG-8）了。

比起敵方作戰艦，火災對洋基站的航艦構成的威脅更大。1966 年 10 月，在「歐斯卡尼號」航艦（Oriskany, CVA-34）上，由於一名水兵處理照明彈不當，該枚照明彈隨即點燃了其他彈藥，還在艦上引發大火，最終讓該艦不得不退出作戰序列，還導致 44 名水兵喪生。隔年 7 月，另一次航艦起火事故發生在「福萊斯特號」（Forrestal, CVA-59）上，讓該艦必須返回母港維修，還導致 135 名海軍飛行員及艦上水兵在事故中喪生。

從 1965 到 1968 年，海軍的艦載飛行中隊在空中戰鬥中，每擊落兩架敵機就有一架友方飛機損失，這是一個不能接受的擊落比率。而在加州米拉瑪海軍航空站（Naval Air Station Miramar）——俗稱「捍衛戰士」的美國海軍戰鬥機武器學校——進行的密集式空對空戰鬥訓練改變了

這一切。從 1972 到 1973 年初，擊落比率就上升到 12 比 1。這所學校的結業生，上尉藍迪·康寧漢（Randy Cunningham）及中尉威廉·德里斯科爾（Willie Driscoll），就是這些訓練成果的模範。1972 年 5 月 10 日，在「線衛行動」的前期階段，隸屬於「星座號」航艦的第 96 戰鬥機中隊的康寧漢和德里斯科爾就以一架 F-4 幽靈 II 式戰鬥機擊落了三架米格機。加上早前擊落的兩架米格機，這些空戰勝利紀錄讓該幽靈戰機機組員成為了越戰第一組空戰王牌。

水面艦官兵也是削弱敵方米格機戰力的團隊之一。從 1965 年到 1973 年間，第 77 特遣艦隊在敵方海岸線與艦隊之間的「可確定之雷達判別區」（Positive identification radar advisory zone, PIRAZ），部署了一艘裝備先進雷達系統與通訊設備的巡洋艦充當雷達哨戒站。這艘呼號「紅王冠」（Red Crown）的巡洋艦，負責追蹤所有在北越東部與東京灣上空飛行的飛機。儘

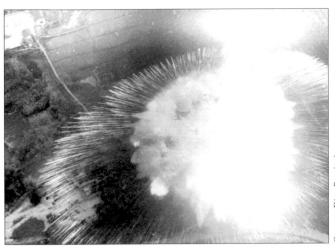

K 54021

「星座號」航艦所屬的兩架 A-6 闖入者式攻擊機，正在飛往北越執行轟炸任務。

Courtesy Dino Brugioni

一枚蘇聯製 SA-2「指引」地對空飛彈在一架艦載機下方起爆，向全方位射出大量炙熱又致命的破片。

USN 18254

在太平洋航行中的「芝加哥號」飛彈巡洋艦。這艘飛彈巡洋艦經常擔任艦隊呼號「紅王冠」（Red Crown）的雷達哨戒艦，以監控及導引美軍在北越及東京灣上空的作戰行動。

管小心謹慎如此，1972年4月兩架北越米格17還是攻擊了「希格比號」驅逐艦（*Higbee*, DD-806），其中一架敵機向該艦投下的炸彈還擊傷了四名水兵。部署在附近的「史特雷特號」巡洋艦（*Sterett*, CG-31）發射了一枚防空飛彈，成功擊落了其中一架敵機。「紅王冠」經常向海軍及空軍作戰飛機示警有米格機進逼，隨後再指派護航的戰鬥機馳援。1972年8月在「芝加哥號」飛彈巡洋艦（*Chicago*, CG-11）

上服役的雷達士官長拉利·洛威爾（Larry Nowell），就因為協助美軍空中單位擊落12架北越米格機而獲授予「海軍傑出服役勳章」。

儘管海空軍飛行員以及艦隊水兵們同心協力、表現出眾，但持續多年的「滾雷」、「線衛」以及其他主要的空中作戰，均沒有達成它們的主要目標——切斷敵方補給線。不但如此，這些空中作戰還導致了881名海軍飛行員陣亡或被俘，連帶損失達900架

飛機。不過,毫無疑問的是,作戰行動摧毀了大量戰爭物資,遲滯及削弱了共產黨在中南半島地區的地面攻勢,並最終讓河內坐下來進行停戰談判。

來自海上的岸轟及兩棲突擊行動

不管是沿著分隔南北越的非軍事區(DMZ)以南或以北的海岸線,第七艦隊的水面艦隻都提供了價值非凡的支援。在「海龍行動」(Operation Sea Dragon)當中,「紐澤西號」戰艦的 16 吋主砲、輕重巡洋艦的 6 吋及 8 吋主砲,和驅逐艦的 5 吋主砲,砲轟了北越境內的橋樑、雷達站、鐵路網以及岸防砲陣地。皇家澳洲海軍的驅逐艦「荷巴特號」(Hobart)、「珀斯號」(Perth)、「布里斯班號」(Brisbane)及「宿怨號」(Vendetta)亦不時在越南外海的艦砲線與第七艦隊一同航行。共黨的岸防砲陣地——有些還依托岸邊岩洞作強化——經常會開火還擊並命中盟軍船艦,並對艦上水兵造成傷亡。不過,敵方的岸砲陣地在整場戰爭中,都沒有成功擊沉那怕是一艘美軍或澳軍的作戰艦。

南越海軍、皇家澳洲海軍以及美軍兩棲及巡邏艦艇,聯合第七艦隊的主要作戰艦,沿著南越的海岸線去砲轟北越的越南人民軍的部隊集結點、補給站以及強化碉堡陣地網絡。在 1972 年共產黨發起的復活節攻勢當中,艦隊的砲火支援船艦便狠狠地重擊了沿著海岸線道路南下,攻擊南越北部城市的北越戰車及步兵單位。

兩棲部隊亦充分利用了他們的機動性及靈活性,攻擊了北至非軍事區、南至暹羅灣之間所有南越海岸線上的敵方部隊。在 1965 年 8 月的「星光作戰」(Operation Starlite),整場越戰最為成功的兩棲突擊行動當中,艦隊的兩棲載具將陸戰隊單位送上岸,隨後陸戰隊便與南越的越南共和國陸軍部隊會合,一同摧毀了越共第 1 團。在隨後許多年,敵方的大部隊都與海岸線保持一段距離,絕大多數時間僅僅透過詭雷及狙擊手來反抗美國及盟軍的地面行動。隨後,第七艦隊司令便以海軍—陸戰隊兩棲待命支隊／特種登陸部隊(Navy–Marine Corps Amphibious Ready Group/Special Landing Force)作為海上預備隊,特別是在戰況艱苦的 1968 年「新春攻勢」(Tet Offensive)期間。

海上補給

與干擾胡志明小徑相比,第七艦隊在限制共黨透過海運將補給滲透到南越方面顯然成功得多。在「市場時間」(Market Time)反滲透巡邏行動早期,第七艦隊司令指示麾下的護航驅逐艦、遠洋掃雷艦及巡邏機組成了藍水支隊。隨後,越南海軍部隊指揮官(Naval Forces Vietnam)接手負責,並為反滲透行動帶來了海岸防衛隊的緝私艦、美國海軍及南越海軍的砲艇、巡邏艇、戎克船、岸基雷達及指揮中心。第七艦隊與越南海軍部隊同心協力之下,成功大力遏止了北越的海上滲透。就算想將一艘滿載彈藥的100噸補給船突破「市場時間」的巡邏線,都幾近是不可能的任務。

不過,共產黨還是有辦法透過海路運送補給予其在南越作戰的部隊。

USN 1116663

一艘100噸級的北越拖網漁船,被發現試圖把武器及彈藥卸載在南越某一個海灘上。第七艦隊的護航驅逐艦、遠洋掃雷艦及巡邏機,與其他美國海軍、美國海岸防衛隊及南越海軍單位協調行動,在南越長達1,200英里的海岸線執行了成功的「市場時間」反滲透巡邏行動。

Author File

像是照片中由海軍所屬的軍事海運司令部操作的美國「海盜號」（SS *American Corsair*）等商船，讓美軍及盟軍部隊得到良好充足的補給。而像在照片前方的掃雷艦，則負責把西貢與海洋之間45英里長的河道中的水雷清除乾淨。

蘇聯及其他共產國家的商船厚顏無恥地駛過東京灣，將載貨送到海防的碼頭。中共商船亦公然地將它們搭載的軍用物資，直接卸貨在中立港的柬埔寨的施亞努港。共產黨人其後便將這些彈藥通過不遠處的柬埔寨–南越邊境，運往湄公河三角洲。至少在詹森執政時期，華府就曾經禁止第七艦隊干預敵方這一類的海上交通線。與此同時，艦隊在西太平洋的主導地位，亦容許美國得以在遠離本土補給來源

K-72713

參聯會主席湯瑪士‧穆勒海軍上將向尼克森總統保證，第七艦隊可以透過在海防及其他主要港口佈雷，來切斷北越的海上補給。

的亞洲大陸上，維持一支達五十萬之眾的遠征部隊。在全然不受敵方海上威脅的情況下，美國軍事海運司令部（Military Sealift Command）的船艦運送了美軍及其盟軍在南越所需的彈藥、燃料、車輛、補給及其他作戰物資的 95%。

第七艦隊本來可以永久禁止敵方使用中立國商船把物資運到柬埔寨或北越的行動，不過詹森總統害怕這會挑釁並導致蘇聯或中共公開介入越戰，因此禁止海軍實施封鎖戰略。不過到了 1972 年，尼克森總統了解到，因為當時中蘇之間的不和，這種行動不會招致莫斯科或北京的反對，因此下令第七艦隊在北越水域施放水雷。

1972 年 5 月 9 日，海軍及陸戰隊的 A-6 闖入者式與 A-7 海盜 II 式攻擊機從「珊瑚海號」起飛，並在通往海防港的水道投下了好幾百枚水雷。不久之後自「中途島號」、「小鷹號」（Kitty Hawk, CVA-63）及「星座號」航艦起飛的艦載機，亦對北越其餘主要港口及水道投放水雷。隨著港口因為水雷封鎖，北越亦沒有辦法透過海運進口大量燃料、彈藥及武器來應對這段期間以戰車及砲兵為主的戰鬥。共產黨的戰爭勢頭很快失去了動力。

1972 年 6 月，第七艦隊司令詹姆士‧霍洛韋三世中將正在歡迎登上其旗艦「藍嶺號」的南越總統阮文紹。

1972 年對北越港口的佈設水雷，再加上海空軍一同進行的「線衛」轟炸行動，迫使敵方不得不接受一個合理的停火協議，以及釋放所有美軍戰俘。1973 年 1 月 27 日簽訂的《巴黎和平協議》，為美軍直接參與越戰的行動劃上了句號。

東南亞行動的終局

儘管美、南越、寮國及柬埔寨的武裝部隊人員戮力奮戰，但在 1975 年春天，共產黨部隊已經接近取得中南半島地區的勝利了。北越在南越中部高原地區的攻勢，很快便演變成西貢以北的南越陸軍師級部隊的大潰敗。3 月，軍事海運司令部不得不派出商船

及大型拖船，將大量駁船拖到峴港、歸仁以及其餘港口。這些船艦撤離了數以千計潰退中的南越部隊以及難民。

　　隨著在南越北部嚴重的悲劇變得顯而易見，第七艦隊將兩棲特遣艦隊（第76特遣艦隊）部署到芽莊外海去。《巴黎和平協議》限制了美國在南越部署武裝部隊，以及軍事海運司令部能動用的資源。不過，華府在限制海軍分遣隊運用的同時，將其指派為支援性質的難民援助支隊（第76.8特遣支隊）。大部分情況下，這支特遣支隊的任務，都是在不同指揮官之間進行協調、水面護航，以及在軍事海運司令部的船艦上部署50人的陸戰隊警

戒隊。

　　第七艦隊時任司令喬治・史第爾海軍中將（George P. Steele），現在將其注意力轉向柬埔寨：他預計當地很快也會落入激進的共產黨紅色高棉游擊隊手中。從1970年起，美國便支援了龍諾總統對抗紅色高棉，以及在與南越接壤的邊境對抗北越勢力的戰鬥。儘管美國為柬埔寨政府提供了大規模的軍事援助，但在1975年初，紅色高棉游擊隊已經掌控了除首都金邊以外所有的人口中心，而且已經向首都步步進逼了。

　　史第爾中將指導了相關撤離計劃的更新，並且將所需的相關部隊指派到行動去執行「鷹遷行動」（Operation Eagle Pull）。1975年3月3日，兩棲待命支隊「阿爾法」（第76.4特遣支隊）與陸戰隊第31兩棲隊（第79.4特遣支隊）抵達了位於暹羅灣內磅遜灣（Kompong Som，之前稱施努亞港）外海的待命位置。一個月之後，這支部隊包括了「艾德森號」驅逐艦（Edson, DD-946）、「亨利・威爾森號」飛彈

「珊瑚海號」航艦上的水兵們正在把水雷掛載上第94攻擊中隊的一架 A-7E 海盜 II 式攻擊機上。

驅 逐 艦（*Henry B. Wilson*, DDG-7）、
「諾克斯號」（*Knox*, DE-1052）及「柯
克 號 」（*Kirk*, DE-1087） 護 航 驅 逐
艦[3]；「沖繩號」兩棲突擊艦（*Okinawa*,
LPH-3）、「溫哥華號」兩棲船塢運
輸艦（*Vancouver*, LPD-2）與「湯瑪斯
頓號」船塢登陸艦（*Thomaston*, LSD-
28），以及「漢考克號」航艦。除此
之外，陸戰隊第 463 重載直升機中隊
亦增派到航空母艦上，以支援是次作
戰行動。由於估計會有多達 800 名撤
離人員，因此海軍估計需要整個中隊
的 25 架直升機的兵力，以及「沖繩號」
上的 22 架直升機投入。海軍醫療－外
科手術隊，以及預定派往保衛美國大
使館附近撤離區的第 4 陸戰團第 2 營，
亦派駐在兩棲支隊。

史第爾中將，他在一片混亂的 1975 年 4 月，
也就是金邊及西貢撤離行動、以及「馬亞圭
斯號」事件期間出任第七艦隊司令。

　　4 月 12 日清晨，華府下令執行「鷹
遷行動」。早上 7 時 45 分，在暹羅灣
的「沖繩號」開始放飛共三波的直升
機，以將兵員為 360 人的陸戰隊地面
守備部隊送到登陸區。在敵方領空飛
行 1 小時後，第一組直升機在大使館
附近降落，陸戰隊員在落地後便立即
設立防線。

　　在地面的美國官員負責讓待撤人
員集合，並指引他們前往陸戰隊直升
機降落場。總數 276 人的撤離人員當
中，包括美國駐當地大使約翰・岡瑟・
迪恩（John Gunther Dean）、使館人員、
柬埔寨代理總統與他的政府成員高層
及其家眷，以及在當地的記者。直升
機在早上 11 時開始帶著撤離人員自降
落場起飛，陸戰隊的地面守備部隊緊
隨其後。中午之後不久，所有直升機

3　編註：1993 年 8 月 6 日以租借的方式，轉由中華民國海軍接手，改稱濟陽級汾陽艦（FFG-
　　934）。

USMC A150858

1975 年 4 月執行得極為成功的「鷹遷」撤離行動，乘坐第 463 重載直升機中隊的 CH-53 海種馬式直升機部署到任務地點的美軍陸戰隊員，正在趕赴在金邊周邊所建立的防線。

及人員都已經安全登上兩棲待命支隊「阿爾法」的船艦。在完全沒有人員傷亡以及經過深思熟慮的計劃安排、準備及精確的執行能力，第七艦隊的海軍－陸戰隊部隊完成了交付他們的撤離任務。

不過他們並沒有時間能喘口氣，因為第七艦隊要開始準備另一場規模更龐大的行動 —— 從越南共和國撤離。三、四月間，史第爾中將已經將軍事海運司令部的船艦部署到位於西貢東南的頭頓外海，而且還派出陸戰隊警戒部隊增援。海軍人員亦已經在船上載滿食物、食水以及醫療藥物。

第七艦隊集結在頭頓的船艦，都歸第 76 特遣艦隊指揮官唐納‧惠特麥

中將（Donald Whitmire）節制，
其下轄包括特遣艦隊旗艦「藍
嶺號」（Blue Ridge, LLC-19）
以及其餘 11 餘兩棲作戰艦。
搭載海軍、陸戰隊及空軍直升
機的「漢考克號」及「中途島
號」航艦，以及第七艦隊旗艦
「奧克拉荷馬城號」飛彈巡洋
艦、8 艘各式驅逐艦以及「維
農山莊號」船塢登陸艦（Mount
Vernon, LSD-39）、「巴伯郡號」
（Barbour County, LST-1195）及
「塔斯卡盧薩號」（Tuscaloosa,
LST-1187）戰車登陸艦稍後亦
加入了這支分艦隊以支援行
動。「企業號」及「珊瑚海號」
航艦則駐留在南海，以便為撤
離行動提供空中掩護。陸戰隊
第 9 兩棲旅（第 79.1 特遣支
隊）作為行動中的陸戰隊撤離

這些因為 1975 年北越春季的攻勢而逃亡的南越部隊
及難民，在一場熱帶驟雨後渾身濕透，他們正駛往在
南越外海的第七艦隊船艦。

支隊，擁有 3 個登陸加強營、4 個直升
機中隊、若干支援單位以及已經先行
部署的警戒部隊[4]。

　　負責保衛通向西貢道路的南越陸
軍部隊，最終在 4 月 21 日崩潰了，這

促使了南越總統阮文紹辭職下台。29
日北越部隊已經包圍西貢，開始向這
座城市推進。隨著戰爭的最終結果顯
而易見，華府下令自西貢撤離——也
就是「常風行動」（Operation Frequent

4　編註：國軍亦配合行動，編成「同濟支隊」派出四艘中字號戰車登陸艦，以及若干陽字號
　　驅逐艦參與撤離行動。

Wind）。

在當地時間 1975 年 4 月 28 日早上 11 時 08 分接到命令後，惠特麥中將立即下令執行撤離計劃。12 時 44 分「漢考克號」派出第一波直升機，飛向位於西貢的美國駐越武官辦事處（U.S. Defense Attaché Office, DAO）的主要降落區。不久之後，第 4 陸戰團第 2 營便開始在地面設立防線，第 76 特遣艦隊的直升機隨即開始撤離美國人、越南人以及第三國人士。當天稍早前，北越對武官處的砲擊導致兩名陸戰隊員陣亡，兩架直升機及其機組人員亦因墜海而告損失。在當天晚上 9 時左右，撤離行動部隊已經運出了 5,000 名待撤人員以及陸戰隊地面守備部隊。

在美國大使館，場面已經變得混亂無序。數以百計窮途末路的待撤人員與陸戰隊守備隊發生推擠，還試圖爬過防線外圍的圍牆，以求獲得登上撤離直升機的機會。陸戰隊及空軍直

由於艦上再無空間，官兵正把越南的直升機推下海去。

USN 711644

升機在晚上不得不一邊閃避地面防空砲火，一邊將待撤人員飛離危險重重的降落場——其中一處還在鄰近大使館的建築樓頂。不過，最終在 4 月 30 日上午 5 時，美國駐南越大使葛拉漢‧馬　丁（Graham Martin）以及最後一批一千多人的待撤人員，終於從步

戰爭結束了，這一艘原屬南越海軍的作戰艦，現在掛上了美國國旗，在蘇比克灣海軍基地內任由腐朽。

步進逼的敵軍眼前撤離。當北越戰車撞倒總統府的大門時，第 76 特遣艦隊已經撤離了超過 7,000 名美國人及越南人。

　　不止是美軍的飛機，連滿載難民的南越直升機以至固定翼飛機，都在爭奪撤離行動船艦上飛行甲板的降落空間。特遣艦隊的船艦接收了 41 架越南飛機，但艦上的美國水兵不得不將額外 54 架航空器推下海，以騰出飛行甲板的空間。海軍的小型艦艇亦成功拯救了部分從迫降在撤離船艦附近海域後跳機逃生的越南人[5]。

　　與此同時，一支由戎克船、舢舨及各式各樣滿載難民擠到甲板邊緣的

小型船隻組成的大艦隊，開始航向美軍撤離艦隊。軍事海運司令部的拖船拖曳著駁船，滿載更多的難民從西貢港逃到外海的美軍船艦上。在那裡，撤離人士都得以救助上艦，接著便是登記身份、搜身以檢查有否攜帶武器，以及進行醫療檢查。軍事海運司令部的人員以及陸戰隊安全人員都以快速而有效率的方式，處理著一批又一批新登艦的難民。第七艦隊的船艦最終都將大部分搭載的難民轉移到軍事海運司令部的船艦上。另一支由 26 艘南越海軍作戰艦隻及支援船艦組成，搭載了 30,000 名水兵及其家眷與難民的大艦隊，則聚集在湄公河三角洲南岸

5　編註：「柯克號」在任務期間有過幾次戲劇性的救援過程。

NHHC L File

「哈洛德・荷特號」護航驅逐艦官兵的協助下，這些剛剛登上並奪回「馬亞圭斯號」商船（左）的陸戰隊員正在返回這艘護航驅逐艦上（右）。

USAF 111069

1975 年 5 月，當陸戰隊員與通島上的柬埔寨紅色高棉游擊隊交戰時，「亨利・威爾森號」飛彈驅逐艦為陸戰隊員提供了艦砲支援。

的外海。

第76特遣艦隊與軍事海運司令部的船艦在4月30日下午便駛離海岸線，但在接下來的二十四小時，他們仍然繼續收容自海上逃離的難民。5月2日傍晚，隨著海上難民人數逐漸減少，搭載了6,000名乘客的第76特遣艦隊、接了44,000名難民的軍事海運司令部分艦隊，以及南越海軍船艦組成的艦隊，開始航向菲律賓及關島的接待中心。隨著當天太陽西落，也標誌著美國在過去二十五年來試圖保衛越南共和國獨立自由的努力告終。

第七艦隊在重要的1975年，還需要在東南亞再完成多一項作戰任務。5月12日，紅色高綿游擊隊在柬埔寨外海佔領了美國商船「馬亞圭斯號」（SS Mayaguez），並俘虜了其上的船員。「哈洛德·荷特號」護航驅逐艦（Harold E. Holt, DE-1074）攔截了「馬亞圭斯號」，5月15日，由陸戰隊及水兵組成的登艦小組成功重新奪回，雖然在稍早時候柬埔寨已經放棄這艘船了。由於猜想共產黨將商船船員拘留在附近的通島（實際上那些船員被拘留在陸上，而且很快就被捕獲他們的人釋放了），負責這項作戰行動的空軍少將約翰·伯恩斯（John J. Burns）便從

泰國調來一支突擊直升機部隊及陸戰隊員。「亨利·威爾森號」飛彈驅逐艦亦正在航向通島。由於複雜的指揮與管制流程、不充足的情報，以及種種其他因素，一輪猛烈的敵方地面砲火出乎意料地擊中直升機登陸部隊，摧毀了三架直升機並將岸上的陸戰隊分遣隊牢牢壓制住。從「亨利·威爾森號」飛彈驅逐艦及作戰飛機而來的壓制火力，讓大多數突擊部隊得以脫離困局。通島作戰最終造成18名人員陣亡及50人受傷，但這個行動證明了，美國不會容忍她的船艦在公海被搶奪的事情發生。

儘管有這種成功的行動例子，第七艦隊在1970年代末期仍然面對著不少問題。華府指示下的削減經費，限制了每個作戰單位的戰鬥員數額、極為需要的船艦與裝備維修，還有執勤中的水兵人數。第七艦隊的指揮高層同時還得面對一連串的問題，例如在水兵之間的濫毒及酗酒問題；還有在美國社會當中的反戰與反軍情緒，讓招募及留營變得更複雜困難。在種種問題當中，種族紛亂特別讓艦隊感到苦惱。第七艦隊船艦在越南外海執勤時，艦上的種族事件首次將全國的焦點帶到這個問題上。1972年10月發生

的種種水兵之間的打鬥、抗命，以及其他各種紛亂行為，都損害了哈西揚帕號運油輪（*Hassayampa, AO 145*）及小鷹號航艦執行其責任的行動能力。海軍及第七艦隊在接下來許多年的時間，都採取了導正措施，最終目的是希望能回應基層官兵的不滿，以及改善艦上及岸上有關種族間的氛圍。

第七艦隊的遠東基地

在越南作戰的戰鬥需求，再加上在東北亞水域執行嚇阻行動的需要，都使得第七艦隊的基地成為了海軍在全球最大的軍事–工業綜合體。

即使蘇比克灣海軍基地在 1950 年代已經開始運作一系列可觀的船艦維修、軍械及補給設施，但與越戰時期在這個基地運作的龐大後勤設施相比都顯得遜色不少。在 1964 年 8 月的東京灣事件後，進入蘇比克灣基地補給油彈的美國海軍作戰艦數目便急增了四倍，補給後勤的需求急升了 300％。海軍緊急增建了更多額外的彈藥庫、倉庫、燃料儲存槽、供主要作戰艦使用的碼頭，以及開始囤積船艦及飛機零件、武器以及各種日常補給。不久之後，基地的船艦維修設施便要開始修復被敵方岸砲火力命中的驅逐艦，

一架 A-7 海盜 II 式攻擊機正在庫比角海軍航空站飛向天際。

以及維修因為意外失火而嚴重受創的「歐斯卡尼號」及「福萊斯特號」航艦。海軍還部署了供應艦及浮動船塢到蘇比克灣，使得當地的海軍分遣隊人數提升至超過4,000名官兵，以及聘用了15,000名菲律賓工人。海軍補給倉庫在每個月為艦隊處理了超過400萬桶燃油，還有將航空燃油透過41英里長的管道輸往克拉克空軍基地。在1968年新春攻勢期間以及接下來數月，在蘇比克灣的海軍軍械倉庫為越南外海艦砲線上的第七艦隊作戰艦供應了60萬發各式彈藥。

在越戰期間同樣忙碌的桑利角海軍航空站，亦處理了南海上空的空中行動。在「市場時間」行動期間，從桑利角起飛的P2V海王星式及P-3獵戶座式巡邏機都協助了搜索、鎖定及擊沉試圖為南越境內作戰的共產黨部隊運送補給的北越拖網漁船。桑利角還處理了飛越南海為南越境內的金蘭灣海軍航空設施進行空運補給的任務。隨著美軍在越南的數量漸減，第七艦隊開始將大部分工作量從桑利角

海龍號核動力潛艦在1964年成為了第一艘進入日本港口的核動力作戰艦。

轉移至庫比角，並在1971年8月31日裁撤了桑利角海軍航空站。

庫比角成為了越戰期間，岸基海軍航空兵力在南海及中南半島地區執行空中任務時的另一個焦點。航空照相及電子情報、空中早期預警以及其他特種作戰中隊都是在這個海軍航空站運作的。庫比角成為了區域內飛機零件及裝備的主要積存點，這些積存的零件都是用於飛機維修的。有不少最終去到艦上，或東南亞沿岸部署的海軍航空單位的軍械、航海燃料、郵件及一般貨物都是以庫比角為中轉站。在1967年，因為戰時行動而從庫比角起飛或降落的海軍飛機便多達172,000次。為了應付在1969年這個高峰期的航空交通需求，海蜂工兵還將機場跑道延長至9,000英尺。隨著

好人理察號航艦在香港維多利亞港內，Louis Kaep 所繪，水彩畫。

桑利角在 1971 年關閉，庫比角便得承擔額外的工作量，在當年就為 45 艘到訪的航空母艦及兩棲登陸船艦提供服務。1975 年春天自越南及柬埔寨撤

離行動期間，庫比角處理了超過 40,000 名經由菲律賓空運抵達的越南籍、柬埔寨籍及寮國籍難民。

越戰期間，日本的橫須賀海軍基地與菲律賓的基地群，對第七艦隊的行動有著幾乎相同的重要性。舉例而言，在當地的船舶維修設施僅僅在 1967 年便維修了超過 800 艘海軍船艦。在該基地的海軍補給倉庫及軍械設施亦承擔了差不多一樣沉重的工作量。

橫須賀及佐世保不但支援了越南的戰事，還成為了美日同盟長久不墜的象徵。1960 年代美軍核動力戰艦的到訪，儘管引來了反核及反軍事團體

企業號核動力航艦，被她的戰鬥群船艦圍繞航行中。

聲勢浩大的示威，卻鞏固了日本人民支持第七艦隊在東北亞地區執行長時間嚇阻及穩定局勢的任務。

隨著 1960 年代初開始僅有核動力潛艦服役於美國海軍，華府明白到這些船艦必然需要使用第七艦隊在日本的基地後勤服務。在取得日本政府許可之後，海龍號核動力攻擊潛艦（Seadragon, SSN-584） 在 1964 年 11 月 12 日抵達佐世保時，便成為了第一艘進入日本港口的核動力作戰艦。由於二戰期間，在廣島及長崎遭受原子彈空襲的駭人經驗，日本被人稱為是一個「核過敏」的國家。儘管在佐世保及日本各地都有喧鬧的遊行示威，不過海龍號最終還是成功平和地入港了。海龍號在三個月之後再次回來，接下來鋸蓋魚號（Snook, SSN-592）、長尾鯊號（Permit, SSN-594）、潛水者號（Plunger, SSN-595）及重牙鯛號（Sargo, SSN-583）核動力潛艦亦在隨後數年間進入日本的海港。

鋸蓋魚號在 1966 年 5 月 31 日訪問橫須賀時，在部分日本人之間引起了激烈的反對聲音，但日本的政界領袖卻挺身而出，強調這些核動力潛艦及其他美國海軍作戰艦到訪，對日本的國防及繁榮昌盛的好處。日本的原油進口以及海外貿易，都得依賴第七艦隊提供保護。正如歷史學家羅傑·丁曼（Roger Dingman）所觀察，引述這些日本領袖所說的，「使與美國結盟的承諾概念更加具體化」。1966 年 5 月到 1968 年 1 月間，再有 9 艘核動力船艦到訪橫須賀但沒有引起重大衝突。

不過，當企業號在 1968 年 1 月 19 日由「特魯克頓號」核動力飛彈巡洋艦（Truxtun, CGN-35）及「海爾賽號」導引飛彈巡防艦（Halsey, DLG-23）陪同到訪佐世保時，由於該艦當時作為世上唯一一艘核動力航艦，加上其艦載機擁有投放核武的能力，使得美日同盟的緊密程度受到了挑戰。成千上萬的示威者湧上了佐世保街頭，與路人及當地警察打了起來，還作勢要硬闖基地。日本領袖再次挺身而出提醒民眾，日本這個島國的周邊海域，都是依賴第七艦隊提供關鍵且必要的安全保護。當蘇聯太平洋艦隊在 1970 年代開始威脅日本在東北亞的利益時，上述的訴求就變得尤其清晰了。因此，即使核動力航艦的到訪引起了短暫的怒火，但在 1968 到 1973 年間，美軍的核動力潛艦就已經對日本進行了上百次訪問，而「企業號」在 1978 年又

1960 年代，第七艦隊船艦訪問當時是英國殖民地的香港。

敵作戰的當下——這裡面的敵人包括有中共的防空及鐵路維修單位——但與此同時，第七艦隊每年仍有百多艘船艦平靜地靠泊在香港的海港，與中共僅距離數英里之遙。1966年1月，當企業號完成空襲北越的作戰行動後訪問香港時，除了引起中共官方媒體的怒火之外，再也沒有其他值得一提的事情了。

毛澤東經常責罵第七艦隊，因為他將之視為西方海權在過去百年來主宰中國，以及持續阻撓他的亞洲外交目標的象徵。他告訴來自敘利亞的訪問代表團，「美國總共有四支艦隊：第七艦隊是當中最大的，而且還包圍著我們。」

與企業號在數年之後訪問日本時激起了規模龐大的左翼及反戰示威相反，該艦在 1966 年訪問香港時，香港民眾沒有透過激烈的抗議來迎接企業號。實際上，很多香港居民還十分讚賞美國承諾保衛南越的舉動。

進行了另一次靠港訪問。美日同盟在接下來數十年間，只會變得更強大而沒有削弱。

反制中共、蘇聯與北韓的敵意行為

儘管第七艦隊在 1965 到 1975 年間都大力投入在東南亞的戰事，不過艦隊仍然在整個遠東地區繼續執行嚇阻、制海、駐防與情報收集任務。海軍不只要應付中共試圖透過香港來使美國與英國不和的外交手段，還需要應付蘇聯及北韓公然的軍事行動。

冷戰期間，在亞洲最為諷刺的場面，莫過於當第77特遣艦隊在北越與

美國官兵將這個英國皇家殖民地視為西太平洋最好的 R&R 休假地點之一。在 1966 年，總共有 18 萬名水兵及美國人到訪香港，還有 390 艘美國海軍船艦進入維港。由官兵在休假時的大量消費，以及 400 家美國商業機構在香港的經濟活動所產生的開支，讓香港成為了一座富裕的城市。

第七艦隊的官兵與香港居民的融洽相處，可以說是十分知名的。在 1966 年 9 月，「歐斯卡尼號」航艦的直升機拯救了 46 名遇險的香港漁民後，就被當地的新聞媒體讚譽有加。再者，按歷史學家麥志坤所言，「他們（第七艦隊）在政治動盪的時期，為本地經濟及社會作出了穩定的貢獻。在香港華人的眼中，這些『越戰遊客』並不是『醜陋的美國人』，而是『美麗的帝國主義者』。」

再舉另一個例子，1968 年 12 月第七艦隊司令部發出了一封感謝信予香港當地的廠商蘇瑪麗（Mary Soo），她的公司為美軍水兵提供食物及飲料的同時，還為船艦提供油漆服務[6]。隨著 1960 年代英國在亞洲的勢力開始衰落，中共軍隊想要搶佔香港是相對容易的。但是，這個海港城市同時也是中國與外界進行海外貿易的門戶，而且與這個英國殖民地進行貿易，以及透過香港對外貿易，都讓中共獲得了廣大的利益。

為了支援亞洲的盟友，蘇聯的海軍船艦 —— 通稱輔助情報收集船（Auxiliary, General, Intelligence, AGI）—— 經常尾隨在越南的東京灣乃至在廣闊的太平洋地區航行的美軍特遣艦隊。這些船艦會試圖盡量駛近美軍船艦 —— 有時甚至駛進航艦特遣支隊的陣形內 —— 窺探及妨礙美軍執行戰鬥任務。美軍指揮官為了阻撓跟勸退這類行為，即使這些情報收集船橫越過美艦的去向，仍會保持既有航向及航速。詹姆斯・霍洛韋三世（James L. Holloway III）在出任「企業號」航艦的上校艦長時，就在一艘情報船闖入他指揮著的 9 萬噸航艦的航路時，採取了以上的做法。這位日後的海軍上將觀察發現，這艘情報船很快便「滾出了航道」，而不是繼續挑釁執行任務中的美軍船艦。

6　編註：全名「蘇瑪麗女工班」（Mary Soo Side Party），是專門在香港島北岸服務訪港美國海軍軍艦的香港工人與廠商。

不過，美國及蘇聯船艦並不總是能避開相撞的。從1965年11月到1966年6月，「班拿號」（Banner, AGER-1），一艘情報收集船，就在蘇聯遠東地區的水域一直進進出出——蘇聯視該處為其領海，但美國並不承認。蘇聯驅逐艦及其他作戰艦試圖透過持續騷擾來迫使「班拿號」離開該處海域，但沒有什麼成效。最終在1966年6月24日，「班拿號」與蘇聯的情報船「風速計號」（Anemometr）在日本海／東海相撞，兩方艦長都聲稱這次事故是對方造成的。1967年春天，相似的情境又再次上演，這一次是當「華克號」驅逐艦（Walker, DD-517）在屏衛「大黃蜂號」航艦（Hornet, CVS-12）時，為阻止蘇聯海軍「無蹤號」驅逐艦（Besslednyy）干擾航艦執行飛行任務所致。在經過多次極度接近及危險的逼迫後，蘇聯船艦最終撞上了「華克號」，並造成了輕微損傷。第二天，又有另一艘蘇聯驅逐艦駛進與特遣艦隊極度接近的危險距離，而這艘驅逐艦又與「華克號」撞上了。隨著雙方都認知到這些近距離船艦或飛機的遭遇有多危險後，美國及蘇聯最終在1972年5月展露出明智的決定：雙方簽訂了《海上意外事件協議》（Incidents at Sea Treaty），當中清楚列明了當一方接近另一方時，兩國海軍應該如何安全操作的指引。

好戰的北韓

隨著在東南亞的戰爭抽調了大量美國還有南韓的軍事實力（後者有兩個步兵師及一個旅在南越作戰），第七艦隊在1960至1970年間，就得負責防止朝鮮半

Courtesy U.S. Naval Institute

1967年5月，兩艦相撞之後，「華克號」驅逐艦與蘇聯海軍一艘「克魯普尼級」驅逐艦（Krupnyy Class）上的水兵，在一片驚詫中互瞪著對方。

USN 1129207

「普韋布洛號」情報收集艦於 1968 年 1 月，在元山外海被北韓海軍部隊奪佔。

島出現敵對行動。這絕非易事，因為北韓領袖金日成在這段期間顯得雄心勃勃，充滿挑釁性。1965 年 4 月，也就是第七艦隊將美國海軍陸戰隊送到南越峴港上岸一個月後，兩架北韓米格機在日本海／東海攻擊、擊落了一架美國空軍的偵察機。1967 年 1 月，北韓海岸砲陣地在東海岸擊沉了一艘正在執行漁船護衛任務的大韓民國海軍巡邏艦。在那些年，數之不盡的北韓間諜及游擊隊滲透過非軍事區進入南韓，目的就是要在大韓民國引起混亂。

1968 年尤其是充滿挑戰性的一年，美國除了要集中兵力挫敗在越南的新春攻勢外，還得應付在國內及國際社會的反戰思潮。1968 年 1 月，一隊為數 31 人的特種部隊以刺殺南韓總統朴正熙為目標，滲透進入國境後，向著南韓總統府青瓦台前進。不過在途中，這支特種部隊就被南韓部隊攔截及狙殺了。北韓人在非軍事區所策劃的埋伏、襲擊、砲兵交火以及其他戰鬥行為，都導致南北韓雙方損失了超過一千人的性命。

就在青瓦台事件兩天之後，北韓策劃了一件更為大膽的行動：北韓海軍襲擊了「普韋布洛號」（Pueblo, AGER-2），一艘在日本海／東海的國

際水域收集訊號及其他情報的美國船艦。北韓人向這艘美國船艦開火，殺死了輪機學兵杜恩·霍奇斯（Duane Hodges），並說服了艦長洛依德·布徹海軍中校（Lloyd Bucher）下令停止反抗。北韓人隨後將這艘船以及船內重要的情報裝置帶到元山港，而且囚禁了倖存的 83 名官兵。在接下來的一年，北韓共產黨持續對這些人施加酷刑，以期獲得政治目的的「認罪」，直至詹森政府同意就間諜行為發出書面道歉，這些官兵才獲得釋放。

當北韓人把「普韋布洛號」帶到元山港時，第七艦隊已經準備好執行任何華府指示的行動。不過，總統理解到美國當前已經全面投入越戰，因此不能承受在亞洲掀起另一場主要戰事的風險。北韓擁有百萬訓練精良且有高度動機的武裝人員，而且還能指望來自蘇聯的協助。為了支援他們的共產黨盟友，蘇聯還在接下來的幾個禮拜，在韓國周邊海域部署了一支艦隊尾隨美軍的航艦特遣艦隊。一艘蘇聯情報船有一度還迫使美軍航艦停俥及倒俥，以避免真的撞上蘇聯船艦。美國海軍深信，這種挑釁行為都是有意為之的。

北韓人的挑釁行為持續進行著。

美國海軍 EC-121 電子情報機與 A-3「空中武士式」艦載攻擊機結伴飛行。

當美軍在 1976 年 8 月發動「保羅·班揚」行動（Operation Paul Bunyan）時，霍洛韋三世上將時任海軍軍令部長及代理參聯會主席。

1969 年 4 月，兩架北韓米格 21 戰鬥機在日本海／東海擊落了一架美國海軍 EC-121 預警星偵察機，機上 31 人全數殉職。1970 年 6 月，一艘北韓快速攻擊艇在黃海／西海奪取了一艘南韓海軍船艦及其 20 名官兵。從 1973 到 1976 年，北韓海軍船艦及作戰飛機頻繁穿越了一條將黃海／西海上五個由

南韓控制的島嶼與北韓領土分隔開的海上邊界北方限制線（NLL）。聯合國軍司令部在 1953 年停戰協定後就設立了這條北方限制線，以明確指出南韓對這些島嶼的主權。為了反制平壤在黃海／西海的挑釁行為，南韓亦將這些島嶼要塞化，派駐了強大的陸、空及海上部隊。

隨後在 1976 年 8 月 18 日，為了執行上級下達的「殺光他們」的命令，北韓衛兵用斧頭擊傷及殺害了兩名美國陸軍軍官，亞瑟・伯尼法斯上尉（Arthur Boniface）及馬克・巴雷特中尉（Mark Barrett），他們在當時帶領了一隊美軍及南韓士兵進入位於非軍事區內的共同警備區，修剪一棵阻礙了兩個聯合國軍觀測哨視線的白楊樹的樹枝。這個野蠻的行為與同一時期金日成的反美煽動性言論有關。

隨著在越南的戰

事結束超過一年，華府對於北韓這一次挑釁行為的反應，比起之前在平壤搶走「普韋布洛號」時更為堅決。聯合國軍及美軍駐韓部隊司令李察史迪威陸軍上將（Richard Stillwell）建議，派出一支強大的美韓聯合部隊再次進入共同警備區把那棵樹給砍了。上將認為這很重要：因為這能凸顯共產黨那些令人震驚的行為是不會被容忍的。

KN-22932

中途島號接到命令後，連同戰鬥群從橫須賀出海。

福特總統了解到，在東北亞的美軍部隊現在已經全面就緒以保衛美國及其盟友的利益。他也認知到，全球各地的輿論都堅定反對平壤容許的殘忍謀殺行為。在總統指令下，代理參聯會議主席的霍洛韋海軍上將下令，將太平洋的戒備狀態從五級提升至三級，並且在東北亞準備發動一場展示實力的行動。

太平洋司令部下令第七艦隊將「中途島號」航艦特遣艦隊從橫須賀出港。「中途島號」除了搭載了第7航艦支隊司令（Commander Carrier Group 7）外，一同出動的還有「格迪利爾號」飛彈巡洋艦（*Gridley*, CG 21）、「科克倫號」飛彈驅逐艦（*Cochrane*, DDG-21）、「柯克號」、「邁爾科特號」（*Meyerkord*, FF-1058）、「朗號」（*Lang*, FF-1060）及「樂活號」（*Lockwood*, FF-1064）巡防艦，以及「阿斯塔布拉號」（*Ashtabula*, AO-51）與「密斯佩里昂號」（USNS *Mispillion*, T-AO 105）運油艦。在接到命令後，這些船艦便立即出海，準備對北韓實施打擊。

太平洋司令部總司令同時將 B-52 戰略轟炸機部署到足夠接近北韓空域的位置，以便北韓的雷達能剛好發現他們，又把空軍的戰術飛機派到南韓的機場。李察史迪威將軍亦將在韓國的戒備狀態再升至二級（DEFCON 2）——這是非戰爭狀態下最高的警戒級別——並讓美軍及南韓步兵師整裝備戰。1976 年 8 月 21 日，在「保羅班揚行動」（Operation Paul Bunyan）當中，裝備電鋸及斧頭的工兵在精通搏擊術的步兵，還有上空的直升機砲艇保護之下，進入了非軍事區，將那棵樹砍至只剩下殘幹。在美國及南韓強大的武裝力量面前，北韓共產政權完全沒有反擊。事實上，金日成唯一做過的事，就是發出一份個人聲明，對於「在共同警備區內發生的事件」表示遺憾。

在整個越戰時期，第七艦隊完成了為保衛與美國有盟約的友好國家而戰的任務，嚇阻了共產黨在遠東的侵略與挑釁行為，還為成千上萬有需要的民眾帶來了人道援助。第七艦隊的官兵當中，有不少都在越南或遠東其他地方獻出了他們的性命，但他們都帶著勇氣、不屈不撓，以及對於每一個美國公民都熱切信奉的基本原則——無上貢獻的精神——完成了他們的職責。

第六章
老對手和新朋友

當第七艦隊在越南戰鬥時，艦隊仍要顧及其在亞洲水域執行嚇阻與駐軍任務，以及其他保障區域安全的職責。蘇聯海軍從來沒有比後越戰時期來得更為強大——在這段時間，蘇聯海軍在印度洋、南海以及東北亞挑戰了第七艦隊的存在。這些挑戰迫使第七艦隊不得不重新提振精神來強化與區域內盟友的合作，還有與之前敵對的中華人民共和國聯手。當冷戰結束時，第七艦隊再一次保持了其對這片海域的控制。

1970 到 1980 年代，海軍成了蘇聯全球擴張的先鋒。由於在 1962 年古巴飛彈危機時，蘇聯海軍完全沒能力反制美國對古巴封鎖的尷尬局面，赫魯雪夫的後繼接任者投入了龐大的資源發展一支一流的海軍。謝爾蓋·高希可夫上將（Sergey Gorshkov），一位天賦異稟而且深具影響力的戰略家，支持並指導了這一波巨大的冷戰時期海軍建造計

高希可夫海軍上將，在 1956 至 1985 年間領導蘇聯海軍，是現代蘇聯海軍艦隊之父。

劃。到 1970 年，眾人發現上百個蘇聯海軍單位，一同發起了一次協調良好的全球性演習。而在 1971 年，一個由巡洋艦、驅逐艦、潛艦與其他輔助船艦一同組成的蘇聯太平洋艦隊戰鬥群，在阿拉斯加灣水域活動過後，再抵達夏威夷的鑽石頭山 25 海里內的水域，這更展現出蘇聯海軍在遠離本國執勤的能力。「海洋 75」（OKEAN 75），一

個包括蘇聯太平洋艦隊 28
艘核動力及柴電潛艦在
內，總數涉及 200 艘作戰
艦的跨全球演習，更展現
了蘇聯海軍挑戰美國海軍
在全球各大海域居主導性
地位的顯著實力。

　　在越戰期間及其後，
蘇聯太平洋艦隊將作戰單
位部署到南海以至更遙遠
的海域。1966 到 1991 年
間，其水面艦及潛艦的部
署行動就達 2,304 次，而
且海軍飛機完成了 21,220
架次的飛行任務。據歷史
學家亞列謝克‧穆拉維耶
夫（Alexey Muraviev）　指
出，這段時期可說是「蘇
聯海軍在太平洋的黃金時
代」。為了支持蘇聯的外
交政策，在 1960 年代晚期
到 1970 年代初，蘇聯太平
洋艦隊的作戰艦多次到訪
東非及南亞的港口，包括
錫蘭（斯里蘭卡）、印度、
伊朗、伊拉克、巴基斯坦、
索馬利亞、北葉門以及南
葉門。

企業號航艦，以及其排放在飛行甲板上的艦載戰機。

穆勒上將（左起）、詹森總統及國防部長麥納馬拉在美國
海軍第一艘核動力航艦上。

在越戰後期，蘇聯太平洋艦隊持續增加部署強大的艦隊到遙遠的印度洋海域，以支持蘇聯在非洲之角、波斯灣以及南亞的行動。單艘蘇聯作戰艦在印度洋的活動時間，更從 1968 年的 1,200 小時上升到 1980 年的 11,800 小時。1983 年，明斯克號直升機航艦（*Minsk*）更訪問了印度的孟買。

蘇聯介入 1971 年印巴戰爭的行動，直接挑戰了美國對巴基斯坦的承諾，以及第七艦隊在印度洋的顯著地位。這場戰爭肇因於東巴基斯坦（今日的孟加拉）武裝獨立組織發起叛亂對抗西巴基斯坦政府（今日的巴基斯坦）。印度隨即發兵支援叛軍，並擊敗了在東巴基斯坦的政府軍部隊。

尼克森總統及國務卿季辛吉隨即要求聯合國支持雙方停火，但蘇聯兩次投票反對聯合國的這些舉措。為了展示其對印度的強力支持，莫斯科下令一艘驅逐艦及掃雷艦通過麻六甲海峽前往，增援兩艘早已部署在印度洋的同類船艦。隨後在 1971 年 12 月 6 日，蘇聯太平洋艦隊從海參崴派出一個特遣支隊，其戰力包括一艘飛彈巡洋艦與其他兩艘船艦。16 日蘇聯再從海參崴派出另一個特遣支隊，這次包括一艘飛彈巡洋艦、一艘飛彈驅逐艦與其他兩艘船艦。

尼克森與季辛吉對於戰爭持續下去表達擔憂，擔心印度軍隊攻擊西巴基斯坦的話，就會觸發美國保衛「東南亞公約組織」成員國的承諾。由於美軍仍然在全力應付越戰，美國不可

在洋基站的企業號航艦，R. G. Smith 繪於 1968 年，油畫布。

Navy Art Collection

朱瓦特海軍上將，1970 至 1974 年間擔任海
軍軍令部長。

能再捲入另一場主要衝突之中。尼克森及季辛吉認為，如果美國對蘇聯的舉動不回應的話，其不作為會妨害為了消弭美國與中共之間長達超過二十年的敵意而正在執行中的外交行動。簡言之，尼克森與季辛吉認為，美國的威信正處在危機當中，巴基斯坦、中共、蘇聯以及其他國家都在觀望這場爆發中的衝突。

為了在區域內營造一個更好的部隊力量平衡，華府在 12 月 9 日下令太平洋司令部，以「企業號」航艦為中心的第七艦隊特遣支隊，從東京灣派到孟加拉灣的東巴基斯坦外海。在 12 月底到 1972 年 1 月初，與「企業號」一同前往孟加拉灣的第 74 特遣支隊成員還包括兩棲突擊艦「的黎波里號」（*Tripoli*, LPH-10），1 艘潛艦，10 艘各式驅逐艦以及 5 艘後勤支援船艦。

這一次行動官方的公開理由，是假稱要監督美國公民從戰區撤離的行動。但背後的真正原因，卻是一次武力展示行動，因為在這支特遣支隊到達時，根本就沒有任何美國公民還留在當地了。值得一提的是，華府還告知第 74 特遣支隊指揮官，要在「全世界都看得到」的日間通過麻六甲海峽。華府高層接受了時任海軍軍令部長朱瓦特（Elmo Zumwalt）的建議，將特遣支隊部署在錫蘭東南部海域，而非在孟加拉灣北部更為暴露易受打擊的位置。很快在 12 月 16 日，東巴基斯坦的巴基斯坦軍隊投降，翌日印度便宣佈單方面停火。華府意識到，印度並沒打算征服整個巴基斯坦，因此這場衝突便告一段落。

蘇聯先後派出的兩個特遣艦隊直到 12 月 18 日及 24 日抵達印度洋，但美蘇之間繼續在當地進行競爭。朱瓦特回憶道，即使到 1972 年 1 月，「美

軍與蘇軍船艦都小心翼翼地繞著對方航行，正如美蘇海軍船艦在地中海已經行之有年的舉止一樣。」由於集結到印度洋的蘇聯海軍都能得到來自葉門的飛機掩護，朱瓦特對此極為擔憂，更指出，「美軍船艦實際上處於不利位置」。美國最終把其作戰艦調回越南外海繼續作戰，但蘇聯卻透過為印度提供武器及其他的作戰物資，還有在孟加拉灣執行掃雷任務，使其與印度及新生的孟加拉的關係變得更為牢固。

迪亞哥加西亞島

當美國與英國同意在印度洋的迪亞哥加西亞島（Diego Garcia）建立一個共同維護及運作的海軍基地時，華府也解決了第七艦隊在部署上過度延伸所產生的部分問題。當菲律賓的蘇比克灣的後勤設施遠在 3,550 海里之遙

NHHC L File

在印度洋的迪亞哥加西亞島。

時，迪亞哥加西亞島就成為了第七艦隊在印度洋、北阿拉伯海以及波斯灣活動時的關鍵樞紐。美英官員在 1966 年 12 月 30 日簽訂了一項行政協議，為將會在該地建立的軍事設施建立聯合行政架構。不過，當皇家海軍在 1971 年撤出蘇伊士以東時，清楚表明了美國將會承擔基地的開發經費，而第七艦隊則負責控制印度洋。在國會於 1970 到 1974 年間撥出的五千三百萬美元經費支持下，第七艦隊的海蜂工兵在當地建造了通訊設施、維修設施、住宿設施及倉庫；又加長了現有的跑道，以操作 P-3 獵戶座式巡邏機及美國空軍的長程轟炸機。疏浚了當地的潟湖，以容納包括航艦在內的各式作戰艦靠泊。1976 年倫敦同意擴張島上的海軍設施，在接下來一年，華府成立了迪亞哥加西亞美國海軍支援設施（U.S. Naval Support Facility, Diego Garcia）。

1979 年，隨著伊朗政府被激進的反美革命運動推翻，以及蘇聯大規模入侵阿富汗後，迪亞哥加西亞島就變得更為重要。1980 年，有 25 艘第七艦隊的作戰艦在印度洋執勤，以確保連結富含石油的中東與西太平洋水域之間重要的海上交通線的安全。迪亞哥加西亞讓這些船艦得以補充燃料以及取得補給。華府也把四艘屬於第二海上先遣戰隊（Maritime Prepositioning Squadron 2）的船艦派到當地，每艘船艦搭載了足夠一個兵力達 16,500 人的海軍陸戰隊遠征旅使用 30 天的補給以及裝備。陸軍、空軍、海軍以及國防後勤局（Defense Logistics Agency）亦把物資預置在迪亞哥加西亞另外 11 艘先遣艦上。

蘇聯在 1979 年入侵阿富汗後，其行動還伸手到另一個海域。為了嚇阻美軍可能的軍事回應，蘇聯太平洋艦隊把兩棲作戰艦跟海軍步兵部署到紅海，還與葉門的海軍部隊在印度洋的索科特拉島（Socotra Island）進行聯合演習。蘇聯還在索馬利亞的柏培拉（Berbera）建立了空軍及海軍基地。

第七艦隊船艦的前進部署

隨著在越戰期間及戰後與越戰無關的海軍經費都遭到削減，海軍開始尋求辦法節省經費但同時維持其艦隊的戰備水準。在 1970 年代早期，華府考慮把艦隊從 15 艘航艦削減成 12 艘。可是在同一時間，由於現在得部署在東亞還有遠至印度洋的海域，第七艦隊的責任卻是不減反增。於是便有了以下的方案：將船艦及官兵都保留在

前進基地，而非讓船艦及官兵週期性地返回美國進行維修及檢修，以及讓水手與家庭重聚。假如讓官兵的眷屬，也移居到接近他們部署地點的海外地區的話，那就沒有需要安排官兵定期回國了。由於遠東與美國西岸之間遼闊的距離，海軍規劃人員認為第七艦隊的船艦很有機會成為在日本執行前進部署的候選單位。

日本政府及一般民眾對這個方案的反應也十分正面。日本政界領袖、外交政策官僚以及軍方將領都認為，一艘美軍航艦常駐日本將會強化美日安保條約的關係，還可以扭轉在民眾之間廣為流傳「美國不會為了日本而冒險挑起戰爭」的看法。日本海上自衛隊寄望，能夠從更緊密的美國海軍–海上自衛隊關係當中獲益，正如橫須賀的政治人物亦期望美軍為當地帶來經濟成長，兩者均極為熱衷地為第七艦隊在日本前進部署背書。另一個有利因素就是美國提出在分享使用橫須賀的船塢及其他基地設施時，會為此帶來商業利益。1972 年，日本首相田中角榮向美國外交官員傳話，表示日本支持美國在橫須賀前進部署一艘航空母艦。東京預判國內對此的反對聲音微不足道，這個推測最後證明是對的。「中途島號」航艦特遣支隊，包括第 15 驅逐艦中隊在內，就在 1973 年 10 月到 1991 年 8 月期間，以橫須賀為母港展開行動。

九州的佐世保基地在越戰剛剛結束的那段時間，失去了部分與美國海軍的生意往來，但最終迎來了兩棲戰鬥群及掃雷艦中隊前來部署。1976 年 7 月，佐世保市民便展示出他們與美國之間的友誼：成千上萬的當地居民都湧到基地大門，就只是為了一同慶祝美國建國兩百週年紀念。第七艦隊的前進部署，為橫須賀及佐世保帶來了繁榮經濟，對日本國民重申了對安保條約的堅定，並改善了第七艦隊的戰備狀態及機動性。

一個新的能量方程式

在越戰最後幾年，莫斯科排擠掉北京成為北越最主要的資助者，還在 1978 年與河內締結了共同防禦協定。1979 年中共與越南之間一場維持時間不久的戰爭當中，蘇聯透過在中共海岸線部署艦隊來表達對越南的支持。一個由飛彈巡洋艦帶領的戰鬥群在東海巡航，而另一個戰鬥群則航向南海。北京表達出尤其擔憂蘇聯對海南島及西沙群島的海上威脅。

1984 年，當中共與越南部隊再一次在邊界爆發衝突時，蘇聯太平洋艦隊與越南海軍在峴港外海進行了一場聯合兩棲作戰演習，參與的船艦與部隊包括「明斯克號」直升機航艦、「伊凡‧羅戈夫號」兩棲登陸艦（Ivan Rogov）、六艘其餘船艦、軍機以及海軍步兵。用歷史學家穆拉維耶夫的說法，「這一次演習的重要性，並不單單在於這是蘇聯海軍第一次在南海舉行兩棲作戰演習，其凸顯出蘇聯與越南之間，自 1980 年代初發展而成的軍事同盟。更重要的是這一次演習的時機：這次演習是在中越邊境自 1979年以來，在戰鬥最為激烈的時機舉行的。」此外，蘇聯還為越南海軍提供了小型護衛艦、快速攻擊艦艇以及反潛機等裝備。

在越南的邀請下，蘇聯作戰艦及航空部隊在美軍建造的金蘭灣基地開始作業。這是自蘇聯在韓戰之後把旅順（亞瑟港）交還給中國，蘇聯海軍第一次能從位處中共海洋側翼的基地展開行動。

對其前盟友而言，蘇聯現在變得極為強大與具威脅性，這迫使中共尋求外國援助。1969 年，蘇聯與中共軍隊在沿著烏蘇里江的兩國邊境接連發生多次武裝衝突。毛澤東此後便害怕蘇聯計劃攻擊他的國家，也許還會動用核武。中國人也擔心蘇聯海軍會摧毀中共龐大的商船隊，以及在東北省份與其他北部區域發動兩棲突擊。

為了取得其他反蘇聯的世界強國支持，毛澤東邀請尼克森及福特總統前往中國訪問。為了促進更緊密的關係，美國認可了中華人民共和國為唯一的中國政府。華府也為第七艦隊長達 22 年，保衛了台灣人民免受共產黨入侵的台灣海峽巡邏劃上句號。與

劉華清（左）隨同中共副總理耿飆受邀出訪美國聖地牙哥。

此同時，美國亦向北京清楚表明，美國不會容忍中共採取武力手段取得台灣。1979 年 1 月 1 日，蘇聯與越南簽訂他們的安保協議後，美國與中共正式建立外交關係。

1980 年代，在毛澤東的接班人鄧小平治下，美國與中共之間的關係持續修好。1984 年雷根總統訪問中國時，就提出讓中共國防部長張愛萍在 1985 年 6 月訪問華府，以便商討兩國之間的軍事合作。在海軍部長約翰‧雷曼（John Lehman）於 1984 年出訪中共一年之後，中共海軍當中與其地位相應的劉華清也出發訪問美國。

美國與中共關係接下來的發展超越了互相訪問的程度，在 1980 年代中期美國就批准了一系列的對中共商業銷售案，包括塞考斯基的運輸直升機（UH-60 黑鷹的非武裝版）[1]、供中共新型驅逐艦使用的奇異公司（General Electric）製燃氣渦輪主機[2]，以及 Mk 46 反潛魚雷（稍後被取消了）。

在 1983 及 1984 年，中國共產黨總書記胡耀邦與日本首相中曾根康弘進行了互訪。到了 1980 年代中，在數年前還是中國最為怨恨的敵人日本，現在已經成為中國最大的貿易夥伴。在胡耀邦訪問日本期間，他表明支持日本的軍事擴張，以及與美國的緊密國防關係。誠如分析師肯尼斯‧魏斯（Kenneth Weiss）所總結，「美國是太平洋地區這個（非常）鬆散的反蘇聯群體當中，把各個參與者黏合起來的『膠水』，而這個群體的成員包括日本、中國、南韓、東南亞國家協會（ASEAN）以及澳紐美安全條約（ANZUS）的國家。」

第七艦隊的運作顧慮

除了威脅中國之外，蘇聯海軍在金蘭灣的駐軍亦為第七艦隊帶來運作上的問題。從一個極為優良，由美國人建造的海港出發，蘇聯人能夠讓美國的海洋戰力在整個太平洋過度延伸，以及威脅到第七艦隊在蘇比克灣龐大的海空基地設施。在 1980 年代中期，有 20 到 30 艘蘇聯水面船艦、3 到 5 艘潛艦，還有其他戰鬥機、攻

1　編註：即 S-70 直升機，該型直升機成為了兩岸同時在使用的機型。多年之後，哈爾濱飛機工業集團以此機為藍本，製作成直 -20 通用直升機。

2　編註：美國政府同意出售 5 座 GE 的 LM2500 燃氣渦輪主機供中共運用在其新建造的 052 型飛彈驅逐艦上。

蓄勢待發

中途島號航艦（CVA-41, 在 1975 年 6 月 30 日後更改為 CV-41），是她所屬的艦級首艦，在海軍服役的時間橫跨了冷戰時代。中途島號在 1954-1955 年台海危機期間，展開了她在第七艦隊的首次作戰部署，派出她的艦載航空大隊為從中國大陸外海的大陳島上撤退的國軍及平民提供空中掩護。在完成現代化改裝之後，增設後方飛行甲板邊側升降機、斜角飛行甲板、蒸汽彈射器及封閉式艦艏。中途島號在 1960 年代初的寮國危機當中，奉派到南海執勤。

1965 年春，當第七艦隊及美國空軍展開對抗北越，進行為時三年的「滾雷行動」轟炸作戰時，中途島號航向越南的東京灣內的洋基站。中途島號的艦載機是第一支對南越境內目標進行轟炸的航艦部隊，他們在當年 4 月就轟炸了西貢西北方黑婆山附近的越共基地。同年 6 月擊落 4 架米格 17 後，「中途島號」的第 2 艦載航空大隊的海

越戰之前的 1964 年，在西太平洋執勤的中途島號航艦。

軍飛行員創下了越戰期間首次空戰勝利的紀錄。

回國進行進一步的現代化改裝後，中途島號在 1971 及 1972 年間回到東南亞繼續戰鬥，並參與了「線衛一」（Linebacker I）及「線衛二」（Linebacker II）行動。這些行動的目標都是為了阻絕北越軍隊在南越展開的復活節攻勢，以期為這場戰爭劃上句號。中途島號搭載的陸戰隊及美國空軍直升機，亦參與了「常風行動」，在 1975 年 4 月共產黨征服南越時，把美國人及越南人救出重圍。

即使中途島號在東南亞的作戰行動告一段落，亞洲其他海域的事態發展亦需要這艘航艦的參與。在美日兩國政府達成協議後，中途島號成為了第一艘前進部署在海外基地的航

1991 年在阿拉伯海航行中的中途島號，拍攝時該艦才剛剛參加完擊潰海珊麾下大軍的「沙漠風暴」行動。

NHHC L File

空母艦。接下來 18 年的時間裡，中途島號及其護衛船艦，還有船艦上的官兵及他們的眷屬，把日本橫須賀視為家園。為遏止可能出現的麻煩，中途島號在 1976 年 8 月北韓士兵在非軍事區殘忍殺害兩名美國陸軍軍官後，隨即發動一次展示實力行動。而在 1970 年代末至 1980 年代，日益挑釁的伊朗及蘇聯行動，亦使得中途島號越來越常被調派到印度洋及北阿拉伯海。

1990 至 1991 年間，中途島號與第七艦隊旗艦藍嶺號，還有艦隊其他船艦及部隊被部署到波斯灣，以對抗伊拉克總統海珊入侵科威特的行動。作為「祖魯戰鬥部隊」（Battle Force Zulu）一員，中途島號對伊拉克及科威特境內目標進行了空襲。1991 年 3 月，在波灣戰爭取得勝利之後，這艘經過戰爭考驗的航艦返回日本。該年秋天，獨立號航艦（*Independence*, CV-62）接替中途島號成為以橫須賀為母港的航空母艦，海軍隨後在 1992 年 4 月將中途島號退役，結束了她在第七艦隊光輝的戎馬一生。

擊機、特種任務機，以及海軍步兵以金蘭灣為基地展開行動。金蘭灣同時也是武器及裝備的大型儲藏區。當時的美國海軍太平洋艦隊司令詹姆斯・「王牌」・里昂上將（James A. "Ace" Lyons）認為，在越戰結束十年後，金蘭灣基地的規模已經擴張了四倍。他提出在越南的軍事存在，讓蘇聯得以「跨坐在南海、麻六甲海峽及東印度洋的關鍵海上交通線。」他注意到，如果美國海軍對此坐視不理，不作任

何行動去反制的話，這無異於將「把我們的朋友及盟友，拱手相讓予蘇聯在政治及軍事方面的恫嚇，以至最終的壓迫。」

蘇聯與越南海軍同樣對第七艦隊船艦造成威脅。1982 年 6 月，一艘被認為屬於越南海軍的船艦向美軍開火，一發機槍子彈貫穿了「特納・喬伊號」驅逐艦（Turner Joy, DD-951）軍官起居室的艙壁。當時該艦正在南海與「史特雷特號」飛彈巡洋艦（Sterett,

DN-SN-8409735

在海上無數天艱苦航行倖存下來後，這些為了逃避共產黨在中南半島殘酷統治的越南船民，正準備登上第七艦隊旗艦藍嶺號，他們其後最終會在亞洲某地重新定居下來。

CG-31）及「林德‧麥科密克號」飛彈驅逐艦（Lynde McCormick, DDG-8）一同執勤。當「林德‧麥科密克號」駛近肇事的船艦時，亦同樣遭受攻擊，使得該艦不得不以警告射擊還火，使得對方停止射擊。

當第七艦隊正在應付蘇聯及越南海軍持續在南海升高的存在力量時，艦隊同時執行了其他方面的任務，包括拯救在公海遇難的民眾。1980 年代早期，數以萬計被稱為「船民」的難民，紛紛擠上人滿為患，而且普遍不適合在遠洋航行的戎克船或漁船逃離經濟匱乏以及充滿政治迫害的越南。舉例而言，「福克斯號」飛彈巡洋艦（Fox, CG-33）、「布魯頓號」（Brewton, FF-1086）[3] 及「烏埃勒號」巡防艦（Ouellet, FF-1077），在 1982 年 5 月僅僅 5 天的巡弋期間，就救起了 378 名越南難民。

蘇聯在這段期間，亦強化了與日本接壤地區的陸海兵力。1968 年，蘇聯就將在遠東的海軍步兵從團級擴編至師級規模。為了增加對日本的壓力，蘇聯在 1978 年首次將部隊派駐到二戰行將結束時佔領的南庫里爾群島（Southern Kurile Islands，日本所指的北方領土），並在當地構築陣地。隔年，莫斯科將「明斯克號」反潛航艦、「伊凡‧羅科夫號」大型登陸艦以及具有先進反艦能力的 Tu-22M 逆火式戰略轟炸機派駐到海參崴。1982 年，蘇聯艦隊的兩棲作戰艦以及配備夜視器材的海軍步兵，在蘇聯遠東地區舉行了大規模夜間演習。蘇聯海軍在日本海／東海舉行了實彈射擊演習，逆火轟炸機則演練了模擬攻擊第七艦隊船艦的行動。蘇聯太平洋艦隊還在太平洋的廣闊海域舉行了潛艦戰及反潛作戰演習。這些演習展示了蘇聯太平洋艦隊在遠離俄羅斯核心地帶的公海行動的強大能力。

當一架 Su-15 戰鬥機在庫頁島附近擊落了一架大韓航空的波音 747 巨無霸客機，令機上包括一位美國國會眾議員在內，總數 269 名乘客及機組人員遇難死亡後，蘇聯在遠東地區日益提升的軍事威脅變得更為有感。蘇聯飛機及船艦採用了飛機低空掠過及具挑釁性的船隻機動，妨礙派到現場

3　編註：諾克斯級巡防艦，1999 年 9 月 29 日移交中華民國海軍，命名為濟陽級鳳陽艦（FFG-933）。

NHHC L. File

1980 年代初的蘇聯海軍基輔號反潛航艦。

的日本及美軍人員進行打撈的工作。在其中一次遭遇中,一艘蘇聯船艦迫近到「史特雷特號」巡洋艦的艦艉 30 英尺範圍內,直到最後一刻才轉舵離開以避免碰撞。

蘇聯太平洋艦隊持續增加在日本及南韓附近水域行動的頻率。1985 年春,一個由「新羅西斯克號」直升機航艦（Novorossiysk）、4 艘巡洋艦、2 艘巡防艦及 2 艘後勤船艦組成的蘇聯

海軍航艦戰鬥群,就在沖繩附近及往北進入日本海／東海數個地點舉行演習。接下來的一年,「明斯克號」及「基輔號」航艦（Kiev）、12 艘水面艦及 16 艘潛艦參與了在庫里爾群島附近舉行的一場重大演習。在整個 1980 年代,蘇聯作戰飛機多次入侵日本的防空識別區,甚至闖入了阿拉斯加空域。第七艦隊司令大衛・傑瑞米亞中將（David Jeremiah）在 1987 年表示,

在海參崴港內的一艘蘇聯海軍現代級飛彈驅逐艦。

蘇聯軍事力量在遠東的擴張，包括這些手持 AK-47 的海軍步兵，令美國海軍將領們擔憂不已。

在當年出現了「更多具挑釁性的空中活動，（以及）在空防方面更為咄咄逼人的態勢」，而且這些狀況遠比之前還要多很多。

從 1976 到 1986 年之間，蘇聯太平洋艦隊的海軍船艦數量從 775 艘上升到 840 艘，包括 120 艘攻擊潛艦及具有飛彈發射能力的潛艦、85 艘巡洋艦及其他主要水面作戰艦。到 1984 年，幾乎一半的蘇聯海軍船艦都是在太平洋運作的。據穆拉維耶夫指出，1985 年蘇聯太平洋艦隊「很有可能是蘇聯四大艦隊當中最為強大的」，而且也容許蘇聯在冷戰時期海軍戰略對抗上，充滿自信地迎戰對手。里昂上將表示，在 1980 年代中期，蘇聯太平洋艦隊 500 艘運作中的水面作戰艦及潛艦，包括先進的「基洛夫級」核動力飛彈巡洋艦、「現代級」（Sovremenny-class）及「無畏級」（Udaloy-class）飛彈驅逐艦，以及「阿庫拉級」攻擊潛艦（Akula-class）。1,600 架蘇聯飛機，以及三分之一的蘇聯中程彈道飛彈部隊都被部署在遠東地區。在 1980 年代中期，蘇聯在東北亞的軍力是令人敬畏的。

日本海上自衛隊補上戰力空檔

除了越戰結束後美國海軍艦隊戰力縮減之外，1979 年中東地區的部署無疑讓第七艦隊的負擔變得更為沉重。在蘇聯遠東軍事及海軍實力令人擔憂地成長之時，再加上區域內其他令人擔憂的事態出現之際，第七艦隊還得分出重要的部分戰力到距離日本及菲律賓基地千里之外的印度洋及波斯灣執勤。實際上，到了 1979 年，參聯會已經把整個印度洋納入第七艦隊的行動責任區。

1970 年代晚期，卡特政府已經考慮實行「旋轉戰略」（swing strategy），在戰爭來臨之時將第七艦隊從太平洋抽走。前海軍軍令部長朱瓦特上將在他退休後撰寫的回憶錄《監視守望》（On Watch）中寫道[4]，在大部分印度洋及太平洋水域當中，美國海軍並不具備「相應的戰力」。

在越戰期間及戰後，美國政府也採取了措施來糾正這個國防安全上的失衡狀態，呼籲亞洲盟友增加他們在遠東軍事責任方面的力量。1969 年7 月，尼克森總統在關島宣佈，美國

4　編註：台灣出版的繁體中文版，命名為《美國海軍上將朱瓦特回憶錄》。

從今起會為盟友提供軍事援助，但期待他們承擔自身國防的主要責任。在遠東地區非共產主義國家中的主要國家，特別是日本，增加了他們對共同防禦方面的貢獻。得益於第七艦隊從1945年開始提供的安全保障，日本、南韓及台灣在分擔戰略責任與提供自身軍事資源方面，已變得更為準備充足。他們的市場主導經濟變得更為繁榮，而共產國家的經濟卻開始崩潰了。歷史學家米高・霍華德（Michael Howard）的觀察令人深信，資本主義在1980年代「已經將國際社會轉變到了一個程度，讓馬克斯–列寧主義政權看起來像是在類似侏儸紀公園裡的恐龍——不管是體積、殘暴、無力自我調適，還有微不足道的腦袋。」

1978年11月，美國及日本官員共同制定了《日美防衛合作指南》（Guidelines for Japan–United States Defense Cooperation），主要作為聯合行動規劃及演習的指南。這也許有點

1969年7月，南越總統阮文紹與美國總統尼克森在關島會面。在那個時候，尼克森宣佈了美國的新政策，鼓勵區域內盟友在地面作戰方面承擔更多的責任。

誇大其辭,但據日本分析家前田哲男所言,這個指南「讓安保條約實施起來,儼如北大西洋公約組織的美日版本。」1981 年 5 月,鈴木善幸首相訪問華府,並宣佈「由於美國海軍第七艦隊需要承擔印度洋及波斯灣的安全,它不應該留在日本周邊海域。」鈴木承諾,日本的海空兵力足以保衛日本國土周邊數百英里外的區域,以及一千海里外的海上交通線。

再次強化太平洋的海上優勢

在冷戰的最後幾年,美國海軍高層下定決心,要反制蘇聯海軍在全球氣勢迫人的行動,特別在西太平洋地區。一個新的「海洋戰略」為這方面的努力提供了指引。這個新的戰略強調前進部署一支強大的美國海軍艦隊,並與其他國家的武裝部隊相結合——美國海軍高層正在打定蘇聯易

海沃德上將在 1978 至 1982 年出任海軍軍令部長,受啟發並發展出後來的「海洋戰略」。由於太平洋對美國的重要性,以及美國對亞洲盟友的承諾,海沃德極為強調在亞洲對抗蘇聯的威脅。

受攻擊的海上兵力的主
意。在這個戰略概念下，
東北亞的任務被指派給予
第七艦隊。海軍同時採
取行動，以確保在北太平
洋水域能幾近連續不斷地
部署一艘具全般戰力的航
艦。在「全球海軍部隊駐
留 政 策 」（Global Naval
Force Presence Policy）　之
下，海軍交錯安排或延遲
了那些沒有執行前進部署
的航艦的維修保養及訓練
週期。

　　提出這項全球海洋戰
略的海軍高層在首次探
索這個概念時，是考慮
到北太平洋的軍力平衡。
第七艦隊司令，以及在

海軍軍令部長瓦金上將與雷曼海軍部長一同在幕後大力推
動了雷根政府支持的「海洋戰略」，以及一支更大規模的
「600 艦海軍」計劃。

1975 到 1978 年擔任太平洋艦隊總司
令的托馬斯・海沃德上將（Thomas B.
Hayward），提倡了一個新方向以應對
蘇聯。他歸納總結後指出，卡特政府
集中美軍軍力在歐洲及大西洋，以應
付未來與蘇聯交戰的計劃，無異於把
太平洋拱手相讓給敵人，還會損害美
國與亞洲盟友的關係。日本與其他亞
洲盟友都擔心華府會「犧牲東方拯救

西方」。海沃德斷言，在太平洋採取
攻勢主義的戰略，將更符合美國及盟
友的利益。海沃德與其他戰略家沒有
忘記，日本在攻擊蘇聯遠東側翼時的
失利，如何容許蘇聯把兵力集結在莫
斯科的大門前，讓蘇聯得以擊敗希特
勒大軍的進攻。這位洞察力驚人的將
官同時認為，一個進取性的戰略能幫
助重建海軍，同時還可以加強提振美

軍官兵因經歷越戰而低落的士氣。這樣的戰略方向，還可以對日本及南韓重申美國對共同防禦條約的承諾。

海沃德的這個戰略概念，建基於他了解蘇聯海軍在整個西太平洋，以至遠抵印度洋的部署及艦隊行動的後勤供應都依賴著海參崴、堪察加彼得羅巴夫洛夫斯克（Petropavlovsk），以及少數在蘇聯偏遠的北太平洋海岸線上易受攻擊的海軍基地。他建議在戰爭爆發時，美國海軍應當摧毀這些基地，還有堪察加半島上的防禦力量。他同時也推論出，美國對蘇聯遠東地區的威脅，足以迫使蘇聯艦隊從廣闊的太平洋上撤出，以集中防衛東北亞。在美國海軍戰爭學院（Naval War College）的研究結果同樣支持這個推論。在海沃德支持之下，這個概念最終在其後繼者，詹姆士·瓦金上將（James B. Watkins）任內演變成新的全球海洋戰略。

1984 年 3 月，海軍部長約翰·雷曼表明，當與蘇聯開戰時，太平洋地區的海軍行動其中一個戰術目標，就是「當逆火轟炸機（蘇聯的反艦轟炸機）還在地面時解決他們」。瓦金上將在同年詳細說明這個戰術目標：「在西北太平洋⋯⋯假如我們腳程夠迅速的話，可以對阿列克謝耶夫卡（Alekseyevka，蘇聯在堪察加半島上的逆火轟炸機基地）展開快速的攻擊。我們可以投入一艘航艦在該處與空軍一同進行打擊。我們知道該如何進行⋯我們與空軍一同測試過對堪察加彼得羅巴夫洛夫斯克及阿列克謝耶夫卡發動聯合攻擊的能力。」

但是美國海軍高層並不單單把作戰戰備，視為把第七艦隊及其他單位部署到蘇聯後花園的唯一一個好理由。海軍高層同樣希望非常清楚地表明，透過展示武力及作戰能力，美國

DN-ST-9109302

在二戰時期的戰艦裝上戰斧巡弋飛彈，強化了冷戰後期的第七艦隊。

一架掛載了 AIM-54「鳳凰」長程空對空飛彈的 F-14 雄貓式戰鬥機。

Author File

及其亞洲盟友在任何衝突當中都能享有海洋優勢；還有希望透過展示實力，能盡最大可能避免戰爭爆發。里昂上將在 1986 年指出，如果蘇聯能夠「接收這個訊息（美國及其盟友在區域內的軍事力量）──這也是我們希望他們能接收到的，我們就能在不開一槍的情況下，提升我們的嚇阻能力。」海軍高層還希望取得蘇聯現有最精良的作戰艦、飛機及武器的關鍵情報，以便模擬當美軍在蘇聯最重要的基地附近行動時，他們會作何反應。

強化第七艦隊

假如第七艦隊沒有在 1970 年代晚期至 1980 年代初籌獲先進船艦、飛機，以及在武器系統上強化的話，想要靠近蘇聯太平洋海岸線執行作戰行動是不可能的。海軍為艦隊提供了能搭載核彈頭或一般彈頭的「戰斧」

洛杉磯號攻擊潛艦，一級令人敬畏的核動力攻擊潛艦的首艦，正在通過關島附近水域。

一枚先進的魚叉反艦飛彈，正從一艘作戰艦的方陣近迫武器系統下方位置發射出去。

巡弋飛彈。這種巡弋飛彈讓艦隊的潛艦及水面艦都能殲滅早前只能透過航艦艦載機攻擊的蘇聯指揮所或雷達設施。「魚叉」反艦飛彈強化了水面艦隊摧毀敵方作戰艦的能力。艦隊同時引入了最新型號的全天候、晝夜均能出動的 A-6「闖入者式」攻擊機、新的 F/A-18「大黃蜂式」戰鬥攻擊機以及 EA-6「徘徊者式」電子作戰機。「徘徊者式」能夠干擾敵方通訊，還可以發射高速反輻射飛彈，以摧毀敵方雷達及防空飛彈陣地。

由於新的海洋戰略預期會在蘇聯的側翼發動兩棲行動，海軍讓4艘「愛荷華級」戰艦重新服役，除了原來的16吋砲外，還新裝設了「戰斧」巡弋飛彈。新的「惠德比島級」船塢登陸艦（*Whidbey Island*, LSD-41 Class）及「胡蜂級」兩棲突擊艦（*Wasp*, LHD-1 Class）、還有氣墊登陸艇（landing craft air cushion, LCAC）都強化了艦隊這方面的能力。

可是，要在靠近蘇聯國土的水域作戰，就意味著特遣艦隊的防禦能力要夠強，還有看得夠遠。海軍為艦隊引入了先進的艦載雷達，以及 E-2C「鷹眼式」空中預警機，這些新裝備都能在極遠距離發現敵機及敵方飛

彈。當這些系統發現敵機迫近時，在對方能發射搭載的反艦飛彈之前擊落它們就變得極為關鍵，正如瓦金上將的說法，「在弓箭手放箭前射死他。」F-14「雄貓式」制空戰鬥機裝備有新的 AIM-54C「鳳凰」空對空飛彈，讓艦隊得以準備好在數百英里之外擊落多架敵方的攻擊機。配備了革命性的「神盾戰鬥管理系統」的「提康德羅加級」飛彈巡洋艦（*Ticonderoga*, CG-47 Class）、驅逐艦及巡防艦構成了下一道防線。在這些防禦火力下倖存的敵方攻擊機接著還得面對艦載的「方陣近迫武器系統」（Phalanx Close-In Weapon System, CIWS），這個武器系統能在每分鐘發射 3,000 發貧鈾彈。

第七艦隊最大的擔憂之一，就是蘇聯海軍那些以堪察加半島為基地，噸位大而且能力亦強的攻擊潛艦及彈道飛彈潛艦。為了應付這個威脅，海軍把一連串自1970年開始出廠，艦體大而且水下靜音性能亦佳的「洛杉磯級」攻擊潛艦（*Los Angels*, SSN-688 Class）部署到太平洋。海軍部把「斯普魯恩斯級」驅逐艦（*Spruance*, DD-963 Class）及「派里級」巡防艦（*Oliver Hazard Perry*, FFG-7 Class）部署到遠東的第七艦隊。這兩級船艦均

海上補給，Walter Brightwell 所繪，油畫布。

配備能搭載被稱為「輕型空中多目標系統」（Light Airborne Multipurpose System, LAMPS）的SH-60B海鷹直升機。這些直升機都特別針對強化了搜索雷達、水下聲納浮標及魚雷。在配備了更高階的偵察及數據處理裝備套件後，固定翼的S-3「維京式」反潛機還能掛載「魚叉」反艦飛彈、炸彈、水雷及魚雷。

在「海洋戰略」指導下，再加上海軍部長雷曼的「600艦海軍」計劃的強化，還有一系列致命的新武器與裝備，第七艦隊在冷戰最後數年於東北亞的存在成為廣為人知的事實。

第七艦隊果敢的作戰行動

當海軍部在華府更動「海洋戰略」時，太平洋艦隊的眾指揮官開始使用第七艦隊的日常運作、演習，以及「航行自由」（Freedom of navigation, FON）行動，來估量蘇聯對於美國及盟友在東北亞日漸增多的海軍展示會作何反應。1981年5月，第七艦隊及日本海上自衛隊，在日本海／東海舉

行了十年來首次的海上演習。與此同時，一支由「沃德爾號」（Waddell, DDG-24）及「理查德・愛德華茲號」（Richard S. Edwards, DDG-950）飛彈驅逐艦、「哈利・希爾號」驅逐艦（Harry W. Hill, DD-986）及「密西比倫號」艦隊給油艦組成的特遣支隊，在鄂霍次克海執行了一次為期兩天的航行自由任務，以「展示在這個區域的海上自由。」當年9月，「威廉・史坦德利號」飛彈巡洋艦（William H. Standley, CG-32）及「樂活號」巡防艦，監控堪察加彼得羅巴夫洛夫斯克的蘇聯潛艦基地外的海軍活動。

蘇聯假如在1981年的時候還不確定美國是否已經在亞太地區啟用了新的行動方略的話，翌年美國海軍的攻擊潛艦開始在鄂霍次克海部署並行動時，蘇聯應該不會再對此有任何的疑問了。1982年2月，「珊瑚海號」航艦及其他13艘海軍船艦在日本海／東海執行了一次大型演習。數月之後，「樂活號」巡防艦又一次在堪察加彼得羅巴夫洛夫斯克附近，美國認為是國際水域的位置執勤，但蘇聯堅決主張該處是他們的領海。蘇聯船艦及飛機不斷騷擾這艘巡防艦，並傳達了「樂活號」應該離開該區域的

訊息。該年秋天，美國海軍在阿拉斯加外海自二戰以來最大規模的船艦正在集結當中，「企業號」及「中途島號」航艦戰鬥群在堪察加半島以東450英里處執行飛行任務。在該年年末的「果仁贈禮宴」演習（Exercise Kernal Potlatch）當中，又一次首開冷戰以來的先河：美國海軍、美國海軍陸戰隊及加拿大武裝部隊在西阿留申群島的阿姆奇特卡島（Amchitka）舉行了兩棲突擊演習。

為了確保不光是蘇聯高層，連北韓領導人也能認知到他們在東北亞面對的美國及盟友的兵力及戰鬥能力，1983年在朝鮮半島及鄰近海域，19萬名美韓軍人執行了年度的「團隊精神」演習（Team Spirit exercise）。在第七艦隊司令的作戰管制下參與這次演習的，就包括「中途島號」及「企業號」航艦戰鬥群。

1983年3月及4月，上述兩艘航艦，再加上「珊瑚海號」及另外39艘美軍作戰艦，在阿留申群島附近海域舉行了「艦隊演習83」（FleetEx 83）。海軍高層希望再次加強艦隊在該區域的存在，看看蘇聯會有什麼反應。太平洋艦隊司令席維斯特・福雷上將（Sylvester R. Foley）表示：「我肯定我們又一次

NHHC L File

1987 年 2 月，遊騎兵號航艦從加州聖地牙哥出港。前一年，這艘航艦在沒有通訊的情況下從美國前往東北亞，使得蘇聯人對於她的位置全然被蒙在鼓裡。

給了蘇聯人一個驚喜，還給了他們傳達一個訊息，那就是我們的部署可沒那麼容易被預測到。」

第七艦隊在1984年仍然十分忙碌。5月，「樂活號」巡防艦在日本海／東海十分接近蘇聯領土的海域偵巡。該年最後幾個月，美軍及日軍船艦還有陸戰隊一同在北海道，日本在北方最大也最接近蘇聯佔領地的島嶼，執行了兩棲作戰操演；美國海軍與日本海上自衛隊也在沖繩附近舉行了大規模演習；「中途島號」及「卡爾文森號」（Carl Vinson, CVN-70）航艦戰鬥群也在日本海／東海，距海參崴50英里範圍內的海域巡弋；「史特雷特號」飛彈巡洋艦及「約翰楊號」驅逐艦（John Young, DD-973）就進入了鄂霍次克海執行航行自由任務。

從1985年2月開始，超過20萬名美韓海、空、陸軍人員參與了年度的「團隊精神85」演習（Team Spirit 85 exercise），期間海軍的軍事海運司令部就把美國陸軍第7步兵師的一個旅投射到南韓。1986年，美國海軍開始更為頻繁地在北太平洋及其他靠近蘇聯遠東領地的水域行動及演習。1986年前半，「柯克號」及「法蘭西斯·哈蒙德號」（Francis Hammond, FF-1067）巡防艦就鄰近海參崴附近水域偵巡。

為了查明一個航艦特遣艦隊能否在靠近蘇聯水域行動而不被發現——「海洋戰略」的一個關鍵因素——5月

時「遊騎兵號」（Ranger, CV-61）航艦戰鬥群便在進行「電子發射管制」的狀況下從聖地牙哥轉移到西太平洋。當編隊中的船艦都停止電子傳輸的同時，蘇聯人也就對戰鬥群的蹤跡失去接觸。8月及9月，「卡爾文森號」進行了一次維時9日的巡航，行經日本水域、北太平洋、白令海、鄂霍次克海及日本海／東海。「卡爾文森號」似乎沒有被蘇聯所發現。

在「溫森斯號」飛彈巡洋艦（Vincennes, CG-49）及「長灘號」核動力飛彈巡洋艦（Long Beach, CGN-9）同行下，「紐澤西號」戰艦自冷戰以來首次進入鄂霍次克海，並在堪察加半島及庫頁島之間行動。當在蘇聯海空單位近距離監視之下，「紐澤西號」艦長小路易士·葛倫上校（W. Lewis Glenn Jr.）下令座艦減速至20節，並開始了與「溫森斯號」的例行性海上整補作業。「紐澤西號」隨即加入在白令海的「遊騎兵號」及「星座號」航艦，參與了冷戰以來首次在該海域舉行的雙航艦演習。1986年後半，日本及美國海軍在北海道及本州外海舉行大規模演習。同一時間在地球的另一端，北約海軍亦舉行了「北方結合」演習（Northern Wedding），是冷戰時間最大規模的演習之一。美國海軍及海上盟友可說是非常徹底地檢證了「海洋戰略」在全球範圍的可行性。

1986年11月，行事進取的太平洋艦隊司令里昂上將下令由他麾下的第三艦隊負責指導北太平洋的行動。由1987到1989年間，陸戰隊及海軍回到了白令海及阿留申群島那寒冷的海水與荒蕪的島嶼測試他們在這些殘酷環境下的作戰能力。在這些行動當中，海軍的F-14戰鬥機多次在阿留申群島的艾達克（Adak）外執勤，在白令海攔截蘇聯派來的巡邏機，並將其護送遠離水面艦部隊。在「射星行動」（Operation Shooting Star）當中，A-6E闖入者式攻擊機有24次直接飛向堪察加半島，直到距離蘇聯太平洋艦隊在堪察加彼得羅巴夫洛夫斯克的基地只有100英里才轉頭離開。1980年代結束時，海軍已經完成了「海洋戰略」的一個關鍵目標：迫使蘇聯海軍從亞太海域撤離，集中在日本海／東海及鄂霍次克海採取守勢。

更進一步擴展
美國盟友及海外利益

執行前進戰略時，同時還讓海軍達成了增進與盟友間的合作，以及

促進他們的海軍資源成長的目標。1980 年代初，日本還沒有全然警覺到蘇聯在東北亞的軍事力量成長，也因此沒有投入足夠的資源去應對這個威脅，美國海軍高層便對此表達擔憂。1981 年太平洋司令部總司令羅伯特‧萊曼‧約翰‧朗上將（Robert L.J. Long）便告知國防部長溫伯格（Caspar Weinberger）說：「日本應該擁有更高的威脅意識……這對於部隊改進十分關鍵。」

在這個十年結束時，日本終於有了一個對當前威脅更為清晰的理解，並且作出相應的反應。1980 年代，日本把其國防支出按年增加百分之五，還越來越頻繁與美國海軍一同參與多國演習。美國海軍與日本海自在聯合反潛作戰也變得頗為熟練。兩國海上部隊在把蘇聯海軍限制在日本海／東海及鄂霍次克海之內的合作表現尤為出色。冷戰結束之際，日本海上自衛隊操作著 81 艘在科技方面極為先進的船艦及潛艦，還有數以百計架的飛機，而且不管在任何方面而言，都是一支藍水海軍。參聯會主席小威廉‧克羅海軍上將（William J. Crowe Jr）在 1986 年就表示：「日本自衛隊（已經）到位了，他們狀況很好而且知道該做些什麼。」

與其 1980 年代的經濟奇蹟相符的是，大韓民國在那段時間也強化了海軍的戰力，以保衛其在朝鮮半島的海上側翼，以及與美國跟盟國海軍一同行動，以對抗潛在的侵略者。為了履行美國的條約承諾，第七艦隊在很多場合都會把官兵部署在朝鮮半島附近，以表達對大韓民國的支持。舉例而言，「中途島號」及「尼米茲號」（Nimitz, CVN-68）航艦戰鬥群為了使北韓打消打算擾亂 1988 年漢城奧運的想法，在那段期間就前往日本海／東海展示其兵力存在。

蘇聯察覺到美國海軍與東北亞盟友持續增長中的合作。在 1988 年蘇聯海軍副總司令弗拉基米爾‧希多洛夫上將（Vladimir Sidorov）就指出，「值得注意的是，美國的盟友，日本以及南韓的部隊，持續增加…參與（在日本海／東海）的演習。」

隨著把北太平洋的任務交予第三艦隊，再加上日韓海上部隊的作戰能力持續成長，第七艦隊把注意力轉到亞太海域及印度洋其他同樣重要的任務。1986 年，十萬名美國與泰國陸、海及陸戰隊官兵、30 艘船艦、以及上百架飛機在柬埔寨邊境舉行了「金色

眼鏡蛇86」演習（Cobra Gold 86），
這也是越戰結束以來最大規模的兩國
聯合軍事演習。同一年，美國與菲律
賓海軍在菲律賓完成了15天的兩棲登
陸演習。

改善美國與亞洲國家的關係

與之前多個十年不同，1980年代
的第七艦隊，並不對來自中華人民共
和國的軍事威脅感到擔憂。北京害怕
蘇聯會入侵中國，也許還擔心入侵行
動會動用到核武，因此尋求美國人的
支持。實際上在1986年1月，第七
艦隊與解放軍海軍的作戰艦，便一同
在西太平洋巡弋。在4月，海軍軍令
部長瓦金與中共解放軍海軍總參謀長
劉華清會面。同年11月，里昂上將
搭乘「李維號」飛彈巡洋艦（Reeves,
CG-24），在「歐登多夫號」驅逐艦
（Oldendorf, DD-972）及「倫特茲號」
飛彈巡防艦（Rentz, FFG-46）的陪同
下，訪問了青島（第七艦隊在1940年
代末的母港）。里昂稍後特別提到：
「中國人很明顯在盡一切的努力，要
讓這次訪問成功。他們讓我們覺得自
己就像家庭中的一份子。」1989年，
「鄭和號」航海訓練艦（以15世紀知
名的海軍將領命名，其艦隊一度在南

海及印度洋航行）成為了中共海軍第
一艘出訪美國的船艦，還訪問了夏威
夷。

1979年後，當美國與中華人民
共和國建交之後，華府將第七艦隊從
此前防衛台灣免受大陸攻擊的責任上
釋放出來。但是在過去22年來，美
國與台灣之間的互動──第七艦隊在
當中即為出色的表現──已經讓台灣
當地的人民具備自我防衛的能力。台
灣的政府充分利用了這個國家可觀的
經濟財富，在本土生產作戰飛機、戰
車及飛彈，還從海外購入了更多類似
的武器系統。1990年代，中華民國
操作著接近500架作戰飛機及180艘
船艦，而且外島還以長程反艦飛彈、
反潛機及整合式防空系統把自己武器
起來。回想起台灣獨立自主免於中共
控制之初，還有麥克阿瑟那令人印
象深刻的語句，分析師柯剛瑞（Gary
Klintworth）指出台灣曾經是，現在也
是，「打個比方，還是一艘不沉的航
空母艦。」

東南亞的情況也差不多。隨著
1970年代經濟更茁壯發展，以及一
個相對穩定的政治體系，澳洲、馬來
西亞、新加坡、印尼及泰國都支持強
化其國防以及一支小藍水艦隊。到冷

1986 年 11 月，自 1940 年代以來第七艦隊船艦首次訪華，來到青島的美國海軍太平洋艦隊司令里昂上將，接過由中共海軍軍官代表致送的禮物。

DN-SN-8703563

戰結束時，這些東南亞非共產國家擁有 43 艘水面作戰艦與潛艦，還有超過 500 架作戰飛機。

支援菲律賓政府

當第七艦隊在東北亞應付蘇聯威脅的同時，艦隊還在其廣闊無垠的責任區維持和平。1989 年 12 月 1 日，一支 3,000 人的菲律賓武裝部隊在洪納山陸軍上校（Gregorio Honasan）領導下發起軍事政變對抗柯拉蓉（Corazon Aquino）政府，太平洋司令部下令美軍武裝部隊備戰以應付可能的不測。叛軍攻擊了馬尼拉周邊的多個軍事基地，突襲了首都的金融區，還佔領了宿霧機場。

很快柯拉蓉政府便尋求美國援助，華府成立了由位於馬尼拉東北的克拉克空軍基地、第 13 航空軍司令節制的菲律賓聯合特遣部隊（Joint Task Force Philippines）。 在菲律賓特遣部隊司令的作戰管制下，「中途島號」及「企業號」航艦在艦載機於飛行甲板警戒待命狀態下，進入了菲律賓海，並派出了 E-2C 預警機在馬尼拉上空維持 24 小時的偵察飛行。第七艦隊司令小亨利・莫茲中將（Henry H. Mauz Jr.）下令蘇比克灣的海軍及陸戰隊進入戒備狀態，準備隨時執行聯合特遣部隊的命令。來自第七艦隊的美國陸戰隊特種空陸特遣隊（Special Purpose Marine Air-Ground Task Force）的陸戰隊員增援了美國駐馬尼拉大使館的防禦力量。而且，還有兩個兩棲待命支隊（amphibious ready group）準備好將

DN-SN-8703560

1986 年 11 月，第七艦隊訪問青島，美中官兵正參觀中共海軍的戰艦。

非戰鬥人員自這個陷入危機的首都中撤離。在經過溝通了解美國政府在多大程度上支持柯拉蓉總統後，聯合特遣部隊司令下令空軍的 F-4 戰鬥機在菲律賓空軍基地的上方執行戰鬥空中巡邏（CAP）。確信柯拉蓉政府擁有來自美國政府的強力支援之後，叛軍在 12 月 6 日同意停火，菲律賓人民的生活漸漸恢復正常。

總結而言，1970 年代可以說見證了蘇聯海軍力量以及其在亞太區域的影響力，與第七艦隊由於在越南外海及印度洋沉重的任務行動而被削弱的戰力形成一個平行的此消彼長。不過，美國透過與中華人民共和國建立緊密連結，還有鼓勵美國的亞洲盟友承擔更多單方面及多方面防衛的責任來反制蘇聯的威脅。1980 年代，美國開始對蘇聯在亞洲的據點全力出擊、採納了新的「海洋戰略」、強化艦隊的戰力、舉行全面的多國聯合演習、還有把艦隊部署到蘇聯遠東海岸正對外的水域。冷戰在 1989 年結束時，美國及其在太平洋的海軍艦隊從來沒有如此強大過，而蘇聯距離最終的滅亡僅有兩年之遙了。

第七章
從波斯灣到皮納圖博火山

自 1940 年代開始，第七艦隊就在西太平洋、稍後在南海及印度洋捍衛美國的利益。1990 年代這些責任擴張到波斯灣，在當地第七艦隊司令指揮了波灣戰爭，幫忙把科威特自伊拉克獨裁者海珊的手中給解救出來。不過，即使處在中東的戰鬥之中，第七艦隊仍然在孟加拉及菲律賓展開了人道及災難救援的任務。

當伊拉克獨裁者海珊在 1990 年 8 月 2 日入侵位於波斯灣的科威特時，美國海軍一支在遠方的作戰艦隊——

美軍中央司令部轄區。

第七艦隊，又一次收到請求支援的呼喚。1990 年 8 月 16 日，參聯會向第七艦隊司令莫茲中將下達指令，讓其負責統轄所有正在前往波斯灣保衛沙烏地阿拉伯以及區域內其餘美國盟友免受伊拉克攻擊的美國海軍部隊。華府希望由一位擁有指揮艦隊作戰經驗的三星將官出任美國海軍中央司令部司令（U.S. Naval Forces Central Command, COMUSNAVCENT），以處理海軍的事務。不過莫茲在出任新職務的同時，還同時保有他原本第七艦隊的職務。

作為海軍其中一位高階領袖，「漢克」莫茲在 1959 年自美國海軍官校畢業，隨後服役於

沙漠之盾行動期間，第七艦隊司令及美國海軍中央司令部司令莫茲中將。

「約翰・波里號」（*John A. Bole*, DD-755）[1]及「布魯號」（*Blue*, DD-744）驅逐艦。作為越戰時期第5河川支隊內河巡邏艇的軍官，他獲頒一枚加飾代表英勇的「戰鬥V字」銅星勳章。之後他繼續以其在水面作戰圈子以及海軍軍令部長辦公室無數職務的優秀表現，讓上級對他留下了深刻印象。在歐洲盟軍最高司令部（Supreme Headquarters, Allied Powers Europe）服役一段短時間後，他轉到太平洋艦隊擔任參謀。1986年擔任第六艦隊航艦戰鬥群司令時，他規劃並執行了航艦艦載機針對利比亞的「黃金峽谷行動」（Operation El Dorado Canyon）打擊任務。到1988年，他便執掌了第七艦隊司令的兵符。

華府敲定由第七艦隊司令統領在波斯灣及周邊水域所有海軍作戰行動的做法，反映出海軍的冷戰思維，那就是由一名戰鬥部隊指揮官指導來自太平洋或地中海／大西洋的主要海軍作戰部隊。當時被視為次要戰區的波斯灣，負責指揮一小撮船艦的只是一名低階海軍軍官。海軍同樣抗拒在和平時期安排部隊常駐在中央司令部的編制下，這個司令部通常都是由一位總部在佛羅里達的陸軍將官指揮。結果，莫茲中將既沒有辦法得益於戰前與美國中央司令部司令諾曼・史瓦茲柯夫上將（Norman Schwarzkopf）的互動，也沒有辦法讓自己先行了解史瓦茲柯夫上將對抗海珊侵略的作戰計劃。

1　編註：該艦曾於1952年至1960年多次納編台海巡邏艦隊，最後於1974年以美國援售艦的形式轉售中華民國，以作為零件拆解的方式維持海軍同型艦的運作。

NH 97715

1990 至 1991 年間，波灣戰爭開戰之前在海上航行的獨立號航艦。

不夠完善的冷戰時期指揮架構，同樣遲滯了莫茲出任在中東的新職位。太平洋司令部告知莫茲，在得到參聯會正式發出命令指派他擔任美國海軍中央司令部司令之前，他不能先行前往中央司令部的戰區。結果在 8 月 14 日，也就是「沙漠之盾」行動（Operation Desert Shield）開始後一個星期，莫茲本人依然待在迪亞哥加西亞島。他直到 8 月 15 日才飛往波斯灣

的巴林。而且，他還得在靠泊於當地的「拉薩爾號」指揮艦（*LaSalle*, AGF-3）上行使指揮權，因為他的旗艦「藍嶺號」直到 9 月 1 日才從日本抵達當地。

儘管面對這些複雜的情況，莫茲仍然在史瓦茲柯夫上將的行動指導下，協調海軍力量保衛那些從迪亞哥加西亞島部署到前線的海上預置船艦，還有那些從其他海域前往作戰區

域的航艦及兩棲戰鬥群。莫茲中將還與之後組成聯軍的國家，如英、荷、加、澳及其他國家的海軍將領建立了聯繫管道。

到了 10 月 1 日，已經有一支強大的艦隊接受莫茲的節制，當中包括「薩拉托加號」（Saratoga, CV-60）、「甘迺迪號」（John F. Kennedy, CV-67）及「獨立號」航艦戰鬥群，每個戰鬥群都有一個戰力達 75 架飛機的航空聯隊，以及 5 到 7 艘巡洋艦及驅逐艦、「威斯康辛號」戰艦、以佐世保為母港的「迪比克號」兩棲船塢運輸艦（Dubuque, LPD-8）、以及 17 艘載有陸戰隊步兵、直升機以及海獵鷹式垂直／短距離起降戰鬥機的兩棲作戰艦。「中途島號」在「碉堡山號」飛彈巡洋艦（Bunker Hill, CG-52）、「歐登多夫號」及「費伏號」驅逐艦（Fife, DD-991）同行下，在 10 月 2 日從橫須賀出發前往戰區。

莫茲中將並沒有閒著，他立即集

1990 年 9 月，美國海軍戈茲博羅號飛彈驅逐艦（Goldsborough, DDG-20）上的一名水兵正在把他的 50 機槍指向伊拉克商船扎諾比亞號（Zanoobia），當時這艘商船正接受聯軍海上部隊的登艦臨檢。

中艦隊執行最迫切的任務：協調各國船艦執行對伊拉克進出口貨品的禁運──實際上除了名稱不同，其實就是實質的海上封鎖。正如 1990 年 8 月 6 日通過的聯合國安理會「第 661 號決議」所言，禁運的目的是透過切斷伊拉克的外國軍火彈藥供應，以削弱伊拉克的軍事力量，最終迫使海珊將部隊撤出科威特。8 月 17 日，美國海軍開始海上攔截行動。當聯合國安理會「第 665 號決議」通過後，12 國海軍的作戰艦也加入了禁運巡邏的行列。莫茲中將負責組織這次國際協作行動的工作。在一個月內的多次會議之中，參與行動的多國海軍確立了通用的攔截程序，劃定了覆蓋超過 25 萬平方英里海域的巡邏區域，還處理了交戰守則、登艦技術及情報共享的安排。

一次典型的海上禁運行動發生在 1990 年 10 月 8 日，當時美國海軍「里森納號」巡防艦（Reasoner, FF-1063）、英國海軍「戰斧號」驅逐艦（Battleaxe）及澳洲海軍「阿德萊德號」巡防艦（Adelaide）在阿曼灣攔截了伊拉克商船「艾 - 瓦斯蒂號」

（Al Wasitti）[2]。雖然盟軍指揮官已經透過無線電要求對方停船，而且聯軍作戰艦也開火射擊商船艦艏前方示警，但伊拉克商船船長拒絕減速或停船。最終，英軍的山貓直升機在該艦上空盤旋，隨後皇家海軍陸戰隊員採用快速繩降的方式登上甲板進而控制了這艘商船。隨後來自美國海岸防衛隊的執法分遣隊（law enforcement detachment）便登艦確認該艦沒有搭載違禁品。只有完成了以上程序後，特遣隊指揮官才准許「艾瓦斯蒂號」繼續航行並進入港口。

莫茲的艦隊還得保護那些運送裝甲戰鬥車輛、彈藥、燃料、裝備及為聯軍將補給運到沙烏地阿拉伯的沙漠去的運輸船。以美國本土為基地的戰備後備部隊（Ready Reserve Force）船艦、快速海運艦、海上預置船艦以及由軍事海運司令部掌控的租用商船，都需要能暢通無阻地進出波斯灣三個關鍵港口：達曼（Damman）、達蘭（Dhahran）及朱拜勒（Jubail）。在莫茲指揮的 60 艘美軍作戰艦護衛之下，一支由 173 艘船艦組成的運輸艦隊，

2　譯註：雖然原文稱「戰斧號」為驅逐艦，不過文中的並非指二戰後完工服役，屬於「武器級」（Weapon Class）的「戰斧號」，而是 1980 年進入現役，屬於 22 型的「戰斧號」巡防艦。

史丹利・亞瑟中將，第七艦隊司令及美國海軍中央司令部司令，在「沙漠風暴」行動（1991年1至3月）期間負責指揮美軍及聯軍海軍部隊。這次行動是美國軍事史上最為成功的戰役之一。

在「沙漠之盾」行動第一階段期間就為前線送達了超過100萬噸裝備、13.5萬噸補給，以及180萬噸石油產品。

1990年深秋，聯軍決定以軍事行動將海珊的部隊逐出科威特。在一次規模宏大到足以名留史冊的行動當中，軍事海運司令部調派了111艘船艦，把部署在德國並擁有大量戰車的美國陸軍第7軍，以及來自美國本土

的額外兵員與裝備，都運到沙烏地阿拉伯。由於莫茲相信他在波斯灣的「祖魯戰鬥部隊」的航艦兵力足以應付來自伊拉克的任何空中威脅，因此他把「獨立號」航艦及其護航船艦都調派進波斯灣內。從橫須賀經一個月航程而來的「中途島號」特遣艦隊，在11月1日接手了「獨立號」在波斯灣的戰鬥位置。在接下來兩個半月的時間，隸屬「中途島號」航空聯隊的飛行中隊，在沙烏地阿拉伯及阿曼的空域進行訓練，還與美國空軍及聯軍部隊一同完成了一系列多航艦部隊執行的「反射鏡」打擊演習（Mirror-image Strike Exercise）。「中途島號」還參與了在沙烏地波斯灣舉行，代號「雷霆迫近」（Imminent Thunder）的多國兩棲登陸演習。

當史丹利・亞瑟中將（Stanley R. Arthur）在1990年12月1日，在例行性輪調安排下成為第七艦隊司令及美國海軍中央司令部司令後，他很清楚自己將會帶領艦隊投入戰鬥。亞瑟在東南亞已經飛過無數次的作戰任務，並在過程中取得了海軍傑出服役勳章、戀績勳章、傑出飛行十字勳章及其餘各種勳獎。這位海軍飛行員在1980年代曾出任海軍中央司令部司

令，因此他對這個區域並不陌生。

　　亞瑟跟莫茲一樣，都盤算考量過海軍及陸戰隊在這場戰爭應該採取何種作戰方式，而其中一個被他們兩位刪去不用的選項，就是在科威特海岸進行兩棲突擊。在波斯灣北部複雜的地理環境，加上近岸水雷區的存在，還有集結在附近強大的伊拉克裝甲部隊與精銳的共和衛隊，都讓亞瑟擔心造成嚴重的海軍及陸戰隊傷亡，因而打消了兩棲作戰的想法。不過亞瑟及莫茲都認為，在約翰‧「蝙蝠」‧拉帕蒂中將（John B. "Bat" LaPlante）指揮下，兩棲特遣艦隊及隨艦的第4、第5海軍陸戰遠征旅，都能作為海上戰略預備隊，還能發揮讓海珊的注意力引離其沙漠側翼的關鍵作用。而自那個方向而來的，就是美國陸軍第7軍的致命一擊。

波斯灣內的戰鬥

　　1991年1月17日清晨時分，聯軍在伊拉克發動了一次摧枯拉朽的空中突擊。從環繞阿拉伯半島的美軍戰艦、巡洋艦、驅逐艦及潛艦發射的戰斧巡弋飛彈，進入了伊拉克空域並「砰」的一聲命中了在巴格達或其他地點的目標。在二戰以來最大規模的空中打擊當中，從部署在波斯灣及紅海的「中途島號」及其餘5艘航艦上起飛的攻擊機群，以及來自美國空軍、陸戰隊與聯軍飛行中隊，都把吊掛的炸彈投擲在伊拉克及科威特境內的敵軍頭上。聯軍戰鬥機亦以迅雷不及掩耳之勢，解決了海珊的空軍。來自「薩拉托加號」第81戰鬥攻擊機中隊（VFA 81）的馬克‧霍士少校（Mark I. Fox）及尼克‧蒙吉洛上尉（Nick Mongillo）使用響尾蛇及麻雀空對空飛彈，各自擊落了一架伊拉克的米格21戰鬥機。

　　敵方的防空武器在「沙漠風暴」行動（Operation Desert Storm）首48小時內，造成了聯軍航空兵力一定程度的傷亡——有10架飛機被擊落，當中包括3架海軍飛機，大多數都是在低空迫近目標時被擊落的。亞瑟中將想起了他在越南當一名攻擊機飛行員時的經驗，睿智地建議手下的飛行部隊眾指揮官，在執行轟炸任務時應當保持在更高的飛行高度，在這個建議被執行後傷亡率幾乎是立竿見影地下降。

　　亞瑟作為戰鬥領袖，其中一個最大的貢獻就是在其上級與他國部隊同僚之間求同存異，讓整個任務最終得以達成。即使中將他希望在「沙漠之

盾」行動期間，能部署海軍飛機密切監視伊拉克軍的佈雷活動，但他對於史瓦茲柯夫上將希望能在聯軍部隊全面完成戰備之前避免激起衝突的指導原則，可謂心領神會。他同樣沒有迫使查爾斯・霍納中將（Charles A. Horner），也就是當時聯軍空軍的「老大」，為海軍戰鬥機劃出一片獨立的防空識別區，這正是亞瑟手下的航艦指揮官所提倡的。亞瑟被他麾下的 F-14 戰鬥機所裝備的敵我識別器，可能不足以應付作戰區域內空中活動過分頻繁的環境為理由所說服。海軍與空軍在目標選擇過程，空中加油的優先順序以及其他事務方面都有意見不合，而亞瑟毫無例外地捍衛了海軍的利益。但是，他沒有讓這些分歧影響到雙方團結一致擊敗敵軍的目標。

「中途島號」、「遊騎兵號」以及稍後加入的「羅斯福號」（*Theodore Roosevelt*, CVN-71）與「美利堅號」航艦（*America*, CV-66），在沒有強固防空及反水面攻擊的前提下，不能進入波斯灣狹隘受限的空間執行作戰任務。伊拉克軍固然是最大的威脅，但僅僅在「沙漠之盾」行動前兩年，伊朗反艦飛彈及海軍船艦就已經攻擊過美軍作戰艦。所以，在波斯灣內活動的航艦及其他船艦均受到多層防禦網的保護。艦載戰鬥機、岸基戰鬥機與空中預警機一同組成了一個無分晝夜，一星期七天不間斷的戰鬥空中巡邏。一支由9

沙漠風暴行動期間，在北波斯灣內的海軍作戰行動。

艘美軍巡洋艦及12艘美、英、澳、荷及義大利驅逐艦與巡防艦組成的艦隊，進一步強化了周邊防護，這些船艦當中大部分都裝備了防空飛彈及方陣近迫武器系統。

由於「提康德羅加級」飛彈巡洋艦具備世上最先進的戰鬥管理系統，「祖魯戰鬥部隊」指揮官丹尼爾・瑪奇少將（Daniel March）便將以橫須賀為母港的「碉堡山號」飛彈巡洋艦作為艦隊防禦的指揮艦。他指派了「碉堡山號」的艦長湯馬士・馬法克上校（Thomas Marfiak）擔任「祖魯戰鬥部隊」的防空作戰指揮官。馬法克動用了「碉堡山號」艦載雷達及通訊裝備，協調統整出灣區內的整個空防系統態勢。海珊唯一一次試探過灣區內聯軍防空保護傘的行動發生在1991年1月24日，這次行動聯軍防空部隊擊落了兩架F-1幻象戰機。

為了將海珊的注意力從部署在與沙烏地阿拉伯接壤邊境沙漠地帶的聯

NHHC L File

以橫須賀為母港的派里級柯茲號飛彈巡防艦，在波灣戰爭中是明星級表現代表。

軍引開，亞瑟中將從1月中開始，就在灣區北部執行了威力強大的空中及水面作戰行動。1月18日，「尼古拉斯號」飛彈巡防艦（*Nicholas*, FFG-47）與兩艘科威特飛彈巡邏艇，就與美國陸軍及英國皇家海軍的攻擊直升機合流，奪取了伊拉克在灣區內的兩個鑽油平台，並俘獲了23名戰俘。

1月24日，從「羅斯福號」起

NHHC L File

在「沙漠之盾」及「沙漠風暴」行動期間的藍嶺號指揮艦。

飛的A-6闖入者式攻擊機群在可魯（Qaruh），科威特的一個沿岸小島——附近水域，發現並攻擊了一艘蘇聯製的伊拉克軍掃雷艦。海軍派出了以橫須賀為母港的「柯茲號」飛彈巡防艦（*Curts*, FFG-38），搭載著一架SH-60B海鷹直升機以及兩架美國陸軍的OH-58D「奇歐瓦」戰搜直升機前往捕捉該艦。在飛機掃射敵艦後，「柯茲號」艦長葛倫・H・蒙哥馬利中校（Glenn H. Montgomery）下令由海豹部隊及水兵組成的登艦小組登上這艘

掃雷艦，並俘虜了22名戰俘。蒙哥馬利隨後派出其餘的海豹部隊登上可魯島，並接受了島上另外29名伊拉克人向聯軍的投降。隨後，海豹部隊在島上升起了科威特及美國國旗，讓這座小島成為「沙漠風暴」行動中第一塊從海珊手上解放的領土。這艘第七艦隊的飛彈巡防艦亦因為她在行動中的表現獲得了海軍單位集體獎章。

與此同時，「祖魯戰鬥部隊」的作戰飛機及水面艦攻擊了在科威特外海，以及在伊拉克與伊朗之間水域的

伊拉克海軍船艦。2月2日，聯軍摧毀或重創了伊拉克海軍全數 13 艘飛彈艇以及絕大多數其餘的海軍艦艇。正如其中一位指揮官的說明，這次作戰行動已經把「海珊的海軍都送到海王尼普頓濕透的雙臂」之中。2月8日亞瑟昭告天下，聯軍已經在北波斯灣確立了制海權。現在他的艦隊包括有「藍嶺號」及「拉薩爾號」指揮艦、6艘航空母艦、2艘戰艦、12艘巡洋艦、11艘驅逐艦、10艘巡防艦、4艘獵雷艦、31艘兩棲作戰艦、32艘輔助艦、2艘醫療船、3艘潛艦及大量軍事海運船艦，以及第4與第5陸戰遠征旅。

到了 1991 年 2 月 23日，在 1 月 17 日發起對抗伊拉克軍的空中戰役已經摧毀了 1,772 輛敵軍戰車、948 輛裝甲運兵以及 1,477門火砲。同樣成效顯著的是，由「中途島號」與 5

1991 年 1 月，在科威特海岸外的威斯康辛號戰艦，正在使用 16 吋主砲向伊拉克陣地開火。

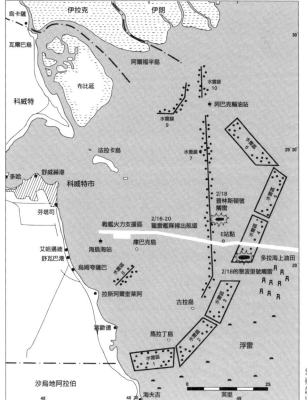

波斯灣內的水雷戰態勢。

艘美軍航艦，還有其他從沙烏地阿拉伯基地起飛的聯軍作戰飛機，都徹底讓在科威特境內的伊拉克地面部隊士氣盪然無存。

在準備對海珊的科威特佔領軍發動聯合攻擊之際，亞瑟的艦隊越來越接近敵方佔領的科威特海岸。水雷，一種在二戰、韓戰及越戰都纏擾著第七艦隊的敵方武器，再次使得在波斯灣內的海軍作戰行動變得複雜。2 月 18 日「的黎波里號」兩棲突擊艦觸碰到一枚水雷，受到頗嚴重的傷害。就在同一天，距離「的黎波里號」不遠處的「普林斯頓號」飛彈巡洋艦（Princeton, CG-59）觸碰到兩枚水雷，除了讓龍骨彎曲變型外，還讓 3 名水兵嚴重受傷。由於損管人員奮力讓兩艘軍艦浮著，儘管兵兇戰危，以關島為母港的「蒲福號」救難艦（Beaufort, ATS-2）還是抵達這兩艘嚴重受創的軍艦旁。「蒲福號」上專業救援專家審視情況後，判斷「的黎波里號」有能力自力駛出雷區。而在「普林斯頓號」艦長愛德華・康提茲上校（Edward B. Hontz）要求下，「蒲福號」拖曳著這艘巡洋艦安全脫離雷區，並抵達巴林維修。

2 月 24 日，聯軍發動了期待已久的陸空海三軍作戰行動，目標是解放科威特。為了讓海珊的注意力集中在海上，亞瑟的艦隊增加了在海岸及沿岸島嶼的作戰行動。海豹部隊與其他特種部隊攻擊了岸上的目標，威斯康辛號及密蘇里號戰艦亦駛近以砲轟伊拉克的海岸防禦工事，還有與陸戰隊交戰中的敵軍。尼加拉瓜瀑布城號戰鬥物資補給艦（Niagara Falls, AFS-3）為這些在波灣北部作戰的船艦提供了後勤支援。中途島號、羅斯福號及美利堅號把成噸的炸彈丟到在法拉卡島（Faylaka Island）的伊拉克守軍頭上了。

在這一場閃擊戰當中，當美國陸軍第 7 軍及第 18 空降軍與其他聯軍部隊，在科威特西部及伊拉克南部沙漠痛擊伊拉克軍時，美軍陸戰隊及阿拉伯聯軍部隊突襲了科威特城（Kuwait City）。航艦艦載機狠狠地痛宰了科威特城以北那條被稱為「死亡公路」的道路上撤退中的敵方地面部隊。2 月 28 日早上 8 時，一切都結束了。華府宣佈停火，並指示海珊派出部下前往伊拉克沙法旺（Safwan）的村落，了解在聯合國安全理事會第 687 號決議案當中列明的永久停火條款內容。

儘管戰事已告一段落，但亞瑟的艦隊還有很多工作要處理。在 1991 年

大部分時間，聯軍的打撈及爆破品處理小組都忙著清除科威特港口內的未爆彈及沉船。一支由 11 國組成的國際分遣隊就在通往科威特及伊拉克的水道上清除了 1,288 枚水雷。直到 1991 年 4 月 24 日，亞瑟才交還美國海軍中央司令部的指揮權並回到橫須賀，重返他在遠東的第七艦隊勤務。

華府了解到，即使海珊戰敗，中東還是會陷入動盪之中。伊拉克的國內局勢未定，伊朗仍然對美國的國家利益構成威脅，而且阿拉伯國家與以色列之間的衝突還是沒有減弱的跡象。海軍高層決定，他們需要設立一個永久性的三星級職務來出任中央司令部司令下轄的海軍部隊的指揮官，還需要處理阿拉伯半島周邊水域的海洋事務。這個做法也能把第七艦隊司令從中東釋放出來，能全力應付朝鮮半島永無止境的對抗以及中國軍事崛起的任務。因此，在 1992 年 10 月 19 日，海軍把美國海軍中央司令部司令設成一個永久性的三星級職務，指派道格拉斯・卡茲中將（Douglas Katz）出掌帥印。1995 年 5 月 4 日，國防部長威廉・裴利（William J. Perry）批准成立第五艦隊，以保衛美國的區域利益。

第七艦隊前往救援

在災難中撤離難民與人道救援工作，都構成了第七艦隊的重要職責。「火紅守夜」行動（Operation Fiery Vigil）中，第七艦隊在 1991 年 6 月為應對菲律賓呂宋島上皮納圖博火山（Mount Pinatubo）爆發的行動，就把第七艦隊救援任務的角色彰顯了出來。6 月 4 日，美國及菲律賓科學家判斷，皮納圖博火山的地震活動有反常性的急增，他們警告一場猛烈的火山爆發是明顯地有可能發生的。成千上萬名生活在鄰近地區的菲律賓人及美國人的性命可謂危在旦夕，連位於火山數英里之外的克拉克空軍基地與蘇比克灣海軍基地亦不例外。

6 月 8 日星期日，地震活動已經上升到一個程度，使得太平洋司令部司令查爾斯・拉森上將（Charles R. Larson）成立了「火紅守夜」聯合特遣部隊，下令關閉克拉克基地，將當地二萬一千名美軍現役人員及其家眷全部撤離。這個有先見之明的決策，使得第七艦隊得以在火山爆發前二十四小時便將船艦與飛機派到蘇比克灣。空軍以空運把部分撤離人員運走，但絕大多數還是以車輛運送到蘇比克灣

在蘇比克灣船艦維修設施，無數倒塌及被火山灰覆蓋的建築。

海軍基地。隔天早上，在克拉克基地與蘇比克灣基地之間 50 英里長的道路上出現了由上百輛車輛排成的車龍。海軍基地指揮官保羅‧托賓少將（Paul E. Tobin）指示，教堂、教室、一間日間照護中心還有其他的建築物都打開大門收容大量疲倦但感恩的撤離人員。在蘇比克灣基地的眷屬十分願意與克拉克基地的軍眷分享他們的家園。此外，海蜂工兵與三千名陸戰隊員為難民提供了工程、建設及醫療支援。

13 日，排山倒海的火山灰迫使馬尼拉國際機場及庫比角海軍航空站不得不停止運作，不過此時已經有 29 架固定翼飛機起飛離開了。6 月 14 日星期五，火山灰與颱風詠妮亞帶來的嚴重降雨混在一起，形成了一種類似濕水泥塊的混合物，覆蓋在蘇比克灣每一座建築物上。第二天，也就是「黑

色星期六」，情況變得非常危急。一次大規模的爆發讓整座火山地動山搖，還噴出直達天際的煙柱。沉重的火山灰混合物持續降下，除了遮天蔽日之外，還中斷了電力、食水供應與緊急醫療系統。火山灰的重量與輕微地震讓蘇比克灣內外周圍50座建築物倒塌。這些地震都是由於爆發撼動地面所致的。有一座建築物倒塌時還導致一名美國空軍家眷及菲律賓人死亡。克拉克基地及蘇比克灣基地的人們都面對著重大的危機。

就在此時，第七艦隊趕來救援了。「鱈魚角號」驅逐艦母艦（*Cape Cod*, AD-43）立即為海軍基地提供了電力、食物、潔淨的食水、維修支援以及由醫療人員負責照料的緊急醫療。不過，蘇比克灣基地再也沒辦法讓三萬名美國人待在那裡了，所以第七艦隊不得不發動大規模的海上撤離行動，將海空軍人員及家眷自蘇比克灣撤離到350英里外的宿霧島上。6月

Courtesy Paul. E. Tobin

1991年6月，在菲律賓呂宋島上的皮納圖博火山爆發。

16日，九百名撤離人員登上了「阿肯色號」核動力飛彈巡洋艦（*Arkansas*, CGN-41）、「羅德尼·戴維斯號」（*Rodney M. Davis*, FFG-60）及「柯茲號」飛彈巡防艦，以進行轉移。隔天，一千七百人登上了「長灘號」核動力飛彈巡洋艦、「尚普蘭湖號」飛彈巡洋艦（*Lake Champlain*, CG-57）、

第七艦隊的羅德尼‧戴維斯號飛彈巡防艦。

「美林號」驅逐艦（*Merrill*, DD-976）、「蓋瑞號」飛彈巡防艦（*Gary*, FFG-51）[3]及「帕森比悉號」運油艦（Passumpic, T-AO-107）上。「貝里琉號」兩棲突擊艦（*Peleliu*, LHA-5）在得到來自蘇比克灣海軍醫院人員的增援後，為撤離人員提供了緊急醫療服務之餘，還照顧了嚴重不適的病人及孕婦，當中有不少還在撤離途中於艦上分娩。有一位搭乘「林肯號」航艦（*Abraham Lincoln*, CVN-72）的母親，更將其新生兒命名為亞伯拉罕。數以百計的撤離人員填滿了「林肯號」及「中途島號」上寬廣的艦內空間。一星期之內，28艘第七艦隊與其他單位的船艦安全運送了一萬七千名成年男女及小孩。

第七艦隊官兵得到來自美國同胞的感恩之情。一名海軍軍官表示：「不少撤離人員在登艦時都明顯地落

3　編註：2014 年 12 月 18 日，歐巴馬政府同意轉移「蓋瑞號」給中華民國海軍，並在 2018 年 11 月 8 日正式命名逢甲軍艦（PFG-1115）。

淚，因為受到了水兵真誠的關懷、誠摯的歡迎以及殷勤的招待…他們一登艦，就享受到久違多日的冷飲、熱呼呼的餐點、淋浴、或者是能運作的廁所。」

這位海軍軍官還補充了一段艦上生活的描述：「水兵都把他們的床位讓予撤離人員，船上的餐點也為了小孩換成熱狗與薯片，休息室變成了遊戲室，艦上電視還持續不斷播放著卡通，艦上福利社的刮鬍刀刀片都被嬰兒尿布所取代了，跳繩在直升機甲板上十分常見，箱子都被改成寵物旅館，橡膠手套都變成了嬰兒奶瓶。」

經過 19 小時的航程船艦抵達宿霧，海軍及陸戰隊直升機就把撤離人員送到麥克坦國際機場（Mactan International Airport），再由空軍安排將他們轉送至關島及返回美國。在整個「火紅守夜」行動當中，第七艦隊的單位及人員都展現出優秀且專業的能力，以及對於他們的美國同胞福祉的照顧。

蘇比克灣時代的終結

1991 年，美國及菲律賓政府代表談判出一條友好和平互助條約，可以讓美軍在接下來 3 年繼續使用蘇比克灣，但是菲律賓國會拒絕批准這份條約。儘管一度歡迎這條條約，但柯拉蓉總統在 1991 年 12 月 27 日宣佈，蘇比克灣海軍基地必須在 1992 年年底前撤離。

在美國海軍歷史中，蘇比克灣自 1898 年美西戰爭開始便佔有重要的地位。二戰期間，為了控制該地區而與日本人的戰鬥，更是既激烈又血腥。第七艦隊在韓戰爆發之際，就是從蘇比克灣出發的。這個海軍基地以及在庫比角及桑利角的海軍航空站，在第七艦隊越戰期間的海上及陸上行動當中，都扮演著極為關鍵的角色。而且，蘇比克灣海軍基地在波斯灣的戰鬥及無數次危機當中，為艦隊提供了堅實的支援。

海軍高層不但意識到蘇比克灣的歷史遺產價值，也擔心失去這個基地之後會嚴重限制他們支援在南海、印度洋以至更遙遠海域行動的能力。第七艦隊再也無法享用蘇比克灣的設施與服務所帶來的「一站式的便利」體驗。1991 年蘇比克灣的船艦維修設施負責第七艦隊百分之六十的維修工作，當地的海軍彈藥庫儲藏了四萬噸的彈藥軍火，當地的補給站是海軍最大的海外倉庫，而當地的訓練設施更

能容納整個西太平洋沒有其他地方能提供的海軍實彈射擊、密接空中支援與叢林戰訓練課目。沒有蘇比克灣，在這片遙遠的水域行動的海軍船艦便需要航行接近兩千英里或更遠的距離，以使用在日本的橫須賀及佐世保，以及在馬里亞納群島的關島上的船艦維修、補給、彈藥及訓練設施。

有些人也許會認為，皮納圖博火山爆發，以及由此而催生的蘇比克灣撤離行動，都是來自諸神的訊息，指出這是一個適當的時間，讓美國得以淨空這個世上其中一個最大的海軍基地。但是，更為務實的觀察者會明白到，這更大程度上是因為國際環境的轉變、美國的全球利益，還有更重要的是，菲律賓希望蘇比克灣這片託管地關門的願望。

1991年，不論是蘇聯還是中華人民共和國，都沒有對東南亞構成近在眼前的威脅，華府亦需要轉移出可觀的軍事資源去處理在中東的意外事件，而且菲律賓人民都決心要在他們國土上的基地行使全面主權。再者，位於麻六甲海峽戰略位置上的新加坡，亦加入來提升第七艦隊在印度洋及波斯灣行動的能力。1990年11月，美國與新加坡就簽訂了一份諒解備忘

錄的附錄，允許美國軍艦，後來包括「尼米茲級」航艦，使用樟宜海軍基地的設施作後勤支援使用。1992年，海軍將堆積如山的物資轉移到太平洋地區的其他基地，並將蘇比克灣基地交還菲律賓。1992年11月24日，最後一位美國海軍人員在庫比角海軍航空站搭機離開菲律賓，隨後登上「貝洛森林號」兩棲突擊艦（Belleau Wood, LHA-3）以海路繼續後繼航程。

對第七艦隊來說幸運的是，在南亞及東南亞發生自然災難，並急需快速而持續的行動來拯救成千上萬的災民於水火之際，波灣戰爭已經結束了。為孟加拉國內受風災影響的災民提供人道援助，還有皮納圖博火山爆發，都在當年夏天得到了第七艦隊的關懷。

不過，在波斯灣的作戰，還有在太平洋地區的人道援助行動，都使得艦隊的資源變得吃緊。個別的海軍將領及部隊都需要負責處理在中東持續不斷的動盪，以及美國在遠東地區長年以來的責任。1991到1992年間交還蘇比克灣海軍基地及海軍航空站，妨礙了第七艦隊在遙遠的印度洋及北阿拉伯海行動的能力。而指派一位三星將官永久性出任美國海軍中央司令部

司令，以及第五艦隊的成立，最終使
得第七艦隊得以迎接即將在遠東面對
的重大挑戰。

DN-SC-9304371

1987 年，繫泊在蘇比克灣船艦維修設施的貝洛森林號兩棲突擊艦及其他美國海軍船艦。

第八章
維護和平

從1995年到2001年間，在台灣周邊的對峙及軍事事件，嚴厲考驗著美國與中華人民共和國之間的關係，但並沒有摧毀了它。第七艦隊透過船艦訪問、軍事交流以及天災救援行動，強化了與中共的關係，亦同時強化了責任區內的美國盟友之間的關係。艦隊支援了限制北韓挑釁行為的國際行動，還把和平帶到東帝汶（East Timor）。

正如冷戰一直以來那樣，為了保衛台灣的對峙，在1990年代中期繼續成為美中關係的問題。1979年1月，美國與中共建交後，兩國確立了正式的外交關係。同一年，第七艦隊的台海巡邏艦隊正式裁撤。美軍官兵準備撤離台灣，離開這個中華民國政府的所在地，而中華民國正是中共充滿怨仇的敵人。華府與北京在同一個月內互派大使。1980年代初，來自蘇聯的全球性威脅，持續使得美國與中共之間有必要保持緊密聯繫。

但當蘇聯在1980年代末開始分崩離析之際，北京開始沒那麼擔憂來自蘇聯的攻擊，保持與美國緊密關係的需求隨之下降。當解放軍在1989年6月4日在天安門廣場屠殺了數以百計的學生後，更進一步破壞了美國與中共的關係。美國人與世上其他國家的人民都目睹了共軍的戰車及軍隊粉碎了民主化運動。中共解放軍令人擔憂的行動繼續在海上引起騷動。例如在1994年10月，當「小鷹號」航艦戰鬥群尾隨一艘過分危險地接近戰鬥群範圍作業的「漢級」核動力攻擊潛艦時，北京派出了戰鬥機劍指美艦，一位解放軍領導稍後更警告指稱，如果同樣事件再次發生，解放軍軍機就會開火。

1995年2月，中共海軍佔領了海南島620英里外，位於南沙群島的美濟礁，但這個環礁卻處於美國的盟友，同時也是南沙群島另一個主權聲索

國——菲律賓以西僅 150 英里。一個月後,也就是 1989 年天安門廣場劇變之後,首次有美國海軍軍艦訪問中國。不過即使第七艦隊的神盾巡洋艦停泊在青島港,對於讓兩國之間關係破冰仍然是收效甚小。

中共在 1995 到 1996 年下定決心要對台灣施壓,結果導致了與美國的正面對抗,情況與 1954 到 1955 年,以及 1958 年的台海危機情況相似。1970 年代,多位美國總統曾認可「中國」是包括大陸及台灣,但在 1979 年1 月美國將對中國的外交承認從台北轉到北京。而在該年稍後時間,美國國會通過「台灣關係法」,其內容包括:「美國與中華人民共和國建立外交關係的決定,是建基於對台灣的未來會透過和平手段決定的期望。」美國並沒有打算拋棄台灣這一位忠誠的冷戰盟友。

1990 年代初的多項事態發展,激發了中共決意以軍事手段威脅台灣。首先,讓北京感到失望的是,在蔣介石總統去世,以及其兒子兼接班人蔣經國離世後,民主已經在這個島上得到蓬勃發展。所有符合年齡資格的公民,都能在 1996 年投票選出行政首長。第一位台灣本土出身的李登輝總統,開始公開討論國家的獨立問題。再加上,台灣由於發達的自由市場經濟所累積的財富而被稱為「亞洲四虎」之一[1]。當台灣人民開始將他們在島上安居樂業的好處,與在中共治下缺乏政治自由及普遍的貧窮相比較後,他們就斷然地不熱衷於與大陸統一了。

1995 年 5 月,李登輝計劃出訪美國,這個行程是需要美國政府批准並發出簽證的,也因此點燃了 1995 年至 1996 年間的台海危機。即使李登輝總統只打算以「非官方的個人」身份,到母校康奈爾大學作畢業典禮致詞,北京當局仍然強烈反對這次訪問。中國共產黨內的強硬派指控這樣的舉動,是美國打算「將台灣自中國分裂出去,還是一個意圖『牽制中國』的秘密計劃的一部分」,正如美國在冷戰期間所作所為一樣。中共領導人要求美國政府拒絕應李登輝的要求發出簽證。由於決心不會因為中共的壓力而妥協,美國眾議院以 396 票對 0 票、

1　譯註:雖然在華文世界及亞洲區內普遍採用「亞洲四小龍」一詞,但在西方國家則稱當時的台灣、韓國、新加坡及香港為「亞洲四虎」(Asian Tigers)。

參議院以 96 票對 1 票，通過了一項支持向李登輝發出簽證的決議案。柯林頓總統儘管想要為這場衝突降溫，但還是不情願地支持了國會的決議案。

作為回應，北京取消了原定的官員訪美行程。在 1995 年 7 月到 8 月，中共海軍在距離台灣北岸僅 80 英里，以及台灣與日本之間的海空交通線極為靠近的位置，舉行了飛彈及實彈操演。解放軍海軍及空軍的其他單位，亦舉行了攻擊性的演習。這些演習意圖展示出解放軍不但能使用彈道飛彈毀滅台灣，還有能力切斷台灣與外界援助的聯繫。

由於希望為這次危機拆彈，華府避免了官方譴責中共的軍事挑釁，或警告北京停止採取這些行動。柯林頓總統在 1995 年 10 月與中共總書記江澤民的會面結束時，很有信心中共仍然希望與華府保持良好關係。不過為了以防萬一，美國國務院官員還是在稍後向中國當局表示，中共採取武力手段對付台灣「會是一個嚴重的錯誤」。作為另一個訊號，12 月「尼米茲號」航艦戰鬥群從日本到波斯灣的航程中，通過了台灣海峽，是 17 年以

1996 年中共與美國對抗期間，美國國防部長裴利警告北京威脅台灣的行為。

來首次有航空母艦進入這片水域。一個月後，「貝洛森林號」兩棲突擊艦同樣通過了海峽。假如這些手段是打算嚇阻中共的侵略行為的話，那它們並沒有達到預期效果，因為中共認為美方這些回應既軟弱且敷衍了事。

由於預料到台灣準備在1996年中舉行大選，中共決定透過軍事施壓來間接影響投票結果。中共領導期望這會成為一個機會，向台灣人以及亞洲其他國家展示美國不會為了台灣而甘冒與中國開戰的風險。柯林頓政府竭力試圖說服北京，美國並沒有什麼「牽制中國」的計劃，不管是公開或秘密的計劃。而且，美國也沒有鼓勵台灣獨立，也沒有視李登輝到訪康奈爾大學是一場官方訪問。中共領導人全然不覺得這些解釋具說服力，還得出一個結論，那就是美國軟弱的回應都反映出美國在支持台灣方面缺乏決心。的確，時任國防部長威廉·裴利承認，「我們的外交方向，儘管不尋常地直率，卻沒有什麼效果。」

從1996年2月開始，來自中共海軍三大艦隊的核動力及柴電潛艦、驅逐艦、巡防艦、巡邏艇及兩棲艦，全都聚集在與台灣隔海對望的福建省沿岸，在當時集結的還有十五萬地面部隊。數以百計的高性能飛機，包括戰鬥機、轟炸機及攻擊機，都部署到航程能到達台灣的機場。中共軍方計劃透過多場演習，展示一旦開戰的話，中共武裝部隊能透過攻擊海空交通線來切斷台灣的對外聯繫、摧毀海港及機場、發電廠設施、交通樞紐、軍事指揮管制設施以及防空系統。在海空轟炸後，特種部隊就會乘搭運輸機及兩棲艦，對台灣發動地面攻勢。解放軍並沒有考慮行動的難度以及預期會承受多大的傷亡，以讓他們對入侵行動打退堂鼓。

1996年3月8日到15日，也就是台灣總統選舉期間，解放軍在兩處分別距離台灣僅22及32英里的位置舉行實彈及飛彈射擊演習。中國官媒提醒讀者，這些演習行動是在1979年中越戰爭17週年紀念日舉行的，又指在這場戰爭中北京給越南這個前共產盟友上了一課，因為對方在當時反對中國對中南半島地區的政策。

這一次美國的回應卻是毫不含糊。由於擔心中共準備對台灣選民施加龐大的壓力，讓他們投票選擇「正確」的方向，華府採取行動了。3月7日國防部長裴利公開指摘北京的行動「魯莽」，以及「只能被視為一種脅

迫行為」。在數天內，他宣佈第七艦隊的「獨立號」航艦、「碉堡山號」飛彈巡洋艦、「休伊特號」（Hewitt, DD-966）及「歐拜恩號」驅逐艦（O'Brien, DD-975），還有「麥克拉斯基號」飛彈巡防艦（McClusky, FFG-41）已經部署在台灣附近海域。第七艦隊司令亞奇‧克萊門斯中將（Archie R. Clemins）取消了原定訪問泰國的行程，並將旗艦「藍嶺號」駛到鄰近水域，就近監控事態發展。

中國人增加了桌上的賭注，宣佈進行下一階段的演習——由陸、空及海軍部隊一同在台灣西南外海舉行實彈射擊演習。中共國防部長公開廣播演說，並引用了「解放軍之父」朱德的話：「一日沒有解放台灣，中國人民的歷史恥辱就一日不能洗淨；祖國一日沒有統一，人民解放軍的任務就還沒有完成。」華府因此警覺，中共

洛杉磯級核動力攻擊潛艦哥倫布號。

NHHC L File

也許真的打算入侵台灣。

3月10日，國務卿克里斯多福（Warren Christopher）告訴中國，美國政府視他們的行動為「魯莽」及「冒進」，還是一項顯而易見、意圖威逼台灣的行為。他宣佈假如中共採取武力解決台灣問題的話，將會面臨「嚴重的後果」，他還補充，「我們真的關注台灣，這一方面我不想中國理解錯誤。」

第二天，美國政府宣佈，正在阿拉伯海巡弋中，由「尼米茲號」航艦、「皇家港號」飛彈巡洋艦（Port Royal, CG-73）、「卡拉漢號」（Callaghan, DD-994）[2]及「歐登多夫號」驅逐艦、「福特號」飛彈巡防艦（Ford, FFG-54）、「哥倫布號」（Columbus, SSN-762）及「布雷默頓號」（Bremerton, SSN-698）核動力攻擊潛艦，還有兩艘輔助船艦組成的航艦戰鬥群，將會前往加入在台灣外海的「獨立號」航艦戰鬥群。華府表明這次部署的目的，是要「確保中國方面沒有誤判我方對這個區域的關注」，以及「向我們的盟友保證，區域內的和平及穩定依然是我們所關心的。」

中國政府對美國海軍部署的反應，可以說是既強硬又持續。官方及非官方媒體都譴責美方行動帶挑釁性，而且還干涉了中國內政。中共發言人暗指美國有計劃「牽制」中國以及鞏固其世界「霸權」的企圖。不過，北京沒有再增派海空部隊進入台灣海域，也沒有再在華南地區集結龐大的地面部隊、兩棲艦或民用商船——這都是中共要發動及持續入侵台灣部隊所必須的。另外，解放軍海空單位亦沒有迫近鄰近區域內的美國海軍船艦。

實際上，美國對中國把壓力加諸台灣之上的行動的回應，讓北京政府極為驚訝。由於美國政府對中共在1995年的演習的反應不溫不火，讓中共領導人推估，面對解放軍具威脅但兵不沾刃的軍事行動及武力展示，華府只會表現出輕微的不滿，但會避免採用更強硬的手段回應。中共領導明白，即使中共海軍及空軍的實力已經比毛澤東時代大有進步，但仍然沒有辦法匹敵兩個美國海軍航艦戰鬥群的戰鬥力，更不用說在他們後方支援的美國國防體系。中共意識到美軍在科

2　編註：2005年12月17日，「卡拉漢號」轉移給中華民國海軍，改稱「蘇澳艦」（DDG-1802）。

技上的優勢，因為僅僅在五年前的「沙漠風暴」行動中，美軍才以迅雷不及掩耳的速度，絲毫不拖泥帶水地摧毀了海珊的伊拉克武裝部隊。

在 1996 年侵略台灣，不管有沒有美軍的反對與阻撓，對於準備不足的解放軍來說，都會是一場費力且艱鉅的任務。要執行一個橫渡 100 英里的作戰行動，還要是全球最波濤洶湧的水域之一，可以說是極具風險的。江澤民主席明白到，對台灣的入侵意圖，哪怕只是與美國進行「有限度的軍事衝突」（假如那是可行的話），都會讓中國的沿岸城市及工業中心陷入危險之中，還會危害到這個國家正在繁榮發展的出口經濟。中共的外交政策亦會受挫，因為其他亞洲國家又會再一次目睹中共軍方的侵略行為。假如這次入侵行動失敗，中共更不可能期待台灣人民在遭受到他們的「兄弟之邦」的攻擊之後，還會歡迎兩岸統一。到最後，在台灣海峽的行動完全失敗的話，還會讓大陸人民質疑，中國共產黨還有沒有能力繼續執政？

NH 96766-KN

在亞洲水域航行期間轉向的「獨立號」航艦。

衝突的影響

　　儘管冷靜的思維開始在北京佔上風，但中共還是得承受其威脅東亞民主發展所帶來的後果。美國與中共的關係，從 1972 年尼克森總統訪問北京以來，就像一架總體穩定地飛行中的飛機，如今卻迎來了戲劇性的急降。從北京的立場而言，這次衝突產生了一個不受歡迎的結果——原本美國模糊不清的對台防衛承諾，現在變得極為清楚了。

　　這次衝突同樣讓美國與日本的關係變得更為密切，後者正是中共歷史上跟未來的主要敵人。1996 年危機後的一個月，柯林頓總統跟日本橋本龍太郎首相登上了停泊在第七艦隊橫須賀基地的「獨立號」航艦。兩位國家元首簽訂了「美日安保共同宣言」。台海危機儘管沒有被這份文件明確地指出，但顯然影響了它。這份共同宣言中明了美日兩國致力達成「更和平以及國防環境更為穩定的亞太地區，（以及）透過和平手段解決區域內問題的重要性」的目標。這份文件也確立了兩國「獻身於指導我等國家政策的深層價值觀：保持自由、追求民主，以及尊重人權。」在儀式中柯林頓總統觀察到，第七艦隊在區域內的存在幫忙「平息一場蘊釀中的風暴」，「阻止了戰爭再臨」，還使得「整個太平洋地區國家」都得以放心。

　　作為共同宣言的後續跟進，在 1997 年 9 月議定，1999 年更新的「日美防衛合作指南」亦呼籲，「在日本周邊對其和平及安全有重要影響的位置與區域進行合作。」因此，這份提供予日本海上自衛隊與美國武裝部隊進行作戰行動合作的指南，現在亦包括強化日本的偵蒐與掃雷的支援能力。

　　為數不少的國家都目睹了中共那毫無必要，威脅到亞洲地區和平、穩定跟經濟繁榮的行動。漢城當局擔憂北韓領袖金正日會跟進中國的先例，可能把軍隊視為解決與南韓衝突問題的手段。菲律賓政府對中共的挑釁侵略行為也有相似的擔憂，還在這次台海衝突期間，授權美軍「布雷默頓號」潛艦、「歐拜恩號」及「麥克拉斯基號」驅逐艦，還有「尼加拉瓜瀑布城號」物資補給艦，在從阿拉伯海航向台灣外海途中，在菲律賓停泊並補給燃料。新加坡非常著名的領袖李光耀就擔心美國與中共之間的衝突會對區域商貿往來做成沉重打擊，還會阻撓

「中共在二十五年內成為工業國家的願望」。新加坡國防部長強調,延長他的國家與美、英、澳、紐及馬來西亞之間的防務聯繫的重要性。很多區域外國家同樣對中共威脅使用武力手段解決台灣問題,以及使用武力對台灣選舉施壓的舉動持負面態度。

最後,假如中共軍方將領真的打算恐嚇台灣選民不要投票給李登輝及其他支持獨立的候選人的話,他們可以說是悲劇性地失敗了。台灣人民把百分之七十四的選票,都投給了李登輝。

美中關係恢復常態

從很多方面來說,1995 至 1996 年的台海危機都是 1990 年代美中關係發展的非典型狀況。北京及華府都希望西太平洋一片和平與穩定。1997 年 8 月,第七艦隊旗艦「藍嶺號」搭載著羅伯特・奈特中將(Robert J. Natter)訪問了香港,是在這個前英國殖民地於當年 7 月 1 日重返中國統治後的首次訪問。第七艦隊司令在「藍嶺號」上招待了解放軍的劉鎮武中將以及外交部的代表,岸上的人們也熱烈招待了美國水兵。

太平洋司令部司令普理赫上將

(Joseph W. Prueher) 在 1996 到 1997 年間辛勤工作,以便與中方達成協議,讓雙方達成海上航行的規則,還有避免發生預料之外且讓局勢不穩的意外事故。1998 年 1 月 19 日,美國國防部長威廉・科漢(William H. Cohen)與中共國防部長遲浩田上將,簽訂了《關於建立加強海上軍事安全磋商機制的協定》(Military Maritime Consultative Agreement, MMCA),建立了美國海軍與中共海軍之間促進溝通及其他共同利益方面的機制。在雙方之間因台海危機爆發而生的誤判,還有很多事後

普理赫上將,照片拍攝時他正在太平洋司令部司令任上。1999 年自海軍退役後,他成為了美國駐中國大使。

Defense Imaging 1998

工作要處理。的確，如遲上將所觀察到，MMCA關係到維持「在亞太區域以及世上大部分地區的和平及穩定。」普理赫清楚明白，與蘇聯海軍有關海上事件的協定，幫助了冷戰期間飛機及船艦行動的「去衝突化」。而在1998到1999年初，在中美之間舉行的一連串會面，處理了相關的問題。1998年夏初，柯林頓總統第二次訪華期間，他與江澤民就宣佈他們建立了一條直通的「熱線」。隨即，中共海軍代表就首次出席了環太平洋海軍演習（Rim of the Pacific, RIMPAC）。

1998年8月，奈特中將搭乘「藍嶺號」，與「約翰麥肯號」飛彈驅逐艦（John S. McCain, DDG-56）對青島進行了一次為期四天的親善訪問。中共海軍為美國水兵準備了岸邊餐會，還安排了美國官兵參觀中共海軍的「青島號」驅逐艦、「銅陵號」及「西陵號」護衛艦。

1999年5月，在北約領導的對塞爾維亞轟炸行動期間，美國誤炸位於貝爾格萊德（Belgrade）的中國駐南斯拉夫大使館事件，破壞了兩國之間的友好關係。中共切斷了雙方之間的軍事聯繫，又暫時性地禁止第七艦隊船艦訪問香港。在事件發生後數日內，

Defense Imaging 1996

「獨立號」航艦戰鬥群指揮官小查爾斯‧摩爾少將（Charles W. Moore Jr.），正在與國防部長威廉‧科漢討論海軍行動事宜。

憤怒的中國示威者包圍了駐北京的美國大使館。但這場危機最終只是暫時性的。

在二十一世紀來臨之際，中共的當務之急，就是強化這個發展中國家的國內經濟以促進繁榮，以期能進入世界經濟強國之列。北京的領導們也認知到，美國在亞洲地區的軍事支配地位阻撓了北韓的侵略行為，也幫忙限制了日本在政治及軍事方面的野心。正如在台海飛彈危機發生前，美國也希望在亞洲盟友之間促進民主管治以及自由市場企業的發展，還有鼓勵中國發展成為國際體系當中「負責任的利害關係者」。

嚇阻北韓

華府仍然擔憂北韓所擁有的重武裝、訓練精良且有高度動機的武裝部隊所帶來的威脅。這個共產政權的領袖金日成與其子金正日，在 1990 年代擁有超過一百萬名士兵（當中一大部分為精銳的特種部隊）、14,000 輛戰車、10,000 門火砲及多管火箭砲、1,000架飛機及 25 艘潛艦。北韓領袖將這些戰鬥部隊的大部分沿著 38 度線的非軍事區部署，而且還將南韓首都漢城置於其打擊距離內。

讓美國及其盟國領袖更為警惕的，是北韓的大規模殺傷性武器。冷戰期間，蘇聯及其他國家為北韓提供了可以投射核彈頭或一般彈頭的彈道飛彈，還有包括沙林毒氣、光氣及其他致命性化學物質在內的化學武器。

第七艦隊及其他部署到西太平洋的美國武裝部隊，都透過公開的演習來展示其軍事實力與戰備程度，意在阻嚇北韓的侵略企圖。為了保持美國與日本及大韓民國的同盟條約，第七艦隊的駐軍毫不懷疑美國會保衛這些國家。

1993 年 3 月，當北韓將國家進入「準戰時狀態」，宣佈退出《核武禁擴條約》，又禁止國際調查員進入其核子設施。國際社會懷疑北韓正在發展核武戰力。當北韓發射一枚蘆洞一號飛彈及反艦飛彈進入日本海／東海後，緊張的局勢又一次提升了。在擁有 400 英里或以上射程的情況下，蘆洞一號飛彈可以打擊南韓全境以及部分西日本地區內的目標。

為了加強盟國的防禦能力，1994年4月美國國防部把愛國者防空飛彈連、攻擊直升機、裝甲戰鬥車輛及一千名官兵部署到南韓。國家指揮當局（National Command Authority）亦

將第七艦隊前進部署的「獨立號」航艦戰鬥群,以及稍後的「小鷹號」航艦戰鬥群部署到朝鮮半島外海[3]。太平洋司令部亦賦予了第七艦隊司令額外權責,指派其為海軍組成部隊指揮部指揮官(Combined Naval Component Command)以防衛南韓。

正當一場毀滅性戰爭爆發的可能性貌似在增加的同時,柯林頓政府與北韓展開談判以結束這場對抗。1994年10月21日,美國及北韓簽署了《北韓－美國核框架協議》,美國承諾會以輕水反應爐發電廠來取代北韓的鈽元素加工設施,以及為北韓提供加熱用燃油。

不過僅僅數月之後,北韓就爭論指美國沒有履行協議內的規定,重啟鈽元素加工設施及彈道飛彈研發計劃,更發表了針對日本及南韓的威脅性言論。作為回應,柯林頓政府下令提升了「企業號」及「林肯號」航艦戰鬥群的戰備等級。此外,在1995年夏天及初秋,第七艦隊與南韓海軍進行了參謀對話及海軍演習,以確保兩軍的戰備程度。在年度的「乙支焦點透鏡95」演習及「自由旗幟95」演習當中,美國海軍、海軍陸戰隊及南韓海軍進行了在岸際及海上的演練。在「乙支焦點透鏡95」演習當中,第七艦隊司令克萊門斯中將更擔任了聯合國及美韓聯軍司令部當中的海軍部隊司令。

在1995年,北韓將重武裝部隊派入了板門店共同警備區,又派出軍艦穿過北方限制線,進入了南韓控制水域。1996年9月,南韓軍方發現一艘北韓特戰用小型潛艦在南韓東海岸擱淺。除1人之外,南韓軍方狙殺了全數24名潛艦組員,以及稍早前從潛艦登陸上岸的特種部隊人員。1997年7月北韓士兵越過非軍事區,並與南韓軍隊交火,後者擊殺及擊傷了不少入侵者。

1998年8月31日,北韓試射了一枚先進的大浦洞飛彈,其中一節更飛越了本州上空。1999年6月形勢真的升溫起來——在持續不斷闖入南韓的漁場後,北韓巡邏艇在一場所謂的「海蟹戰爭」當中,向南韓西海岸外海的戰鬥人員開火。南韓軍隨即開火還擊,

---

3 譯註:國家指揮當局是指從法律角度而言,正當情況下擁有發出軍事命令權限的持有者。在一般情況下指美國總統及美國國防部長。

擊沉了北韓一艘魚雷艇及擊傷了其餘五艘巡邏艇，又擊殺了 17 至 100 名北韓水兵。在這場延坪海戰當中，南韓軍只有兩艘艦艇輕傷以及九名船員受傷。同一年，日本與美國開始共同研發與美國海軍神盾戰鬥管理系統相似的艦載反飛彈防禦系統。

儘管週期性地表現出好戰，但北韓領袖明白到訴諸敵對行動，將會面臨與美國及其東北亞盟友在軍事及海軍力量進行全面作戰的不確定性，當然還有輸掉這場戰爭的真正風險。在這個想法支持下，華府使用了有技巧的外交手段及國際壓力，來孤立北韓這個「流氓」國家，並限制其發展核武及飛彈的野心。

海軍外交的有效性

第七艦隊的駐軍提醒了美國的盟友及假想敵，美國的確有意願保衛其在區域內的利益。艦隊旗艦「藍嶺號」定期訪問沖繩、香港、布里斯本、雪梨、吉隆坡、峇里、新加坡及第七艦隊轄區內數量繁多的大小港口，在這些港口第七艦隊司令都能與外國政要及軍方領袖交流互動。1996 年 7 月俄羅斯海軍成立三百週年之際，「藍嶺號」就前往海參崴進行了四天訪問，

並在艦上舉辦了一次接待會。

1993 年，美國海軍西太平洋後勤支援群指揮官／第 73 特遣艦隊總部（Commander, Logistics Group Western Pacific/CTF 73 headquarters）以新加坡為基地成立，反映出美國與新加坡之間發展中的關係。不久之後，雙方同意在兩國海軍之間建立雙邊關係。隨著美軍撤出菲律賓的蘇比克灣海軍基地，這個發展十分重要，因為這反映出兩國有志一同於維護南海及麻六甲海峽的海上安全。

為了確保美國與日、韓、菲律賓、澳洲及紐西蘭的盟約不會被盟友或假想敵視為區區一紙空文，第七艦隊在任何年份都參與了九十到一百多國（共同）及美國多軍種的（聯合）演習。1997 年，這個十年間一個很指標性的年份，第七艦隊就組織或參與了 91 次海、空、陸、特種作戰及司令部演習。這些演習涉及了日本、南韓、泰國、模里西斯、孟加拉、印尼、馬來西亞及菲律賓軍隊參與其中。

在一次這樣的演習當中，例如「協同刺擊 97」演習（Exercise Tandem Thrust 97），就有來自美軍及澳軍的 28,000 人、43 艘船艦及 250 架飛機參與。當中的主要軍艦包括第七艦隊旗

艦「藍嶺號」、「獨立號」航艦、「艾塞克斯號」（*Essex*, LHD-2）及「紐奧爾良號」兩棲突擊艦（*New Orleans*, LPH-11）、「莫比爾灣號」飛彈巡洋艦（*Mobile Bay*, CG-53）及「鹽湖城號」核動力攻擊潛艦（*Salt Lake City*, SSN-716）。至於代表皇家澳洲海軍的，則是包括「珀斯號」飛彈驅逐艦（*Perth*）、「托倫斯號」護航驅逐艦（*Torrens*）、「雪梨號」（*Sydney*）及「墨爾本號」飛彈巡防艦（*Melbourne*）這些久歷風霜的老艦。在整個三月，兩國海軍部隊就在澳洲昆士蘭省的蕭瓦特灣訓練區（Shoalwater Bay Training Area）進行演練，磨練他們在聯合兩棲作戰、空中突擊及後勤行動方面的戰技。這個演習的主要目的，是要強化兩國海軍在執行太平洋地區的應變行動時，使用電子科技進行指揮管制的能力。從美方的觀點而言，這次演習重申了美澳兩國長年累月的關係所帶來的好處。在這方面，第七艦隊的船艦對澳洲各個城市進行了三十一次港口訪問，為當地經濟注入了超過一千萬美元的消費。

第七艦隊的重要性，並不單單在

澳洲派駐東帝汶的軍警人員，在東帝汶街頭執行維持和平任務。

US Navy

於履行與亞洲盟友的雙邊條約承諾，保衛這些盟友免受直接攻擊，還有為那些陷入衝突的海洋領域，為這些紛爭提供解決的和平方案。日本跟俄羅斯都對北太平洋地區、日本的北方領土／南千島群島有主權爭議；日本與南韓在日本海／東海的竹島／獨島存在主權爭議；還有日本與中國在周邊海域可能藏有石油的尖閣諸島／釣魚臺的主權爭議[4]。最少五個海洋國家，包括中共在內，聲索在南海全部或部分南沙群島的主權。美國出於維持區域內和平與穩定，出手幫忙說服相關國家，使用武力解決這些主權爭議並不會有好處。

支援聯合國在東帝汶的維和行動

1999 年，當聯合國試圖要限制在印尼群島的東帝汶的戰鬥時，第七艦隊的前進部署跟隨時備戰，就被證明是無價之寶。當大部分的東帝汶人投票從印尼獨立後，印尼軍方及反獨立的東帝汶武裝組織與強盜團體憤怒地作出回應，令戰鬥在東帝汶當地爆發了開來。1999 年 9 月 15 日，聯合國安理會「第 1264 號決議案」呼籲成員國向東帝汶派出陸、海、空部隊，協助當地恢復和平及安全。在澳洲領頭之下的國際部隊，又稱駐東帝汶國際部隊（INTERFET），這支由二十個國家的士兵、水兵、空軍人員及警察部隊，就在「穩定行動」（Operation Stabilize）中部署到這個動亂不安的國家之中。這些部隊監視並勸說印尼軍方及反獨立民兵從東帝汶離開。作為穩定局勢步驟的一部分，這些國際部隊也為成千上萬因為社區間的戰鬥而流離失所的東帝汶難民提供食物及醫療援助。

第七艦隊的「莫比爾灣號」飛彈巡洋艦，當時正與皇家澳洲海軍在澳洲外海演習中，因此即時能前往當地。「穩定行動」的澳洲指揮官認知到該艦搭載的神盾戰鬥管理系統，會是行動當中一個不可多得、彌足珍貴的資產。這艘飛彈巡洋艦上的 Link-16 通訊組件，可以把艦載電子顯示系統捕捉到的潛在空中及平面威脅等即時資訊，提供給其他作戰艦及地面部隊總部。「莫比爾灣號」及軍事海運司令部的「基拉韋亞號」（*Kilauea*, T-AE-26），一艘搭載有兩架 CH-46

4　譯註：中華民國同樣是釣魚臺的主權爭議國之一。

NHHC L File

「基拉韋亞號」彈藥補給艦支援了 1999 年在東帝汶外海的「穩定行動」。

海騎士後勤支援直升機的兩萬噸級彈藥補給艦，共同組成了美國帝汶海作戰行動聯合特遣部隊（U.S. Joint Task Force, Timor Sea Operations）的初始成員。

第七艦隊司令同樣把以佐世保為母港的「貝洛森林號」兩棲突擊艦派到東帝汶，艦上搭載了陸戰隊第 31 遠征隊的陸戰隊員及直升機，並在 10 月 1 日抵達首都帝力。陸戰隊第 265 中型直升機中隊的 CH-46 及 CH-53 海種馬式直升機幾乎立即投入行動，開始把重要的食物直接從後勤船艦運到難民營及被孤立的村落。這些海軍單位使得侷限美國人在岸上的「足跡」的政策可以落實，這是美國外交政策的一項關鍵要求——華府希望突出一個事實：這次行動是聯合國在監督，並由澳洲而非美國主導的軍事行動。從「貝洛森林號」及「基拉韋亞號」上操作的直升機，同樣為來自他國的岸上及海上部隊提供了關鍵的後勤支援。

11 月初，在「貝里琉號」兩棲突擊艦及軍事海運司令部的「聖荷西號」支援艦（San Jose, T-AFS-7）接替之後，「貝洛森林號」與「莫比爾灣號」返

航回日本的母港，並被稱讚其行動十分出色。當 2000 年 2 月「穩定行動」告一段落，駐東帝汶國際部隊把行動權限轉交予岸上一支國際警察部隊，並圓滿完成其維和職責後，美國海軍對這個行動的投入亦告一段落。東帝汶政府及其人民終於免於受政治鼓舞的暴力所威脅，能把注意力放在建設發展他們的新國家之上。

海南島撞機事件

即使是和平時期，駐西太平洋的美軍水兵還是繼續執行其日常勤務，即使這些任務會讓他們身陷險境。沉重的責任，要求他們持續地展現出勇氣、專業精神及對任務的獻身精神。其中一個這樣的考驗發生在 2001 年 4 月的愚人節 —— 而這可不是個玩笑話。

Defense Imaging 2001

沙恩‧奧斯本上尉在太平洋艦隊司令湯瑪士‧法戈的陪同下，正在回答有關 2001 年 4 月 1 日在海南島附近的國際水域上空，一架中共噴射戰鬥機與其無武裝的巡邏機相撞的問題。

在當天日出之前，一架第 1 艦隊空中偵察中隊（VQ-1）的 EP-3E 白羊 II 式信號偵察機從沖繩嘉手納機場起飛，準備執行沿著中國海岸飛行，預先規劃好的例行巡邏。海軍執行這種行動已經行之有年了。這架 EP-3E 由沙恩·奧斯本上尉（Shane Osborn）駕駛，機上還有外號「世界觀察者」（World Watchers）的 VQ-1 中隊的另外 23 名男女機組人員。他們在早上 9 時 15 分已經差不多完成巡邏任務了，但就在此時，兩架中共海軍的殲 8II 型攔截戰鬥機，在海南島東南方 70 英里左右的南海國際水域迫近該機。中共並不喜歡外國船艦或飛機，在這個靠近其海南島軍事設施，或更南方由北京佔領的西沙群島附近的區域作業。中共的王偉少校連續兩次危險而極其貼近 EP-3E 飛行，第三次超近距離飛越時還撞上了美方軍機發動機的螺旋槳。螺旋槳把這架噴射戰鬥機切成兩段。當他的座機撞上 EP-3E 並斷成兩截，從 22,500 英尺高空跳落海面時，這位中共飛行員並沒有活下來。另一位中共飛行員向上級要求獲得授權以擊落這架無武裝的美國飛機，但他的上級拒絕了這個要求。

這一次撞擊事件讓這架 EP-3E 的左外側螺旋槳、雷達罩及左副翼嚴重受損，強制讓這架飛機在 14,000 英尺上空進入上下顛倒且陡峭的俯衝。奧斯本上尉心想他們全部都會死掉。但是在展現出頂尖的飛行技術後，奧斯本成功重新操縱飛機，讓他的組員準備好要緊急棄機，並準備把這架千瘡百孔的飛機降落在海南島，美國海軍其後更為此授予他傑出飛行十字勳章。

與此同時，機上訓練有素的組員也開始行動，把機上的高度機密資料跟情報搜集儀器摧毀。在飛行員把飛機重重落在海南島上的跑道時，機組員粉碎了機上儀器，並繼續徹底毀滅機上的機敏資料。儘管持續向塔台發出無線電通訊，請求允許在海南島緊急迫降，但沙恩的通訊始終沒得到回應。不過，在拯救組員及飛機的決心驅使之下，上尉還是繼續執行，把 EP-3E 安全降落在地面。在接下來的 15 分鐘，中方的武裝守衛接近並包圍了飛機，機上組員則繼續摧毀機敏資料。

接下來 10 天，中方把這些組員拘禁在海南島，並試圖迫使他們「承認罪行」。儘管中共有時對他們使用令人不快的審訊方式，但中共安排給美國人

陸戰隊的旗艦

　　「貝洛森林號」兩棲突擊艦在 1978 年服役，於 1980 年代間，在西太平洋飽經歷練，是美國海軍唯一一艘前進部署的兩棲突擊艦，1992 年 9 月起以佐世保海軍基地為母港。不過面對職責的召喚時，她的水兵及陸戰隊員可沒有多少時間能享受在日本母港周遭的新環境。當年 11 月，「貝洛森林號」與其他第七艦隊船艦，協助將美軍軍民從停止運作的蘇比克灣海軍基地撤離。在 1990 年代餘下的時間，這艘四萬噸的兩棲突擊艦，搭載了 30 架直升機、無數登陸艇，還有三千名水兵及陸戰隊員，參與了不少與日本、澳洲、泰國及南韓海軍部隊一同進行的聯合演習，還訪問了責任區內的不少港口。「貝洛森林號」還協助美國及其他部隊從索馬利亞撤出，還負責在「南方守望行動」（Operation Southern Watch）期間，監視伊拉克上空的禁飛區，以及參與了聯合國在東帝汶的維和任務。

　　2000 年，「貝洛森林號」及「艾塞克斯號」兩棲突擊艦進行了一次巧妙的舉動來減少官兵家庭分離的問題。「艾塞克斯號」接替了「貝洛森林號」在佐世保的任務，好讓後者能回到加州聖地牙哥進行檢修及維護——這兩艘船直接交換了艦上所有人員，使得官兵與他們的家人能繼續待在各自所在的佐世保及聖地牙哥。

　　數年之後，「貝洛森林號」成為了以佐世保為母港的第 3 遠征打擊群（Expeditionary Strike Group 3）指揮官的旗艦，約瑟夫・梅迪納准將（Joseph V. Medina）成為了第一位指揮海軍作戰艦部隊的陸戰隊將官。

　　2001 年 911 事件之後，「貝洛森林號」及其他遠征打擊群的船艦被部署到西太平洋、印度洋及北阿拉伯海，以支援小布希總統的全球反恐戰爭，以及在阿富汗的作戰行動。這艘兩棲突擊艦的艦載機隨後在「持久自由行動」期間，在伊拉克境內執行了密接支援任務。經過二十七年的服役生涯後，「貝洛森林號」在 2005 年 10 月 28 日退役。

照片前方的「艾塞克斯號」兩棲突擊艦，正在與「貝洛森林號」一同航行。

的食宿與招待還是相當不錯的。4 月 11 日，美國駐華大使普理赫（前太平洋司令部司令及退役四星上將）向中國外交部長唐家璇發出一封「兩個遺憾」的信件。這份信件當中表示，美國對於中共飛行員在事故中殉職，及 EP-3E 在未經授權下降落海南島均「非常遺憾」。中共當局在 3 個月之後釋放了這些美國人以及歸還他們的座機。

這次事件讓美國海軍高層質疑過往多年來軍對軍交流的成效。的確，僅僅在海南島事件前兩星期，第七艦隊司令詹姆士・梅茲格中將（James W. Metzger）才在上海與解放軍東海艦隊司令趙國均海軍中將會面。這些會面過程通常都不錯，但他們卻沒辦法阻止兩軍之間週期性出現的衝突。

在海南島事件後沒多久，小布希總統批准了台灣購買柴電潛艦、P-3 獵戶座式反潛機及 4 艘紀德級驅逐艦的請求。他還准許國防部官員向台灣軍方簡報愛國者 3 型飛彈防禦系統的內容。2001 年 4 月 25 日，小布希總統還表示美國會做「任何能讓台灣自我防衛的事」。

從 1995 到 2001 年間，透過嚇阻及多國演習中淬練而成的戰備能力，讓第七艦隊成功執行了她在亞太地區維護和平及穩定的任務。艦隊完成了不少正面的行動，例如軍對軍交流、港口訪問、多國聯合演習還有東帝汶支援行動。在這些任務當中呈現的圓滿表現，都使得 1995 至 1996 年因台海危機與中共的對抗，以及其後 2001 年的海南島 EP-3E 撞擊事件都能和平地解決。每當北韓在東北亞進行挑釁行為時，美國都幾近經常進行頻繁且顯而易見的實力展示行動。在一槍不發之下，第七艦隊幫忙平息了不少滿懷敵意的對抗，還協助說服了美國的盟友，在大難當頭之時，他們都能期待美國實踐協防的承諾。

參聯會主席亨利・謝爾頓上將正在授勳予海南島事件當中的海軍 EP-3E 白羊式巡邏機的機組員。

第九章
恐怖份子、海盜與武器擴散

為了與二十一世紀美國的國家及區域目標相符，第七艦隊的主要活動包括增強多國伙伴關係，以及維護西太平洋海洋領域的和平及安全。艦隊與來自環太平洋不同國家的海軍、海岸防衛隊及國家安全部門合作，成功消除了來自非國家恐怖份子、海盜及進行武器擴散的政府所帶來的威脅。

美國及盟友對 911 事件的回應

在新世紀來臨時，國際恐怖主義開始浮現，並成為對亞洲和平穩定與海洋貿易的主要威脅。其中一個在現代歷史上最駭人聽聞的事件發生在 2001 年。9 月 11 日，擁護極端伊斯蘭教義的恐怖份子把民航機撞向了紐約市的世界貿易中心、在北維珍尼亞的國防部五角大廈，以及在賓夕法尼亞州的一處田野。這一連串的攻擊，殺害了近三千名美國人以及數以百計其他國籍的人。賓拉登的蓋達恐怖組織預告還會在美國本土及海外，殺害更多美國公民。由阿富汗塔利班政權收容與保護的蓋達組織，與歐、非、亞三地很多思想相近的伊斯蘭恐怖組織找到了共同目標。這些恐怖組織不但以美國人為目標，還針對全球各

USN Photo Gallery

一名紐約市消防員正抬頭望向世貿中心，2001 年 9 月 11 日伊斯蘭恐怖份子破壞了這裡，留下了一片的廢墟。

USN Photo Gallery

2002年初，太平洋司令部司令丹尼斯‧布萊爾上將正在與一名美軍特種部隊軍官交談，這位軍官參與了協助訓練菲律賓單位追擊阿布沙耶夫恐怖份子的行動。

地投身於宗教寬容、法治及基本人權的政府與人民。

　　美國政府堅決且迅速地作出回應。在「持久自由行動」（Operation Enduring Freedom）當中，美軍特種部隊部署到阿富汗，與當地反塔利班、反蓋達的北方聯盟（Northern Alliance）一同行動，在2001年10月底把恐怖份子趕出了阿富汗首都喀布爾。僅僅在911事件數天之後，第七艦隊就把「小鷹號」航艦戰鬥群從橫須賀派遣到北阿拉伯海，與其他美國

及盟友的陸海空地面部隊會合，把恐怖份子趕出阿富汗的人口中心，並將其驅逐到阿富汗－巴基斯坦邊境的群山之中。恰如展示出海軍的多功能性與靈活性一樣，「小鷹號」在此間成為了美軍特種部隊直升機的起飛平台，而非日常艦載航空聯隊操作的定翼機——那些定翼機已經在日本卸載了。

亞洲恐怖主義與海盜行為的崛起

　　由阿布沙耶夫、伊斯蘭祈禱團及

其他與蓋達組織有關連的組織所帶來的，對東南亞地區的恐怖主義威脅，都需要第七艦隊的緊密關注。當棉蘭老島及菲律賓南部島嶼上的穆斯林分離分子，與菲律賓政府交戰了好幾十年之後，阿布沙耶夫為全球聖戰主義運動有更多的投入。這個組織的創辦人阿布杜拉加克・簡加拉尼（Abdurajak Janjalani）出生於菲律賓巴西蘭島（Basilan），1980 年代在阿富汗與賓拉登一同戰鬥以對抗蘇聯。回到家園之後，他滿腦子都是宗教狂熱及極端的思想。

阿布沙耶夫長期以來從事暴力行為。1991 年 8 月，這個組織的游擊隊攻擊了三寶顏市港內的福音船「忠僕號」（MV *Doulous*），並殺害了兩名基督教傳教士。美國情報分析師更直指阿布沙耶夫與 1995 年一個野心極大的陰謀有直接關係，也就是波金卡計劃（Operation Plan Bojinka），一個意圖暗殺美國總統柯林頓及教宗、對曼谷及馬尼拉的美國大使館進行炸彈襲擊，還有摧毀跨太平洋飛行的美國客機。這個陰謀僅僅因為主謀拉姆齊・尤塞夫（Ramzi Yousef）在馬尼拉公寓儲藏的炸藥起火，驚動了有關當局而行跡敗露。同一年，阿布沙耶夫游擊

隊以小船登陸菲律賓的伊佩爾（Ipil），殺害了接近百人、搶空了七間銀行，還把整個小鎮燒成廢墟。菲律賓軍方在 1998 年 12 月成功擊殺阿布杜拉加克，但他的組織在他的兄弟卡達菲（Kadaffy Janjalani）領導下繼續活動，而且還進行海盜行為，以及劫持人質以換取贖金。2000 年 4 月，阿布沙耶夫恐怖份子在馬尼拉外海一個小島上的渡假聖地，劫持了二十一名遊客作為人質。2001 年 5 月，這個組織在巴拉望島（Palawan）上的多什帕爾馬斯島度假村（Dos Palmas resort）綁架了二十名遊客，包括美國人馬丁・本漢（Martin Burnham）及格雷西亞・本漢（Gracia Burnham），還有吉勒莫・索伯洛（Guillermo Sobero）。恐怖份子釋放了大部分人質，但把索伯洛斬首了。他們也繼續挾持著本漢夫婦，直到在一年之後菲律賓軍隊一場突襲為止，雖然成功救出格雷西亞，但馬丁卻不幸身亡了。

伊斯蘭祈禱團及其他殘暴的恐怖份子組織，都以印尼及馬來西亞的外國人及西方商業利益為目標。如果不是新加坡有關當局成功挫敗了他們的計劃的話，伊斯蘭祈禱團的武裝份子原本打算在 2001 年底，襲擊第七艦隊

歷史見證者

「小鷹號」航艦在第七艦隊大多數歷史事件上，都扮演著顯眼的角色。1961 年 4 月成軍，1982 年 10 月進入了日本橫須賀軍港。當湯瑪士・穆勒中將在同一個月內接替威廉・史維西中將（William A. Schoech）成為第七艦隊司令時，「小鷹號」還成為了艦隊的臨時旗艦。在 1963 年 6 月訪問該艦後，甘迺迪總統表示，「小鷹號」「為『國防的第一線』這句話賦予了真正的意義。」

「小鷹號」的戰時歲月，始於 1964 年 6 月，當時第 63 輕型偵照中隊的查爾斯・卡魯斯曼上尉（Charles F. Klusmann）的 RF-8A「十字軍式」，在寮國被共黨砲手擊落了。歷經 86 天極為難受的囚禁生活後，這名年輕的飛行員逃跑了，一架搜救直升機從叢林中將其救出重圍。1965 年 11 月，該艦的航空聯隊執行了對南越境內越共部隊的打擊任務。「小鷹號」接下來還再完成了五次的東南亞戰鬥部署。在此期間，她的戰鬥機中隊擊落了 6 架北越米格機，而攻擊中隊打擊了在北越、南越及寮國境內數以百計的橋樑、補給倉庫、鐵路車廠、石油儲藏庫及部隊集結點。

從 1970 年代晚期到 1980 年代間，「小鷹號」確立了第七艦隊在亞洲水域的戰力展示。不過在蘇聯太平洋艦隊發起挑戰時，她尤其在北太平洋及印度洋維持了第七艦隊的實力與地位。在無數次過程中，蘇聯轟炸機及偵察機以極具威脅的距離靠近「小鷹號」，蘇聯海軍船艦亦在其後尾隨不息。1984 年 3 月，蘇聯人走得太近了，在與南韓海軍演習期間，一艘「勝利 I 型」攻擊潛艦在毫無預兆的情況下，突然從航艦下方浮出水面。儘管這有釀成大災難的潛在危險，最終這次碰撞並沒有對雙方船艦造成什麼大損傷。

在美國本土港口待了一陣子後，「小鷹號」便前往索馬利亞外海執勤，支援聯合國在當地的人道任務；1990 年代又前往波斯灣。「小鷹號」派出艦載機支援「南方守望行動」（Operation Southern Watch），以在伊拉克上空建立禁飛區期間，艦載機聯隊的作戰飛機閃避了無數防空火力，並執行了報復性打擊任務。

當她在 1998 年 8 月抵達橫須賀時，「小鷹號」接替了「獨立號」成為美國唯一前進部署的航空母艦。接下來 4 年，該艦在西太平洋參與了無數聯合及聯盟演習。不過，隨著 2001 年 9 月 11 日蓋達組織恐怖份子對美國發動攻擊，「小鷹號」部署到北阿拉伯海支援「持久自由行動」。在另一次遠東部署之後，「小鷹號」2003 年 3 月又一次回到戰場，這一次她的第 5 艦載機聯隊在「伊拉克自由行動」（Operation Iraqi Freedom）當中，對海珊的武裝部隊進行了無數次空襲。「小鷹號」的飛行中隊尤為關注伊拉克共和衛隊的麥地那裝甲師，還持續不斷使用致命的精準導引彈藥對其進行轟炸。這艘第七艦隊的老戰士，最終在 2008 年 8 月將西太平洋勤務移交予「華盛頓號」

航艦（*George Washington*, CVN-73）後返回本土。2009年，美國海軍將這艘服役達48年，其經歷令人難忘的「小鷹號」航艦退役。

2001年2月，部署到巴基斯坦外海的第七艦隊「小鷹號」航艦，她搭載了準備在阿富汗執行「持久自由行動」的美軍特種部隊。

離開橫須賀返國的「小鷹號」，在甲板上排列 Sayonara 日文「再見」的字樣向日本民眾道別。

停泊在新加坡的軍艦。區域內的安全部隊擾亂了其他激進伊斯蘭組織意圖攻擊第七艦隊在海上或港內軍艦的計劃。一段在阿富汗繳獲的影片顯示，恐怖份子還監視了在新加坡一個美軍水兵時常使用的公車站。泰國南部的穆斯林分離份子對警局及校舍進行炸彈襲擊，以對曼谷政府表達他們的不滿。激進伊斯蘭份子在 2001 年末以炸彈襲擊了印尼渡輪「加利福尼亞號」（Kalifornia），造成 56 名基督徒死傷。2002 年 10 月蓋達組織武裝份子把炸藥裝上了一艘橡膠充氣艇，操縱著它接近亞丁灣內的法國貨輪「林堡號」（Limburg），並在緊貼艦體引爆了炸藥。同月，伊斯蘭恐怖份子在印尼峇里島多個地點引爆炸彈，殺害了 202 名印尼人及外國人，當中包括 88 名澳洲人。這個損失對人口遠少於美國的澳洲來說，等同於對美國發動 911 襲擊所造成的傷亡。在 2003、2004 及 2005 年，同樣發生了讓成百上千傷亡的炸彈襲擊，當中絕大多數受害者是印尼人。受蓋達組織啟發的恐怖份子，在美國，其後在西班牙與英國發動了成功的恐怖襲擊，激勵了激進份子在東南亞攻擊美國人，對區域和平穩定造成真實的威脅。

雖然海盜劫掠已經在亞洲水域存在了最起碼一千年，但這個事實並沒有減少對海盜行為會否影響往來波斯灣、印度洋、南海及東海的海洋交通安全的擔憂。區域內海上的咽喉要地，特別是在新加坡、馬來西亞及印尼之間狹隘的麻六甲海峽，這條每年有五萬艘船艦通過的要道，更顯得容易受到乘坐快艇展開劫掠的武裝海盜的侵擾。從 2000 年至 2006 年間，全球各國相關部門便統計有 2,463 宗海盜攻擊，當中 25 ％ 發生在印尼水域。在 2005 年的 22 次海盜劫掠當中，武裝海盜便駛近在東南亞水域航行中的船艦旁邊，再以鉤繩登艦，隨後便把船上價值成千上萬的貨品搶掠一空。

在二十一世紀第一個十年，要從恐怖份子當中分辨出誰是海盜，是一件十分困難的事。海盜傳統上只為求財而行動，恐怖份子卻尋求達成宗教與政治上的目標。但是，海盜有時也會用宗教來掩飾其貪婪的本質，而恐怖份子也需要金錢來支持其活動的財政需要。在 2003 年的一次相關事件當中，印尼亞齊省的游擊隊便奪取了一艘從新加坡駛往馬來西亞檳城的滿載油輪，並要求 52,000 美元贖金以釋放船上人員。2005 年 3 月，35 名持有機

槍及火箭筒的海盜在麻六甲海峽奪取了一艘印尼貨輪，並強求贖金以換取釋放人質。僅一個月後，武裝海盜突襲了一艘停在馬來西亞港口內載有錫米的貨船，並在搶得貨物之後，乘坐快艇揚長而去。

這些武裝掠奪者有時不僅造成船員及乘客死亡，更強迫船運公司繳交贖金，使得保險費率上升。在局勢不穩的2005年，勞合社的聯合戰爭委員會（Joint War Committee of Lloyd's Market Association）宣佈麻六甲海峽為戰爭風險區，更令通過這些水域船艦的保險費率大幅增加。反恐專家擔心，恐怖份子會在這個關鍵的海峽擊沉一艘大型油輪以中斷海上交通、在港口內引爆一艘液態天然氣載運船，或者使用一艘搶奪回來的船艦作為飛彈發射、投放水雷或部署快速戰鬥艇的平台。

對抗恐怖主義及海盜劫掠的多國行動

第七艦隊在冷戰期間，承擔了絕大多數保護西太平洋海洋貿易與海上交通線的重責大任。美國海軍高層在當時視蘇聯、中共以及其他共產國家的海軍部隊為對海事往來的主要威脅。

到二十一世紀初，對海洋貿易的威脅被證明變得更為多樣化、複雜以及對第七艦隊的決定性反擊措施更具抵抗力。除了國際恐怖主義外，非法軍火與炸藥的轉移、毒品走私、領土爭端、海盜行為及其他因素，都清楚指明需要一個更新、更全面的多國聯合手段來應對海洋安全問題。即使在2001年9月11日之前，太平洋司令部司令丹尼斯・布萊爾上將（Dennis Blair）就提出了「安全保障共同體」（security communities）的概念。他呼籲透過集體努力來解決「區域摩擦點；貢獻武裝部隊及其他援助予維和及人道救援任務，以支持外交解決方案；還有規劃、訓練與演習…武裝部隊同心合力來完成這些行動。」

在這個新時代，聯合國及其他區域組織經常領導及促進多國反恐及反海盜行動。正如《聯合國海洋法公約》所呼籲，成員國一同行動，以將國際法帶到與領海爭議、海床礦物及漁業相關的問題上。911事件後，亞太經濟合作會議制定了一個反恐計劃，當中詳細制定了港口及船上安全保障跟反海盜行為的作戰措施。菲律賓、印尼、馬來西亞及泰國在2002年組成了反恐

聯盟，這些國家的海軍也經常進行聯合演習。

接下來一年，東南亞國家協會頒佈了《峇里第二協約》（Bali Concord II），呼籲成員國——美國雖然不是成員國，但支持他們的目標——協同一致對抗海洋恐怖主義、海盜以及走私行為。2004年7月，印尼、馬來西亞及新加坡聯合部隊進行「馬仙多行動」（Operation Malsindo），一個保衛麻六甲海峽的海洋經濟活動，以對抗海峽內的恐怖份子及海盜的行動。2004年11月，由日本及東協國家，再加上中國、韓國、孟加拉、印度及斯里蘭卡，簽署了《亞洲對抗海盜及武裝搶劫船艦區域合作協議》。簽約國同意在新加坡建立情報共享中心，負責維護數據庫、進行情報分析，以及分享區域內海盜行動的情報。

新加坡甚至考慮過讓一些第七艦隊戰鬥人員在該處進駐，以執行反海盜行動。隔年，聯合國的國際海事組織倡議下，二十五個船艦會駛經麻六甲海峽的國家簽署成立了一個互信機制以改善安全管理問題。2006年，在東協的年度會議上，東協成員國簽訂

日本海上自衛隊的油彈補給艦「常磐號」參與了海上自衛隊的印度洋派遣任務。

了一份針對恐怖主義的國際公約，以作為追蹤區域內恐怖份子網絡、訓練營及相關財政的支援。

日本踏上舞台

意識到她的海上交通線在海洋違法者面前有多脆弱後，日本便大力提倡多國反恐及反海盜行動。1999 年，當一艘日本籍商船「艾蘭卓雅彩虹號」（Alondra Rainbow）由印尼返回日本途中被海盜劫船後，東京便努力將其導向多國反海盜行動上。印度海軍及海岸防衛隊成功重奪這艘商船，並交還日本。不久之後，日本主持了一項國際會議來檢討海盜問題。日本海上保安廳與來自其他六個東南亞國家的海岸巡防部隊一同進行了反海盜演習。2000 年，被海軍分析專家貝納·柯爾（Bernard D. "Bud" Cole）恰當地描述為，「不論任何時刻都是東亞最有能力的海上部隊」的日本海上自衛隊，與第七艦隊、南韓及其他國家的海上部隊一同進行了針對反海盜行動的聯合演習。

在孟加拉灣的「馬拉巴 2007」演習期間，在印度海軍「維拉特號」航艦艦橋上的第 11 航艦打擊群司令泰利·布萊克少將（Terry Blake）與印度海軍羅賓·當文少將（Robin K. Dhowan）。

7th Flt PA

日本非常珍視與美國的聯繫。日本海上自衛隊將官伊藤弘俊就表示：「美國，特別是她的海軍，是不可或缺的」，以及「是一個區域內穩定的主要貢獻者」。他還補充到，「只有美軍能在可預期的衝突來臨時，基於美軍與盟友共同制定的作戰準則，才能成立共通的戰術程序。」

在 911 攻擊後不久，海上自衛隊派出了一艘補給艦及為其護航的驅逐艦，前往印度洋支援「持久自由行動」。從 2002 年開始，這支分遣隊還包括了一艘神盾驅逐艦。在印度洋的日軍艦隊，最終為 10 國海軍聯盟的船艦提供了所需燃料的 30%。2005 年 9

月，海上自衛隊提供了四億一千萬公升燃料，總值一億四千萬美元——而且還是完全免費的。海上自衛隊這些支援行動，一直持續到 2010 年才告終[1]。

海上自衛隊還十分歡迎與他國海軍一同進行演習。正如當時出任日本自衛隊統合幕僚長石川亨上將所強調：「大海是無邊界的，世界各國的海軍都把公海當成一個公共領域來共享。多邊海軍合作建立了一個共同的基礎，透過建立促進穩定的關係來管理海洋相關的難題。」

美日之間的聯繫變得完善，而且亦為日本人民所接受，因此在 2004 年 12 月，兩國政府都同意在 2008 年由「華盛頓號」核動力航艦來接替「小鷹號」傳統動力航艦。這之前，在日本港口操作核動力航艦一直是一個備受激烈爭論的議題，但在這個新時代只有造成相對輕微的風波。而且，美國海軍的核動力航艦在 1964 至 2010 年之間，就造訪日本各港口超過 1,200 次，沒有引起任何意外，這有助於消除日本本地的疑慮。

不光是日本，其他太平洋地區的海洋國家，同樣密切關注東南亞的海盜問題。2004 年 4 月，美國及東協國家聯合舉辦了一個工作坊，商討「強化東協地區的海洋反海盜及反恐怖主義行動的合作。」2005 年 9 月，美國及另外 33 個國家共同簽署了《雅加達聲明》，承諾會投入更多資源來確保麻六甲區域的海上安全。

到 2010 年，麻六甲海峽的海盜攻擊次數已有明顯的下降。很顯然，觀察家將此歸功於過去十年間的多國反海盜行動，並稱這些行動「減少了亞太地區海盜罪行的發生機率，而且這些行動還把不同國家聯合起來，成為一個區域反海盜共同體。」約翰・柏德海軍中將（John M. Bird）堅信，東南亞海盜行為減少，是區域內各國海軍與他指揮的第七艦隊共同努力的直接結果。

與印度海軍合作

在亞洲各處海上交通線進行全面性維持秩序的強大支援，來自另一個出乎意料的地區——印度。印度海軍採取了行動，以促進印度洋的海洋安全，畢竟每年都有全球一半的貨輪及

1　編註：日本海上自衛隊的「派遣海上補給支援部隊」，總共派出 26 梯次的支隊執行任務。

三分之二的油輪會經過這片海域。根據一份政府文件的說法，「由於貿易是印度的命脈，不管在和平、局勢緊張乃至於戰時，保障我們的海上交通線通行無阻，是一個主要國家的海洋利益之所在。」印度政府發起了與來自新加坡、英國、法國、孟加拉、中國、南韓、日本及美國海軍部隊一同進行的演習。正如印度海軍退役海軍中將 P‧S‧達斯（P. S. Das）認為，與其他已發展國家進行的聯合海軍訓練，「促進了我們與其他主要國家的整體交流聯繫，而且還建立了印度海洋力量在本區域存在的正當性。」

7th Flt PA

參與 2005 年馬拉巴演習的美國海軍「聖塔菲號」核動力攻擊潛艦。

美印關係在二十一世紀初開始有了跨足發展。兩國都面臨來自激進伊斯蘭份子的致命威脅。在喀什米爾、孟買及不同地方的穆斯林分離份子，已經以印度政府為目標行動好幾十年了。美國與印度——後者是全球人口最多的民主國家——在代議民主政府及法治方面都有共同信仰。印度在冷戰之後欣然接受自由市場企業及全球化，更產生了一個幾乎與中國並駕齊驅，依賴海洋商貿活動與海外能源供

應超過其 90%需求的經濟體。

在中國持續增加南海及孟加拉灣的海上軍事影響力、喜馬拉雅山的領土爭議以及中國轉移核武器技術予巴基斯坦這三方面的擔憂,都促成了美印之間更緊密的關係。另一方面的原因,是印度國內廣泛流傳的一個看法——美國的外交政府也同意——印度這個國家應該在強權之列當中取得一席之位,而她的海軍——全球排名第四大——也應該建立國際上的影響力。

在 2002 年的「持久自由行動」之中,印度海軍保護了美國船運通過麻六甲海峽,准許了美方飛機飛越印度領空,也開放了她的港口予第七艦隊執行打擊恐怖主義任務的船艦補給燃料。2004 年 9 月,印度及印尼海軍開始在麻六甲海峽以西的六度海峽(Six Degree Channel)[2] 進行聯合巡邏。11 月,第七艦隊司令喬納森·格林納中將(Jonathan Greenert)於關島外海的「藍嶺號」上,與印度海軍的軍官們會面,促進兩國海軍之間的作業互通能力。兩國軍官特別注意規劃「馬拉巴 2004」演習(Exercise Malabar

2004),這個年度演習從 1992 年開始便每年舉行了。

2005 年 6 月,美印兩國簽訂了十年的協議。這個協議為兩國分享武器技術,以及聯合保護關鍵海上通道,提供了全新的美印防務關係架構。印度海軍軍官認知到,「印度與美國有很多共同的擔憂,包括對抗恐怖主義、反海盜行動及海上通道的安全。」正如一份研究指出,對印度來說,「把這些共同的災害自亞洲水域中淨化,已經成為一個真實且成長中的重要事項。」正如 2001 年蓋達組織對美國發動的攻擊,2008 年 11 月,一個伊斯蘭恐怖組織對孟買市——印度洋的重要港口,發動了襲擊,結果造成 165 人的死亡。

2005 年秋,第七艦隊及印度海軍部隊舉行了「馬拉巴 05」演習。這個演習是印度海軍有史以來,與他國海軍一同進行的演習當中最大規模的。「尼米茲號」及「維拉特號」航艦(Viraat)、巡洋艦、驅逐艦、潛艦及海軍艦載機與岸基飛彈亦參與了這次演習。兩國海軍進行了海上攔截,「接近、登船、搜查與扣押」(VBSS)等

2　編註:位於安達曼海,大尼科巴島與蘇門答臘島之間的海峽。

方面的演練，還有搜索與救援及反潛作戰演習。由「聖塔菲號」核動力攻擊潛艦（Santa Fe, SSN-763）擔任攻擊方，美印兩國海軍聯合部隊都得以進行極為真實的反潛作戰演習。

當 2007 年的馬拉巴演習變成多國聯合軍演時，演習情況與此前亦相差無幾。印、日、澳、新加坡海軍及第七艦隊在孟加拉灣進行了這次軍演。用專家麥克·葛林（Michael J. Green）的說法，這次演習發出了一個訊息，「世上主要的海洋民主國家有能力一同去維護公海海上交通線，還歡迎其他有同樣意願及能力的夥伴一同行動。」而在太平洋舉行的「馬拉巴 09」演習──這次在印度洋千里之外──也同樣有第七艦隊的軍艦，以及印度海軍「蘭沃號」飛彈驅逐艦（Ranvir）與日本海上自衛隊「鞍馬號」直升機護衛艦參與。

「尚普蘭湖號」飛彈巡洋艦上的一名水兵正在進行「接近、登船、搜查與扣押」流程的訓練。

美國對保衛海上航線的倡議

美國及第七艦隊很樂意獲得區域內其他海軍加入共同維護西太平洋的和平穩定，還啟動了多個新計劃。「區域海洋安全倡議」（Regional Maritime Security Initiative, RMSI）呼籲有相同意願的國家建立夥伴關係，互相分享情報以辨認及追蹤海洋威脅。一般來說，相關國家的執法單位、海岸防衛隊及軍方都會各自應對領海內的威脅，但美方展望透過多國聯合行動以取得更大的成就。儘管不少東南亞國家產生主權方面的顧慮，但美方的倡議激勵了各國採取行動。例如新加坡及馬來

2000 年 10 月 29 日，「柯爾號」飛彈驅逐艦在葉門的亞丁港內遭受恐怖襲擊。受到重創之後，這艘驅逐艦便由軍事海運司令部的船艦拖曳到安全地點去。

西亞就實施了情報共享，以及在忙碌的麻六甲海峽內展開聯合巡邏。

2002 年 12 月，一宗在印度洋的事故促使華府提倡另一項措施。美國情報部門懷疑北韓商船「西山號」計劃把飛毛腿彈道飛彈送到葉門——2000 年「柯爾號」飛彈驅逐艦（Cole, DDG-67）遭受炸彈襲擊的地點，也是蓋達組織的老巢。一艘西班牙海軍的船艦參與了美國海軍在阿富汗外海，意圖攔截該商船的海上攔截巡邏行動。當特種部隊快速游繩登艦時，他們發現了 15 枚飛毛腿飛彈，而不是當事商船宣稱運載的水泥。但是，由於西班牙沒有執法權可以扣押違禁品，因此他們容許了這艘商船繼續航向港口。

為了應對這個在法律上的不足，2003 年 5 月小布希總統宣佈了「防擴散安全倡議」（Proliferation Security Initiative, PSI）。這個倡儀強調攔截大規模殺傷性武器，特別是那些經由海路運輸的。情報明顯指出，北韓及其

他國家要不在販賣，要不在轉移核武器原料、彈道飛彈及其他危險的軍火武器給恐怖組織及強盜國家。PSI詳盡列明了外交及執法方面的手段，並由情報資訊所支持，進行辨認、追蹤及攔截運載違禁品的船艦。

海上自衛隊在2004年10月舉行了一次PSI演習。2005年8月，新加坡也在南海發起了代號「縱深馬刀」的PSI攔截演習，涉及美國、澳洲、紐西蘭、英國及日本海軍部隊。在PSI正式啟用四年，來自全球80個國家的海軍、海岸防衛隊、海關人員及其他政府部門的部隊，都共享了可疑的違禁海運情報，並打擊了這些違法交易。2009年，美國懷疑緬甸軍政府意圖取得核原料以研發自己的核武。同年6月，美國情報機構發現北韓商船「江南號」正航向緬甸，並確定了該船載有違禁品。美國援引聯合國安理會「第1874號決議案」，也就是對北韓相關行為進行管制的決議，派出第七艦隊所屬追蹤該船。為了回應中國對緬甸施加的壓力，以及美國對商船的監視，平壤最終讓商船返回北韓，自然也沒法完成原來的任務。8月，印度扣押並

搜查了另一艘本應以中東為目的地，但卻靠近緬甸航行的北韓商船。事實上，在2009年年底時，國際觀察家都把北韓一連串試圖把武器及可疑貨物海運到國外行動受挫，歸功於聯合國安理會「第1874號決議案」的執行。

多國海上聯合演習

太平洋司令部自1990年代中期開始的「聯合海上戰備與訓練計劃」（Cooperation Afloat Readiness and Training, CARAT），涉及了與一系列東南亞國家的雙邊海軍演習[3]。2001年後，這些年度演習均會演練海上攔截恐怖份子及海盜行動，而在這個十年的後半時期，還會有美國、新加坡、印尼、馬來西亞、汶萊、菲律賓、泰國、柬埔寨及孟加拉海軍參與其中。第七艦隊的美國海軍西太平洋後勤支援群指揮官／第73特遣艦隊指揮部司令，在位於新加坡的辦公室處理CARAT的整體協調工作。這些多國海上行動會進行海洋監視、攔截、「接近、登船、搜查與扣押」流程的訓練，這些訓練都是精心設計來打擊恐怖主義及其他非法行為。

3　編註：亦簡稱「卡拉演習」（CARAT Exercise）。

2007 年的 CARAT 演習期間，美、菲水兵正在把準備送給菲律賓棉蘭老島三寶顏上一間孤兒院的物資搬運上艦。

　　2007 年的演習可以說是 CARAT 計劃典型化的範例。第 1 驅逐艦中隊指揮官出任 CARAT 特遣支隊司令，並直接歸第 73 特遣艦隊司令凱文‧奎因少將（Kevin M. Quinn）節制。參與這一年度演習的單位還有「麥克亨利堡號」船塢登陸艦（Fort McHenry, LSD-43）、「保羅‧漢密爾頓號」飛彈驅逐艦（Paul Hamilton, DDG-60）、「羅德尼‧戴維斯號」飛彈巡防艦、以及「防衛號」救援艦（Safeguard, ARS-

50）。此外，第七艦隊的 P-3C 獵戶座巡邏機、SH-60 海鷹直升機、海蜂工兵、一個海岸防衛隊訓練小組還有陸軍獸醫都參與了這次演習。

　　2009 年春天的 CARAT 計劃在菲律賓舉辦。從 4 月到 5 月，第七艦隊及菲律賓海軍的軍艦，包括「約翰麥肯號」及「查菲號」飛彈驅逐艦（Chafee, DDG-90）、「哈波渡口號」船塢登陸艦（Harpers Ferry, LSD-49）、以及菲律賓海軍的「貝恩文尼多‧索特林

號」快速攻擊艇（*Bienvenido Salting*）及「拉惹胡馬邦號」巡防艦（*Rajah Humabon*）等，都在菲律賓海行動。美國海軍的海蜂工兵及菲律賓軍方工兵部隊在拉普拉普市（Lapu Lapu City）建成了一個科技及教育中心。海軍牙醫則在科爾多瓦（Cordova）展開了醫療民事行動計劃（Medical Civic Action Program, MEDCAP）。第七艦隊、美國海岸防衛隊及菲律賓部隊也在宿霧海峽演練了「接近、登船、搜查與扣

押」行動。

6月，第七艦隊與馬來西亞及新加坡軍方一同進行 CARAT 演習。作為演習內容的一部分，西太平洋後勤支援群司令諾拉・泰森少將（Nora W. Tyson）在馬來西亞關丹市一間由美軍及馬來西亞水兵建造的小學校舍主持了開幕禮。第七艦隊的船艦「哈波渡口號」船塢登陸艦、「查菲號」飛彈驅逐艦、「錢瑟勒斯維爾號」飛彈巡洋艦（*Chancellorsville*, CG-62）及

2010 年 5 月 CARAT 聯合演習期間，位於照片左方的西太平洋後勤群司令諾拉・泰森少將正在與汶萊皇家海軍的軍官一同觀察演習。

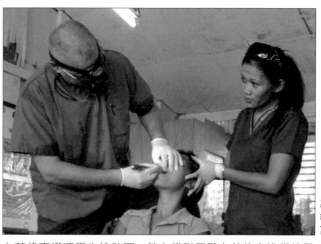

2009 年 5 月，美國及菲律賓軍艦正進行 CARAT 演習。

在菲律賓護理學生協助下，第七艦隊牙醫在菲律賓進行的醫療民事行動計劃期間為病人拔牙。

「鐘雲號」飛彈驅逐艦（*Chung-Hoon, DDG-93*）與新加坡海軍的「堅定號」（*Stalwart*）、「無畏號」（*Interpid*）巡防艦以及「奮進號」戰車登陸艦（*Endeavor*）合流，一同進行海上操演。在「哈波渡口號」的甲板上，越南海軍的杜越強少將（Do Viet Cuong，音譯）觀察了這次演習，並期待日後他所指揮的海軍能參與 CARAT 演習。

7 月，操演移師至印尼及泰國。第 40 海軍機動工程營（Mobile Construction Battalion 40）的海蜂工兵為勿加泗（Bekasi）一處小學校舍鋪下了水泥地基，而水兵及陸戰隊員則與他們的印尼同行在海上進行了「接近、登船、搜查與扣押」行動以及輕武器

訓練。美國及泰國水兵在暹羅灣進行了海空行動演練。

相似的訓練亦在「東南亞反恐行動合作」（Southeast Asia Cooperation against Terrorism, SEACAT）的名義下舉行，並精進了受訓部隊登艦小組的戰術及戰技，還有小艇操作技術方面的能力。舉例而言，來自第七艦隊、菲律賓、泰國及新加坡的海軍官兵，便在 2009 年為期一週的 SEACAT 演習中，演練了海上攔截行動。

第七艦隊還在與泰國長期進行的「金色眼鏡蛇」演習的基礎上，將之演變成一個包括來自日本、新加坡及印尼海軍部隊，集中在維持和平及應對突發情況的演習。2009 年 2 月，「艾

2009 年 7 月在印尼的 CARAT 演習期間，第 40 海軍機動工程營的海蜂工兵，正與印尼陸戰隊工兵同心合力建造一所學校。

塞克斯號」及以沖繩白灘為基地的遠征打擊群（第 76 特遣艦隊），便與來自泰國及新加坡的海軍部隊，一同參與了在暹羅灣的「金色眼鏡蛇」演習。同月，「拳師號」兩棲登陸艦（Boxer, LHD-4）及陸戰隊第 13 遠征隊的水兵及陸戰隊員，到訪了印度洋的馬爾地夫，與當地軍方一同參與「椰林行動」（Exercise Coconut Grove），這是一系列的人道援助計劃。

為了讓水兵及陸戰隊員的海上反恐行動準備更為充足，第七艦隊增加了相關的專長訓練。例如在 2009 年 5 月，第 14 直升機反潛中隊（HS-14）的海鷹直升機機組員、來自太平洋艦隊反恐保安部隊（Fleet Antiterrorism Security Team Pacific, FASTPAC）的陸戰隊員，以及來自「華盛頓號」航艦的官兵，便在航艦飛行甲板上舉行了輕武器實彈射擊及快速游繩演練。

正如專家約翰‧布拉福（John F. Bradford）所說的那樣，二十一世紀第

一個十年結束之際，「所有涉及東南亞海洋事務的區外勢力，都將他們的重點對準在海洋安全合作上，特別是保衛戰略航線的航行安全，免受跨國威脅所影響。」這些國家當中，最重要的莫過於美國、日本、澳洲及印度，他們都展示了在東南亞海洋安全合作方面的承諾與付出。

在對抗恐怖份子、海盜及武器擴散的戰鬥中獲勝

到了 2010 年，國際、區域以及美國所採取的行動，都大大減少了亞洲海域內的海盜攻擊、可疑的大規模殺傷性武器海上運輸，以及其他各種非法行為。多國及雙邊巡邏都明顯地增加了在危險水域的海洋軍力存在。在岸上，印尼、馬來西亞、泰國及新加坡的反恐部隊透過使用更好的情報收集方法，以及對恐怖份子進行致命性，或快速的訴訟及監禁手段，破壞了一個接一個的恐怖份子的團體。據稱到了 2008 年底，印尼、馬來西亞及新加坡的政府部門便拘捕了接近 500 名伊斯蘭祈禱團的成員。在這些國家，很

2010 年 2 月，美國海軍陸戰隊員參與年度的美泰「金色眼鏡蛇」聯合演習。

多人都被蓋達組織及伊斯蘭祈禱團的恐怖份子發動的炸彈襲擊嚇得惶惶不可終日，因為這些襲擊的受害者大多數都是穆斯林，還貶低了伊斯蘭教，更摧毀了很多當地居民賴以為生的旅遊業。與此同時，這些國家的政府都加倍努力，透過加強經濟發展，以及與當地居民就其不滿進行協商和解，以在受恐怖份子影響的地區贏得民心的支持。

澳洲在 2009 年 5 月發表的國防白皮書展示了該國未來的防務政策，以及武裝部隊的組成，都回應了區域內國家的普遍看法，那就是他們以及他們的美國夥伴都成功應對了東南亞的恐怖主義威脅。澳洲籍專家傑克・麥卡里夫（Jack McCaffrie）及克里斯・拉曼（Chris Rahman）總結了這份文件的核心理念。他們認為，即使恐怖主義威脅仍然存在，但極端主義網絡在區域內的擴張，將會被持續進行中的反恐行動限制。

由菲律賓及美國所發起的反恐行動被證明尤為成效顯著。僅僅在 911 襲擊美國後數週，兩國政府已經簽訂了一份協議，容許美軍在菲律賓儲藏軍用武器及補給品，並建立臨時反恐營區，允准美軍飛越菲律賓領空。美國為菲律賓提供的軍事援助增加了 10 倍，到 2002 年時已增加至總數達 1,900 萬美元了。這筆援助帶來了反恐訓練，還有 C-130 力士運輸機、UH-1H「休伊」直升機、M16 步槍、夜視鏡以及 360 噸的颶風級近岸巡邏艇（Cyclone-class）。

2002 年，菲律賓政府及軍方開始了「肩並肩行動」（Operation Balikatan），將這個由來已久的美菲雙方聯合演習的名字，用在針對巴西蘭島南部的阿布沙耶夫大本營的作戰上。美國海軍太平洋司令部部署了 4,000 人在呂宋島，還額外再增援 1,300 名美軍特種部隊、第七艦隊的海蜂工兵，以及正規軍到巴西蘭島，透過提供軍事顧問、反叛亂戰鬥訓練、運輸、情報及必需裝備支援菲律賓軍隊作戰。不過，美軍人員獲授權只有在自衛時才可以戰鬥。在這個命名為「持久自由行動—菲律賓」（Operation Enduring Freedom–Philippines）的行動當中，美國支援的項目包括醫療支援、道路建設、挖井以及學校校舍建設。這些行動的目標，都是要讓菲律賓軍方高層對於利用「軟實力」來贏得島上居民支持的策略，能夠銘記於心。

在開始後數月之內，行動已經有了正向成果。在美國軍方資源支持下，6 月初，擁有美方提供的情報，以及裝備美援夜視鏡的菲律賓海軍部隊，成功定位、攔截及擊殺了一名乘船從巴西蘭島往棉蘭老島的阿布沙耶夫高級幹部。其他阿布沙耶夫游擊隊員隨即逃離巴西蘭島。

美菲聯合作戰確實改善了巴西蘭島的安全及經濟發展狀況，還贏得了

2006年3月，來自「哈波渡口號」船塢登陸艦的陸戰隊員及水兵，與菲律賓霍洛島的村民合照。一隊超過500人的美菲軍事人員，為當地居民提供了醫療、牙科及建屋等方面的援助。

島上居民的讚賞與支持。菲律賓武裝部隊還特別設立了「國家發展支援司令部」（National Development Support Command）以贏得民心。正如蘭德公司（RAND）所說的那樣，菲律賓人越來越能清楚看出，「擊敗恐怖主義叛亂的最好方法，就是為居民提供叛軍所不能提供的：道路、橋樑、生計、房屋、學校、電源、醫療中心以及藥物——簡單來說，就是完善的治理。」美國政府更乘勝追擊，再提供了46億美元的經濟及軍事援助。2003年，在

菲律賓總統艾洛雅訪問華府時，小布希總統就指定菲律賓為「主要非北約盟友」。

到2003年底時，美國軍方資源支援下的菲律賓武裝部隊已經擊殺或俘獲了數以百計的阿布沙耶夫成員，但這條毒蛇的獠牙尚在。其最大膽及最血腥的行動就屬2004年2月，阿布沙耶夫的暗樁在搭載了900名乘客，排水量一萬噸的超級渡輪14號（*Superferry 14*）貨輪上，引爆了一個簡陋的、將十六根炸藥裝進一個挖

空了的電視機而製成的應急爆炸裝置（IED），116 人死於爆炸或溺水。

接下來三年，美國及菲律賓部隊在島上進行了更多的訓練、人道援助及資訊共享行動。作為第 515 聯合特遣部隊指揮官，第七艦隊司令為「持久自由行動－菲律賓」提供了海上支援。第七艦隊的海豹部隊指導了菲律賓部隊有關叢林求生、射擊技術、海洋監視、小艇操作以及特種作戰的知識。

在特別成功的 2006 年「最後通牒計劃行動」（2006 Operation Plan Ultimatum）當中，一支總數 7,000 人，擁有十個營兵力的菲律賓特遣部隊，在 200 名美軍作戰人員以及情報、訓練與經費的支援下，把在霍洛島（Jolo）及塔威塔威（Tawi Tawi）的最後 500 名阿布沙耶夫游擊隊當成打擊目標。在為期九個月的行動當中，菲律賓特種部隊擊殺了阿布沙耶夫頭目卡達菲·簡加拉尼、他的副手阿布·蘇萊曼（Abu Solaiman）、以及被稱為「黑色殺手」的猶坦·雅瑪隆（Jundam Jamalul），還有 107 名游擊隊員或死或被俘。其餘的游擊隊員被切割成小單位，逃進深山或其他島嶼。到了 2009 年，菲律賓軍方估計只餘下不超過百名阿布沙耶夫主要戰鬥人員了。隨著游擊隊員的離開，菲律賓陸軍開始進駐設立永久據點。隨著恐怖份子發動的炸彈襲擊及伏擊的減少，島上城鎮的生意及市集開始旺盛起來，人們敢於在晚上外出了。

「肩並肩 06」演習（Exercise Balikatan 06），共有 2,800 百名菲律賓及 5,500 名美軍軍方人員參與其中。美軍部隊在呂宋島、宿霧及蘇祿島完成了七次醫療民事行動計劃、四次工程民事行動計劃（Engineering Civic

一艘第七艦隊的通用登陸艇，把陸戰隊員送上菲律賓去參加 2009 年「肩並肩」演習。

Action Project, ENCAP）、反恐行動訓練以及人道救援行動。在醫療民事行動計劃當中，美軍為 11,000 名名菲律賓人提供了免費醫療援助，還為他們不少牲口提供了獸醫服務，還建造了四所新學校。「仁慈號」醫療船（Mercy, T-AH-19）還照顧了巴西蘭島、蘇祿島及塔威塔威的人民。當一場熱帶風暴引發了土石流並摧毀了雷伊泰島上的城鎮吉桑貢（Guinsagon）後，2,500 名美軍部隊立即部署到這個區域救助災民。來自美國國際開發署（U.S. Agency for International Development）的援助，也容許在菲律賓南方島嶼上的 115 間銀行及農業合作社向農夫提供貸款，據稱協助了成千上萬的游擊隊員轉型成玉米、稻米及海藻農夫。2007 年 9月，美國及菲律賓政府簽署了一份協議，提供了一億九千萬美元援助予為期五年的游擊隊員重返公民社會、建設學校及棉蘭老島民事行動計劃。在「肩並肩 09」演習中，美菲兩軍的水兵及陸戰隊員在呂宋島進行了兩棲登陸演習。參與其中的軍艦就有第七艦隊的「艾塞克斯號」及「托爾圖加號」船塢登陸艦（Tortuga, LSD-46）。

儘管美國投放在印尼的反恐支援沒有很多，但仍然做出了改變。從 2001 到 2004 年，華府為雅加達提供了 4,750 萬美元的援助，為印尼警察進行反恐戰術訓練。認知到新當選的尤多約諾總統大力支持民主化政治進程後，美國在 2005 年重新啟動了對印尼的軍事援助，還鼓勵軍對軍交流。華府同樣容許印尼軍官進入美國國防大學、海軍戰爭學院以及其他美軍高等教育機構深造。

有些軍事援助改進了印尼海軍在關鍵的麻六甲海峽以及印尼、馬來西亞及南菲律賓之間海域的通訊及海岸監視能力。美軍高層尤其熱衷於增加對後者，也就是對菲律賓南方後門的「海洋領域察覺性」。華府對於澳洲的提案，「南方海岸監視」（Coast Watch South）表示有興趣，這個提案建議在海岸設立一定數量由菲律賓人操作，具有雷達監視及攔截能力的哨站。雅加達還創立了一支特別有效的反恐部隊——第 88 特別分遣隊（Special Detachment 88）。在 2005 至 2009 年間就擊殺或俘獲了 450 名武裝份子。印尼政府盡心盡力且持續不斷透過公共教育及去激進化計劃來抵消恐怖主義威脅的努力，證明在消減恐怖主義威脅方面更為有效。

亞太地區的恐懼與不好的兆頭，

在二十一世紀開局的第一年留下了印記。伊斯蘭恐怖份子透過致命的自殺式炸彈襲擊及其他暴力手段，使得菲律賓、印尼及泰國的平民百姓受到心理創傷。海盜在東南亞水域的劫掠亦似乎沒有受到應有的懲罰。北韓向全球各地名聲不佳的政府及恐怖組織，販賣及運送了飛彈與各種禁運的軍火彈藥。但到了 2010 年，美國與亞太地區的其他成員，已經讓不少具體且經過良好協調的計劃投放到位，以打擊恐怖主義、海盜與武器的擴散。在菲律賓及印尼的恐怖襲擊次數與嚴重程度業已明顯下降。海盜也不再敢於與保衛東南亞海上航道的各國海軍與海岸防衛部隊對抗。國際社會同心合力挫敗了北韓試圖向中東走私飛彈及其他禁運軍火彈藥的意圖。第七艦隊作為西太平洋最具能力、最具彈性、無所不在的海軍部隊，是多國努力成功的核心，得以清除區域內恐怖份子並確保海洋公共領域的安全。

第十章
搭檔與對手

第七艦隊作為帶頭對抗恐怖份子、海盜及武器擴散者的角色，同時也磨練了應對來自亞太國家潛在傳統威脅的能力。北韓的好戰態度特別讓人擔憂。與中華人民共和國的分歧，亦需要第七艦隊在二十一世紀繼續保持警覺與備戰。

2001 年，美軍太平洋司令部司令丹尼斯・布萊爾海軍上將（Dennis Blair）提議，運用美國與區域國家由來已久且成功的雙邊關係為基礎，建立一個多邊的亞太區域安全體系。2004 年時出任太平洋司令部副司令， 2005 年 7 月至 2006 年 4 月出任太平洋艦隊司令， 2000 年代末出任海軍軍令部長的羅福賀海軍上將（Gary Roughead）就詳盡地解釋了為什麼他認為二十一世紀會是「太平洋的世紀」。太平洋地區是 40 個國家及全球六成人口的家園，面積還覆蓋了超過半個地球，而這個區域由世上最大的六個國家的武裝部隊所保護，還擁有美國四個首要的貿易夥伴。羅福賀上將非常有遠見地認為，太平洋地區的穩定，有賴於能夠連接「自由及無限制的商貿流

動」，而這個情境得以實現的關鍵，就是美國的海權——威力強大、枕戈待旦，為了快速應變並作出決定性行動而前進部署的美國海軍。但是，他還補充道，「當然，太平洋艦隊最重要的角色，就是在我們國家的戰爭中戰鬥且戰勝對手，但這並不是全然只在乎戰鬥力量的。海權，特別是今天的國防環境下，是關於通行……那容許美國將她和平及自由的訊息透過海洋傳播出去。」

他與其他亞太國家的海軍將領，都明白美國第七艦隊穩定區域內局勢的能力，幫助維持了與其他勢力之間平衡，還有使得潛在的好戰份子受到牽制。艦隊在西太平洋的前進部署，容許區域內國家把國防預算維持在較低水準，集中精力在政治、經濟與社

作為國際援助 2004 年南亞大海嘯生還者行動的一部分，被指派到「林肯號」航艦上的第 11 直升機戰鬥支援中隊的一架 MH-60S 騎士鷹直升機，正在進行物資運輸任務。

會發展。用一位美國海軍戰爭學院學者言簡意賅的說法，「我們的存在從兩方面來說都是一種生財之道：他們（亞洲國家）能在國防上節省經費，然後在發展方面多投入預算。」

美國及第七艦隊在維持東亞經濟繁榮與政治穩定的多國行動中，扮演著重大角色。在中、日、韓三國以及東南亞國家之間，能追溯二戰以至更早時期的歷史仇恨，都阻止了他們作為共同安全行動的主要協調者。只有

美國擁有必要的經濟、政治與軍事力量——還有半世紀以來作為東亞地區領袖的經驗——能扮演這個角色。正如前美國國家安全會議顧問麥艾文（Evan S. Medeiros）所表示，美國長久以來都是「令人感到安心的夥伴選擇」。

美國在海洋的統治地位，有賴於與美國其他武裝部隊、盟友海軍的戰備及作業互通能力。羅福賀上將把諸如海盜、大規模殺傷性武器擴散、伊

斯蘭恐怖主義及非法人口與毒品貿易等跨國犯罪活動，視作對亞太地區安全與穩定最為迫切且刻不容緩的威脅。他對這些威脅的解決方法，並不只限於強化海洋國家之間現有的網絡——美國、日本、新加坡、泰國、澳洲及南韓——而是鼓勵接納印度、印尼，特別是中華人民共和國的海軍部隊。當中共同的脈絡將會是在國家主權方面的互相尊重、共同利益及透過情報共享來增加海洋領域意識。

太平洋艦隊在增強海洋領域意識方面扮演著先行者的角色，並與超過12國以上的區域內海軍建立了一個太平洋海洋部隊的協調機制。這個合作體系的目標是：在海洋領域達成即時性的安全情報共享。羅福賀上將總結道，當搜索與救援、人道援助及災難救濟作為聯合演習的重點時，將會強化不同國家海軍之間的作業互通能力與互信。

南亞大海嘯救援

一個例子可以很好地樹立這方面的榜樣。第七艦隊與澳洲、日本、印尼及其他國家的海軍部隊，都迅速回應了 2004 年 12 月南亞大海嘯帶來的災難。這個由一場 9.1 到 9.3 級地震所引發的巨大海嘯，摧毀了印度洋 11 個國家的沿岸社區，還讓接近 20 萬人不幸喪生。

在太平洋司令部指示下，小羅伯特・布萊克曼陸戰隊中將（Robert R. Blackman Jr.）在 12 月 28 日成立第 536 聯合特遣部隊，來管理美國應對這場天災的事宜。他選擇了泰國烏打拋（Utapao）作為部隊總部所在地，因為美國、泰國及其他國家的海軍部隊，在每年的「金色眼鏡蛇」演習中，都使用過這裡的基地設施了。

太平洋司令部司令湯瑪士・法戈海軍上將（Thomas Fargo）及太平洋艦隊司令瓦特・多蘭上將（Walter F. Doran）隨即明白到這次海嘯有多嚴重，並宣佈執行「聯合救助行動」（Operation Unified Assistance），並下令所有可動用的船艦都趕赴災區。12 月 28 日，第七艦隊司令格林納中將下令，道格拉斯・克勞德少將（Douglas Crowder）指揮的「林肯號」航艦打擊群離開香港前往印尼。在「好人理察號」兩棲攻擊艦（Bonhomme Richard, LHD-6）及其他遠征打擊群的船艦從關島出航前，「好人理察號」上的後勤人員更動用了一張授權信用卡，從當地的王牌五金公司（Ace Hardware

2005 年 1 月，印尼及美軍的水兵，以及來自「艾塞克斯號」的陸戰隊員，正把一包包的白米卸下來，讓慘遭海嘯重創的印尼亞齊省難民得以溫飽。

store）購買了價值五萬美元的木材、塑膠片卷及其餘各式建築材料[1]。

當第 40 海軍機動工程營的海蜂工兵從沖繩基地空運抵達時，「麥克亨利堡」船塢登陸艦亦同時抵達了印尼亞齊省外海。不久之後，「艾塞克斯號」從波斯灣的駐地抵達災區。第 8 巡邏中隊的 P-3 獵戶座從烏打拋展開行動，在印度洋搜索海嘯後的倖存者。

1 月 5 日，在海嘯侵襲後僅僅 10 天，超過 25 艘美軍船艦、45 架定翼機及 58 架直升機已經抵達支援「聯合救助行動」，而且已經為受災區域送達了超過六十萬磅的食水、食物及其他必需品。「林肯號」上的蒸餾設施每小時都能生產足以裝滿近 800 個五加侖水桶的乾淨食水，並由直升機送到岸上。

1　譯註：一家來自美國的五金連鎖企業。

海軍軍令部長弗農‧克拉克（Vern Clark）向世界健康基金會（Project Hope, 一個國際人道組織）的總監約翰‧豪（John Howe）提議，讓海軍及世界健康基金會聯手應付海嘯救災工作。豪總監同意，並呼籲志願醫生及護士補足預定出發前往東南亞的「仁慈號」醫療船上的醫療人員。結果 210 個空缺，有超過 4,000 人報名！當「仁慈號」在 1 月 8 日從聖地牙哥出發時，艦上滿滿都是世界健康基金會及海軍醫療的人員。

重要的後勤司令部，確保了關鍵的救援物資能持續不斷地流入環印度洋各個受影響地區。同樣位於新加坡的海軍西太平洋後勤支援群以及海軍區域承包中心（Naval Regional Contracting Center），兩者均負責把瓶裝水、食物及藥物裝上軍事海運司令部的船艦上，然後這些船艦就會把物資運到印尼外海，再由直升機將物資轉移到岸上。在關島及橫須賀的艦隊與工業後勤中心（Fleet and Industrial Supply Center）同樣支援了龐大的後勤工作。

了解到這次海嘯救災工作當中跨國行動的一面後，太平洋司令部在 1 月 3 日把第 536 聯合特遣部隊重新編定為第 536 協同支援部隊（Combined Support Force 536）。第七艦隊與其他國家部署到印尼外海進行救援工作的海軍部隊合作得尤其有成。事實上，多蘭上將與印度海軍參謀長阿倫‧普拉卡什上將（Arun Prakash）曾經是印度國防參謀學院（Indian Defense Services Staff College）的同學，這毫無疑問促進了他們之間的互動。澳洲

7th Flt PA [May 2010]

前總統柯林頓感謝「麥克亨利堡號」船塢登陸艦上的水兵及陸戰隊員，在「聯合救助行動」也就是美國為了協助印尼在南亞大海嘯進行災後重建的計劃當中，進行人道主義行動付出的努力。

陸軍的麥克・普里托中校（Michael Prictor）還表示：「我們幾乎與美國人同時抵達印尼，而且我們幾乎即時就能與他們一同展開工作，因為我們實在太常一起行動了。」他補充道：「我們之間沒有文化障礙，也沒有誤解……所以我們都能夠一抵達當地，就直接投入派送救援物資的任務。」

日本的後勤設施提供了可觀的支援。在橫須賀艦隊工業後勤中心工作的美籍及日籍員工協助將 10,000 磅食水、60 萬磅食物、23,000 磅醫療物資與 39,000 磅一般補給品送到亞齊。

2005 年 2 月底到 3 月，「藍嶺號」部署到泰國的普吉島，一個被海嘯嚴重破壞的度假城鎮。來自第 2 艦隊反恐安全小組（2nd Fleet Anti-terrorism Security Team, FAST）的陸戰隊員與「藍嶺號」的水兵投入協助清除一間被摧毀的派出所的瓦礫，還把 6,000 磅衣服、瓶裝水以及同等重要的嬰兒紙尿布分發予當地流離失所的居民。有一次在印尼外海時，「麥克亨利堡號」還招待了到訪災區的老布希及柯林頓前總統，而她搭載的直機升也協助把救援物資送到岸上，以及把傷病患送

2010 年 5 月，自聖地牙哥出港前往遠東進行人道支援行動的「仁慈號」醫療船。

到醫療船上。

羅福賀上將觀察到，這些災難救援行動「展示了由軍方進行國際行動，不是指在發動戰爭時，而是在緩解受難災民的苦況，以及救助有需要的人時的顯著成效。」海軍部長唐納·溫特（Donald C. Winter）也附和這些說法：「我們在印尼可以見到極為顯著的正面影響……這是我們及其他國家的人道援助與災難救援行動帶來的直接成果。」

上將同樣認為，各國海軍同心合力回應像是 2004 年南亞大海嘯這種天災的救援工作，可以促進區域內的合作。他尤為熱衷於支持「仁慈號」為期五個月，在東南亞各處訪問的行程，還有在「太平洋夥伴」計劃（Pacific Partnership）當中，鼓勵第七艦隊及其他單位多與他國及非政府組織合作，改善學校與醫療設施。就這一點而言，「艾塞克斯號」遠征打擊群在菲律賓展開了民軍合作計劃，而海蜂工兵則在印尼展開了相同的工作。

保衛海洋領域

2005 年秋，一次在海軍戰爭學院發表的主要演說當中，海軍軍令部長（未來的參聯會主席）麥克·穆倫海軍上將（Michael G. Mullen）呼籲由全球各個海洋國家共同組成「千艦海軍」，透過合作來確保海上安全與自由。儘管美國海軍已經動用其全球性的駐軍來達成這個目標，但穆倫上將觀察到，與所有海洋國家聯合行動的話，將會在挫敗對海洋的威脅方面產生戰力加乘的作用。穆倫於隔年在珍珠港舉辦的西太平洋海軍座談會（Western Pacific Naval Symposium）上，呼籲建立全球海洋夥伴關係，以協調多國海軍行動以及利用先進科技進行情報共享。

整體來說，美國的盟友對穆倫提案的反應都十分正面，儘管部分不太肯定他們是否擁有能支持這個宏大計劃所需的資源，有些則懷疑這個概念的核心思想僅僅在於捍衛美國利益。日本與南韓原則上都擁護這個全球性概念。2007 年，時任日本海上自衛隊海上幕僚長的吉川榮治上將就表示，「沒有一個國家有必要獨力承擔起全球安全的重擔。日本與其他夥伴都準備好與他們長久以來的朋友——美國，一同分擔這個重責大任。」即使如此，這位日本海自將領提醒華府，「還有一些從冷戰時期開始便揮之不去的國際爭端有待解決，」並附加了

USN Photo Gallery

海軍軍令部長穆倫海軍上將支持透過國際海軍合作與努力，以確保「海洋共同領域」的安全。

6 月呼籲以一個新的二十一世紀美國海洋戰略，來取代在冷戰最後階段指導著海軍高層的戰略文件。2007 年 11 月 21 日，繼穆倫之後成為海軍軍令部長的羅福賀上將、海軍陸戰隊司令詹姆斯・康韋上將（James T. Conway），以及海岸防衛隊司令塞德・艾倫（Thad Allen），共同發表了《美國 21 世紀海權合作戰略》（*A Cooperative Strategy for 21st Century Seapower*）。除了國土防衛之外，這個戰略呼籲與全球各地的夥伴共同努力防止戰爭爆發，以及確保佔全球貿易百分之九十與三分之二石油船運的海洋領域平安無事。在任何時候，都有運載著總數達 1,200 萬到 1,500 萬個貨櫃的貨輪在海上航行。

這份新戰略文件的共同作者強調：「不論是局勢緊張的地區，還是我們希望向朋友與盟友展示我們對安全和穩定的承諾的區域，美國海洋部隊都將具有以下特徵：區域集結、前進部署且戰鬥能力足以限制區域衝突的特遣艦隊、嚇阻主要強權的戰爭行為，以及假如嚇阻失敗的話，作為聯合或協同作戰的一部分，在我國的戰

一句日本慣常的輕描淡寫，「一個專注在區域性的（美國）戰略並不是沒有優點的。」他指出，像美日協議之下的雙邊關係「已經被證明是頗有成效的，特別在區域層面而言。」大韓民國海軍參謀總長宋永武上將同樣強調一個從區域層面著手的戰略，以應付海上恐怖主義、武器擴散、海盜及自然災害的重要性。

為了支持他的世界觀，在 2006 年

爭中戰勝對手。」文件中特別強調的兩個區域——西太平洋及波斯灣／印度洋——兩者都是第七艦隊的行動場域。這份文件同樣呼籲「擴張與其他（願意）為了整體利益而貢獻一己之力的國家的合作關係。」

為了支持這個戰略路線，羅福賀上將在 2009 年 8 月訪問印尼，以參與當地舉行的國際海洋研討會（International Maritime Seminar），並在會上與來自印度、澳洲、新加坡、馬來西亞及紐西蘭的海軍高層會面，討論「確保世界海洋的安全、保障以及繁榮」的方法。與印尼總統尤多約諾一起，羅福賀上將檢閱海上分列式，並由「華盛頓號」航艦、「考本斯號」飛彈巡洋艦（Cowpens, CG-63）、「麥坎貝爾號」（McCampbell, DDG-85）、「費茲傑羅號」（Fitzgerald, DDG-62）及「馬斯廷號」（Mustin, DDG-89）飛彈驅逐艦代表美國海軍出席。

美國在遠東水域的大使

第七艦隊司令其中一個重要的職責，就是與責任區國家的軍民領袖

作為海軍軍令部長，羅福賀上將加倍努力，進一步強化他還在太平洋司令部司令任內，矢志促進美國與亞洲盟友之間的互動所做的努力。

二十一世紀的海上力量

　　當「華盛頓號」航艦在 2008 年 9 月 25 日進入橫須賀港時，她創下了一個歷史時刻，因為這次部署任務，讓她成為第一艘前進部署的核動力航空母艦。有數百名反對不管何種核動力船艦出現在日本港口內的民眾來到橫須賀基地的大門外抗議，但這次示威跟 1960 年代末類似的活動相比，顯得蒼白無力。美國海軍自 1960 年代末便開始多年來的零意外紀錄，說服了絕大多數日本人，第七艦隊會繼續確保其作戰艦艇操作運用的港口環境安全無虞。

　　這艘九萬七千噸的軍艦由兩個西屋核反應爐提供動力，讓其航速得以超過三十節，容許這艘船艦有萬全的準備以維護東北亞的和平。她的艦載機聯隊有 80 架作戰飛機，包括先進的 F/A-18E/F 超級大黃蜂攻擊戰鬥機。這款戰鬥經驗豐富的戰鬥機參與過在波斯灣及北阿拉伯海的「南方守望行動」、「持久自由行動」以及「伊拉克自由行動」。

　　這艘航空母艦也代表了一個讓人印象深刻的工作場所。艦上 6,250 名官兵每天負

2009 年，自橫須賀出港前往西太平洋執行任務的「華盛頓號」核動力航艦。

責彈射及收回飛機、操作飛行甲板升降機、準備 18,000 份餐點、淡化 40 萬加侖淡水，還要保持戰備以操作包括方陣快砲、海麻雀防空飛彈，以及 RIM-116 海公羊飛彈在內的防衛武器。

　　「華盛頓號」在西太平洋展示實力方面並沒有怠慢一分一秒。在她抵達遠東後不久，就參與了在南韓外海舉行的國際閱艦式。2009 年夏天該艦及護航船艦訪問了澳洲、新加坡、菲律賓及印尼。2010 年 3 月北韓擊沉南韓海軍「天安號」護衛艦後，為了展示美國對防衛大韓民國的承諾，「華盛頓號」隨即與南韓海空單位在日本海／東海舉行了聯合軍事演習。這艘第七艦隊的榮光在 8 月的一個舉動，還讓這一年變得極具意義：該艦成為了越戰以來第一艘訪問越南社會主義共和國峴港的美軍航艦。「華盛頓號」日後還會繼續作為美國在第七艦隊責任區內，履行維持區內和平穩定承諾的強大象徵[1]。

7th Flt PA

2009 年 12 月，熱情的日本市民登艦參觀「華盛頓號」。第七艦隊司令認為，讓日本民眾明白並感激美國海軍在日本駐軍，以及與日本防衛力量的緊密合作，對於日本國防的價值是十分重要的。

7th Flt PA

「華盛頓號」的軍械士正在處理一架 F/A-18 大黃蜂戰機上的飛彈。航艦艦載機為艦隊提供了確切的打擊力量。

1　編註：「華盛頓號」於 2015 年 5 月 18 日啟程返回美國大修，由「雷根號」接替成為前進部署到橫須賀的航空母艦。2024 年，又將由「華盛頓號」取代返回美國大修的「雷根號」在第七艦隊的角色。

維持頻繁且正面的接觸，還有展示美國對他們人民福祉的關注。在任何時候，第七艦隊司令一年之中都會搭乘「藍嶺號」，訪問整個西太平洋及印度洋各個港口。例如在 2000 年，這艘第七艦隊旗艦的行程按順序為：澳洲的湯斯維爾（Townsville）及達爾文、東帝汶的帝力、新加坡、馬來西亞的檳城、泰國的普吉、馬來西亞的亞庇、菲律賓的宿霧、日本的吳、南韓的鎮海、日本的佐世保、香港、中國，還有她的母港——日本的橫須賀。

2009 年 5 月，俄羅斯水兵在參觀訪問海參崴的提康德羅加級「考本斯號」飛彈巡洋艦時，正在研究艦上的航海圖。

2010 年 5 月期間，第七艦隊司令柏德中將（左三），與其他美國及俄羅斯的海軍及文職官員一同出席在海參崴舉行慶祝歐戰勝利紀念閱兵式。

第七艦隊司令及他的部下，不但會遇到他們訪問國家的海軍同行，還會參與人道援助計劃。在 2004 年 2 月一次對馬來西亞的巴生港（Kelang）訪問期間，40 名美軍水兵便為服務長者的救世軍「歡樂港灣之家」（Salvation Joy Haven Home for the Elderly）進行維修。第七艦隊軍樂團透過表演美國流行曲及爵士樂，娛樂當地廣大民眾，而且在當地附近的清真寺召喚信眾進行禮拜時，還滿懷敬意地進行中

場休息。這個姿態強化了觀眾的正面良好印象。正如一位當地人所說，「如你所見，很多觀眾都是穆斯林，但這些人並不反美。」

4月對菲律賓蘇比克灣為期3天的訪問，羅伯特‧威拉德海軍中將（Robert F. Willard）便在「科羅納多號」兩棲運輸艦（Coronado, AGF-11）上，為菲律賓海軍軍令部長恩內斯托‧德‧里昂（Ernesto De Leon）舉辦了招待會。35名第七艦隊的水兵把握留在港口的時間，為奧隆阿波（Olongapo City）附近的伊拉瑪小學重新上漆。「考本斯號」飛彈巡洋艦及「哈波渡口號」船塢登陸艦在7月到訪俄羅斯遠東的海參崴。俄羅斯太平洋艦隊在城中心二戰俄羅斯海軍陣亡紀念碑，舉辦慶祝美國獨立日的活動。俄羅斯人藉此良機到美軍船艦登艦參觀，而第七艦隊的水兵及陸戰隊員亦參觀了俄羅斯海軍「維諾格拉多夫海軍上將號」驅逐艦（Admiral Vinogradov）。

多年之後，柏德海軍中將強調有一次「藍嶺號」到訪俄羅斯太平洋艦隊的主要海軍基地時，令人啼笑皆非的一刻：「當我在33年前加入海軍的時候，我無法想像第七艦隊旗艦居然會與光榮級巡洋艦停泊在一起，而且還是在海參崴的警戒區內。」

2009年8月，來自「尼米茲號」航艦的水兵，自願為「三笠號」紀念艦重新上漆，這艘前無畏艦是東鄉平八郎元帥海軍大將的旗艦。東鄉就是1905年對馬海戰當中，帶領日本海軍取得對俄羅斯帝國海軍決定性勝利的那位傑出的指揮官。「尼米茲號」與「三笠號」之間，還有一個歷史淵源：二戰時的太平洋艦隊司令尼米茲五星上將的幫助之下，「三笠號」才得以在戰後繼續以紀念艦的地位保留在橫須賀海軍基地附近。同月，「華盛頓號」訪問了馬尼拉，是超過十年以來第一次有航艦停泊在菲律賓的首都。這次訪問顯示了菲律賓日益重視與美國防務關係的重要性。

2009年秋，「拉森號」飛彈驅逐艦（Lassen, DDG-82）進入了越南峴港。歷史的諷刺伴隨著這艘飛彈驅逐艦，因為該船得名自克勞德‧拉森上尉（Clyde E. Lassen），而他正是越戰時的榮譽勳章得主之一。「拉森號」時任艦長黎宏薄中校（音譯，Hung Ba Le）正是在越南出生的，他的父親是一位南越海軍軍官，曾經在峴港基地服役過，而峴港正是越戰時期美國海軍最大的後勤設施。

2010 年 1 月，「尼米茲號」航艦官兵與日本市民合照，作為紀念他們一同努力維護保存「三笠號」戰艦，這是日本海軍大將東鄉平八郎在日俄戰爭當中給予俄羅斯波羅的海艦隊決定性戰敗打擊時的旗艦。

2010 年 5 月「馬斯廷號」及「約翰麥肯號」飛彈驅逐艦訪問南韓東海市期間，美軍水兵為一個退休之家的居民提供娛樂節目，還為他們的設施進行維修。當時「約翰麥肯號」艦長傑佛瑞·金中校（Jeffrey Kim）正是在南韓出生的，這個消息在當時成為了南韓的新聞標題而風行全國。

2010 年 6 月之中有 13 天，第七艦隊麾下不少單位都參與了「太平洋夥伴計劃 2010」，一個由越南衛生部在歸仁市周圍舉辦的民事行動計劃。「仁慈號」醫療船專業的人員與越南及澳洲醫療人員一同合作，為超過 19,000 名來自歸仁港口及平定省周邊地區──越戰期間一個共產主義游擊隊的溫床──的病人提供醫療服務。第 11 海軍機動工程營及第 1 兩棲工程營的人員協助了越南志願者對當地一座恰如其分的命名為「希望中心」的醫療設施進行維修及現代化改裝。

「拉森號」飛彈驅逐艦艦長黎宏薄中校，在他的船艦於 2009 年 11 月歷史性地訪問越南峴港期間與媒體交談。

準備行動

第七艦隊的船艦在每年都參與超過一百次行動，有些只有美國海軍部隊或只限於美國武裝部隊參與，但大多數都是與美國的亞太盟友一同進行的。舉例來說，2005 年春末，第七艦隊就與澳洲一同進行了「護身軍刀」演習（Talisman Saber），這是每兩年舉行的操演，目的是為了讓演訓部隊時刻準備好在亞太地區執行聯合應變

第七艦隊官兵在南韓釜山的療養院內，與院友在充滿善意及友好的環境中互動。

作戰行動。按格林納中將所言，演習的目的，是要展示參與的每一國海軍

2009 年 7 月護身軍刀演習期間，美澳兩棲部隊在澳洲蕭瓦特灣岸上進行聯合操演。

2009 年護身軍刀演習期間，皇家澳洲海軍補給艦「成功號」（Success，前）與美國海軍「托爾圖加號」船塢登陸艦維持同向航行。

在「執行多面向聯合及聯盟部隊行動」及「實現反應迅捷的短時間戰備」的能力。第七艦隊司令審視了不同層面的可操作性：「我們可以快速進入狀態，組成聯合部隊並獲勝嗎？如果不

可以的話，我們在什麼地方有缺失，還有我們能怎樣改善這些問題？」這個在澳洲昆士蘭省蕭瓦特灣訓練區進行的演訓，有 11,000 名美軍及 6,000 名澳軍陸、空、海軍人員參與。這支聯合部隊執行了兩棲登陸、傘降、步兵機動，及在珊瑚海進行了海上機動演習。

在這個十年之間，除了美澳聯盟關係越發成功之外，澳洲亦強化了與日本及南韓的防務關係。澳洲在 2009 年 5 月發表的國防白皮書就推出了一個雄心勃勃的計劃，要透過十二艘全新的「柯林斯級」柴電潛艦以及裝備先進防空及反潛作戰系統的水面艦強化她的武裝部隊。這個軍力構成反映出，澳洲愈加擔憂中共日漸增強的軍事能力，以及區域內海軍力量的存在。

為了準備應對最具挑戰性的任務——在東北亞發生的衝突——第七艦隊在區域內持續保持了強大的水

面、航空及潛艦部隊,並頻繁與南韓海軍部隊進行應變作戰演習。與南韓的國防最重要的聯合演習,莫過於代號「乙支焦點透鏡」、「鷂鷹」、「乙支自由衛士」及「關鍵決心」演習。這些年度演習經常有成千上萬的美韓部隊成員參與其中。

在這個十年之中沒有任何一年,是第七艦隊不與作為長期搭檔的日本海上自衛隊共同進行海上演習的。例如 2009 年 2 月,「約翰史坦尼斯號」(*John C. Stennis*, CVN-74)航艦打擊群就在太平洋與日本海上自衛隊「天霧號」及「大波號」驅逐艦進行反潛操演。美國海軍高層與水兵經常展示他們對日本長達半世紀以來,歡迎第七艦隊作戰艦前進部署的感激之情。例如在 2009 年 5 月,柏德中將就招待了兩位訪問美國海軍部署在橫須賀的作戰艦的日本海上自衛隊最高階將官。他帶領了日本海上自衛隊自衛艦隊司令官泉徹中將,以及潛水艦隊司令官小林

正男參觀「海狼號」核動力攻擊潛艦(*Seawolf*, SSN-21)。同月,第七艦隊軍樂隊在第七十屆下田市黑船節上表演,這個節日是為了紀念培里准將在 1854 年到訪日本,以及具開創性的美日通商協議[2]。

在共同發展挫敗以至擊落來自北韓及中國的彈道飛彈的防禦武器系統方面,美日關係亦取得顯著的發展。美國及日本共同成立了一個為期五年的計劃發展海上自衛隊的反彈道飛彈能力,或稱「海基中程防禦系統」(Sea-based Midcourse Defense, SMD)。這個計劃在 2007 年 12 月

南韓海軍作戰司令部司令朴政化中將與美軍第七艦隊司令柏德中將在 2010 年 3 月簽訂協議,以便戰時把美國海軍在韓國水域的部隊戰時行動管制權轉移予南韓海軍。

2　譯註:1854 年培里准將再次訪日,當年簽訂了「神奈川條約」。

7th Flt PA

2009 年，在太平洋進行水下作戰演訓的「約翰史坦尼斯號」航艦、「海狼號」攻擊潛艦及日本海上自衛隊「大波號」驅逐艦。

開花結果：日本海上自衛隊「金剛號」飛彈驅逐艦在夏威夷的「太平洋飛彈靶場」（Pacific Missile Range Facility），成功以一枚美製標準三型飛彈擊落了一枚靶彈。這次成功的試射之後，東京在華府的協助下，在接下來的 3 年為另外 4 艘海自驅逐艦裝備了同樣經驗證的反飛彈系統。

從一個更宏觀的層面來看，第七艦隊與日本海上自衛隊的關係，正如柏德中將所言，「無疑是世上最關鍵的海軍對海軍夥伴關係。」2010 年 1 月，「美日安保條約」五十週年之際，柏德中將注意到這一天「雙方官兵每天都以某種方式進行合作——無論是訓練或參與演習、分享情報、協調行動或制定應急計劃。」

回顧一路走來的美日同盟，柏德說：「同心合力之下，我們確保了黑暗勢力受到抑制，而且也容許日本及區域內其他國家發展出強勁的經濟及活力十足的民主……我們推廣了民主、對人權的尊重，還有自由市場。」

2010 年，一同參與美日安保條約五十週年紀念活動的日本及美國官兵。

美國與中共的關係

美國海軍高層在二十一世紀的一大難題是，到底中國扮演了怎麼樣的角色。只有中華人民共和國擁有能在亞洲挑戰美國駐軍，以及美軍與區域內國家與海軍互動的軍事力量與資源。

在這個十年的頭幾年，中共並沒有立即挑戰美國海軍的存在。北京寄望著她的首要任務——快速且持續增長的中國國內經濟——能夠促進國家統一以及中國共產黨持續的政治管制。中共政府同樣認知到，這樣的經濟增長還有助於限制來自佔人口大多數的漢族中的反叛份子，以及藏族、穆斯林維吾爾族以至法輪功學徒等群體的不滿。單單在 2004 年，在中國已經有上千宗大規模抗議行動，並涉及了接近 400 萬人。

北京的領層人還意圖說服台灣的華人居民，以及前英國殖民地的香港，他們的經濟繁榮並不會被中共挑釁性的外交政策所損害。在中國政治階層當中存在著一種強烈的看法，那就是這個國家應該顧好內部問題，並保持一個大陸型的專守防衛勢態。

中國經濟的健全與否，視乎兩個主要因素——出口，以及能否使用國外的能源資源。到 2009 年，中國超過九成的外貿都是依靠海運，超過八成的石油進口也是依靠海運進口。中國作為世上第三大造船國，管理著一支由三十萬艘遠洋商船、近岸船艦以

第七艦隊軍樂隊在 2009 年黑船節時行進通過下田市街道，這個節日是為了紀念培里准將在 1854 年到訪日本，建立了美日之間的經濟及政治聯繫。

2009 年 9 月，「柯蒂斯魏柏號」飛彈驅逐艦（Curtis Wilbur, DDG-54）在一次戰備訓練期間發射了一枚 SM-2 防空飛彈。

及更小的小艇所組成的大艦隊。中國在 2004 年時已經是世上第五大海床發展投資者，到了 2006 年海洋工業更貢獻了接近十分之一的中國國民生產毛額（GNP）。北京其中一個最大的貿易夥伴美國，在 2007 年就消耗了中共全球出口的 21％，還讓上百萬名中國人得以持續就業。到了 2010 年 7 月，中國已經超越日本，成為世上僅次於美國的第二大經濟體。

中國依賴著從波斯灣出發，經印度洋及南海而來的石油。2010年，中國已經是世上僅次於美國的第二大石油消費國。有很多務實的中國專家都總結道，「與包括美國在內的其他石油消費強國協同合作，對確保石油及天然氣供應來說是十分重要的。」專家艾立信（Andrew Erickson）及萊爾·高德斯坦（Lyle Goldstein）斷言，「沒有充足的石油供應，中國的經濟便會嘎然中止，因為燃油短缺會讓貨車、船艦、

飛機以及大部分鐵路系統都不得不停止運作。」海軍戰爭學院的學者吉原恆淑以及詹姆士‧霍姆斯（James R. Holmes）恰如其分地總結道：「確保運載著能源供應的商船從印度洋安然回國，已經成為北京的夢魘。」

在中國其中一本聲譽卓著的軍事期刊之中，中共海軍徐起（音譯）大校便寫道，中國的「長期繁榮（以及）中華民族的存續、發展以及偉大復興，（全部）都越來越依賴海洋……海上交通線（已經演變）成民族存續（及）發展的生活線。」再者，考慮到中國與巴基斯坦及緬甸毗鄰的邊界，透過海路使用這些親北京國家的港口及海軍基地，在二十一世紀就變得日益重要了。

中國與印度、日本、南韓或其他東南亞國家——當中很多國家都與美國是軍事同盟關係——對抗以爭奪海上石油通道控制權的情境，對北京來說是充滿憂慮的。日本、台灣、東協國家以及印度海軍都會為中共海軍帶來數量可觀的問題。中國領導人明白，中共在 1995 至 1996 年間對台灣的侵略性行為，激起了與美國的軍事對抗，以及在整個亞洲的負面浪潮。

北京同樣認知到，一般情況下中國是沒辦法與後冷戰時期的美國武裝部隊，特別是第七艦隊的戰力相匹敵。正如一份美國國防部文件的結論指出，中國「既沒有能力使用軍事力量去確保她的海外能源投資，也沒能力保衛其關鍵的航道免受干擾。」的確，正如艾立信及加百列‧柯林斯（Gabriel B. Collins）所言，「在不同領域具影響力的中國專家，包括學者、政策分析人員及軍方人員，都相信（美國海軍）能隨心所欲地切斷中國的海上能源供應，而且在一場衝突當中也很可能選擇這樣做。」這個行動很明顯會對中國持續增長中的經濟造成重創。

與美國及亞洲其他海洋國家合作，是中國確保遠洋貿易的安全與通向海外能源資源的最佳方法。美國外交政策也鼓勵中國演變成一個國際經濟體系的支持者，以及國際社會當中一個值得信任的成員。

就中國方面，太平洋艦隊司令羅福賀上將在 2006 年時，間接提到當時作為《關於建立加強海上軍事安全磋商機制的協定》一部分而進行的討論，是為了「增加美中兩國海軍之間的透明度，並減少雙方之間的不確定性，與誤判形勢而產生的風險。」他相信這樣的互動會鼓勵中國的「區域內和

平崛起，並將會向其展示要成為海洋領域中一個有責任的利害關係者。」另一位有遠見的美國人，參議員約翰·麥肯（John McCain）認為，儘管與中共在內部治理及人權方面的看法南轅北轍，「美國與中國有著共同利益，可以成為一個強大夥伴關係的基石，以應對全球關注的問題，包括氣候變遷、貿易及核武器擴散等。」2009年歐巴馬總統便指出，假如中國「同意按照遊戲規則行事，而且願意作為一股平衡世界發展的正面力量」，美國與中國「能有建設性地展開雙邊合作，還有與他國一起合作以舒緩緊張局勢。」

如果美國試圖排斥中國的話，那顯然是行不通的。正如澳洲學者保羅·狄普（Paul Dibb）留意到，美國的政策不應該「把中國妖魔化成另一個『邪惡帝國』」，不管是日本、南韓還是澳洲都不會願意與這個未經深思熟慮的路線結伴同行的。」麥艾文附和這個看法：「這些國家當中沒有任何一個願意在美國與中國之間選邊站，而且他們全部都反對要作出如此決擇。」他補充到，「沒有人想讓中國在區域內稱霸…（但）所有人都希望中國能在應對區域內挑戰方面扮演主要的角

色。」麥克·葛林提出，印度不太可能加入一個「遏制中國」的聯盟。像冷戰時期那樣推動一個限制中國的戰略，正如其他非關係者所看到的那樣，將會是不切實際的，「過份硬推一個由美國領導的（反中國）聯盟的危險性在於，最終美國可能會成為其唯一的成員。」

曾經有跡象顯示，中華人民共和國或許會成為一股促進穩定的力量。北京在1997年將香港併入中共時並沒有使用什麼高壓手段，而這個城市的居民獲得了某些大陸地區的中國人不能享有的自由，而且還有其他中國接受妥協的例子。2000年末，中國與越南簽訂了一份在北部灣建立海洋邊界及捕魚區的協議。2003年中國及印度簽署了一份友好合作聲明，兩國海軍也首次舉行聯合演習。同年，中國表示希望避免與南海當中的南沙群島的其他主權聲索國發生衝突，並正式加入了東協的《東南亞友好合作條約》。中國在六方會談（涉及中國、美國、俄羅斯、日本、南韓及北韓）當中勸說金正日放棄北韓發展核武所發揮的舉足輕重角色，更突顯出中國可以保證區域的和平與穩定。

2004年12月，中共最高領導人胡

2009 年 4 月，參議員麥肯訪問了「約翰麥肯號」飛彈驅逐艦，這艘驅逐艦是以他的父親及祖父命名的，兩人都是極為優秀的美國海軍將官[3]。

錦濤的政府，發表了一份文件，內容大致為對解放軍委以重任，以軍事手段來扮演「維持世界和平及推動共同發展的重要角色」。北京在 2007 年 12 月對日本測試一套美國反彈道飛彈系統的反應顯得相對和緩。根據艾立信及高德斯坦所言，當時在北京盛行的看法是，「只要中國海軍持續與外界接觸，發展與其他國家合作的機會，世界最終會接受，也許甚至會歡迎一支強大的中共海軍。」

中華人民共和國十分努力地與美國在海洋領域方面合作，正如其與美國、加拿大、日本、南韓及俄羅斯一同加入成為北太平洋海岸防衛隊首長協會（North Pacific Heads of Coast Guards Association）的會員所做出的努力那樣——這個協會是為了處理海洋

3　編註：2018 年 7 月 11 日，在參議員麥肯過世之前的一個半月，美國海軍將本艦的命名來源，連同約翰・麥肯三世也列進去了。

第十章　搭檔與對手　251

安全問題而誕生的。中共及美國的海岸防衛隊單位亦一同舉行了年度搜索及救援演習。從 2002 到 2007 年間，美國海岸防衛隊在海洋安全及其他方面，都與中共政府部門合作且成功解決問題。2006 年 5 月，美國海岸防衛隊巡防艦「紅杉號」（USCGC Sequoia, WLB-215）在上海靠岸時，便成為了第一艘訪問中國的海岸防衛隊船艦。一個月後，美國海岸防衛隊巡防艦「拉許號」（USCGC Rush, WHEC-723）訪問了青島。中國漁政局的巡邏船每年均會與來自美國、日本及俄羅斯的海巡船艦及巡邏機一同行動，在北太平洋共同打擊非法捕漁行動。2007 年春，中共海軍司令員吳勝利訪問了美國。2008 年 12 月，北京把兩艘驅逐艦及一艘補給艦部署到亞丁灣，參與國際反海盜巡邏行動。

美國做出了其他舉動以進一步加強美中之間的海洋合作。2002 年 11 月，第七艦隊的「保羅·福斯特號」驅逐艦（Paul F. Foster, DD-964）訪問了青島，而且在一個月後美國海軍代表就在青島出席了一個有關海洋及空中安全的會議。2004 年 9 月，當「考本斯號」飛彈巡洋艦及「范德格里夫特號」飛彈巡防艦（Vandegrift, FFG-48）靠港訪問時，是第七艦隊的軍艦首次訪問中共南海艦隊總部所在的湛江港。10 月，中共海軍「深圳號」驅逐艦及「青海湖號」補給艦訪問了關島。2004 年，「藍嶺號」訪問了上海，第七艦隊司令威拉德中將在當地與上海市副市長馮國勤，以及中共海軍三大主要作戰艦隊之一的東海艦隊司令員趙國均中將會面。在港口時，第七艦隊的水兵及陸戰隊員參觀了中共海軍的「連雲港號」飛彈護衛艦。

2006 年 11 月，時任太平洋艦隊司令羅福賀上將訪問了北京、上海及湛江，以視察一個包括「費茲傑羅號」飛彈驅逐艦、「朱諾號」船塢登陸艦（Juneau, LPD-10）以及解放軍海軍參與的雙邊聯合搜救演習。

美國海軍船艦經常訪問香港，這是第七艦隊十分喜愛的一個自由港。

為了慶祝中華人民共和國成立六十週年，2009 年 4 月「費茲傑羅號」飛彈驅逐艦參與了在青島港舉行的國際海上閱兵式。現場有時任海軍軍令部長的羅福賀上將，以及時任第七艦隊司令的柏德中將。作為美中關係深遠的象徵，可能沒多少在場的中國人或美國人能夠明白，第七艦隊搖滾樂隊（Seventh Fleet Rock Band）在這個港

美國海岸防衛隊的高耐力巡防艦「拉許號」，在 2010 年 7 月一次海洋安全演習當中，與中共海軍船艦共同行動。

口城市娛樂大眾這件事情有多諷刺：這個港口在激烈的冷戰早期，曾經是第七艦隊的母港。

嚇阻戰爭與時刻備戰

　　當第七艦隊正努力強化在海洋領域的集體安全及多國合作時，嚇阻及備戰仍然是艦隊的核心任務。事實上，柏德中將在他第七艦隊司令任內，特別強調要時刻準備作戰。911 事件讓海軍高層不得不反擊恐怖主義，但是如退役海軍少將麥克·麥克德維特（Michael McDevitt）所言，「『老』問題仍然存在——韓國；中國對台灣的態度；中國全面性的軍事現代化。」

　　再者，行事無常，劍拔弩張而且還擁有核武的北韓領袖金正日，經常以戰爭來威脅美國、日本及南韓，還蔑視有關北韓核能發展的聯合國決議案與六方會談的外交成果。2002 年 6 月，看來是要為 1999 年延坪海戰失利而報復，北韓海軍攻擊且擊沉了一艘

USN Photo Gallery

2006 年 11 月，第七艦隊代表訪問湛江，美國海軍太平洋艦隊司令羅福賀上將正在與中共海軍南海艦隊司令員顧文根交談。

南韓海軍巡邏艇，並殺死了 8 名南韓水兵[4]。2003 年 2 月，平壤派出一架米格 19 飛越北方限制線（NLL），並向日本海／東海方向發射了一枚反艦飛彈。一個月後，四架北韓米格機迫近一架在相同水域執行任務的美國空軍 RC-135S 電子偵察機，其中一架米格機更迫近至 50 英尺之內。不久之後，金氏政權又向這個海域發射了一枚反艦飛彈。然後，在非武裝區（DMZ）

的北韓衛兵向一個南韓哨所開火並造成一定程度傷害。2006 年 7 月 5 日（美國時間 7 月 4 日，也就是美國獨立日當天），北韓向日本海／東海發射了多枚飛毛腿、蘆洞及大浦洞二型飛彈。平壤在 10 月進行的地面核試更解開了有關北韓是否擁有核武的疑問。2009 年 4 月，北韓又一次成功發射一枚大浦洞二型彈道飛彈。

面對劍拔弩張的北韓金氏政權，

4　編註：即第二次延坪海戰。

加上北韓在六方會談上對其發展核武方面的問題不願作出妥協，美國及南韓重申了雙方防禦同盟的重要性。2009 年 3 月，柏德中將與南韓海軍作戰司令部司令朴政化中將在南韓釜山會面。兩人簽訂了一份作戰行動計劃，而這份計劃很大部分都是在數年之前，由駐韓海軍司令部（Naval Forces Korea）司令詹姆士‧「菲爾」‧維斯卡普少將（James P. "Phil" Wisecup）努力的成果。按這份計劃，南韓海軍在戰時將會負責帶領指揮作戰行動，第七艦隊將擔負輔助支援的角色。

朴政化中將認為，「我們簽訂（這份計劃）將能提醒所有人，美國及大韓民國會並肩同行，一同保衛這個自由國家。」他們預期會在 2015 年移交作戰指揮權 [5]。

數月之後，美國海軍部長雷‧馬伯斯（Ray Mabus）在釜山與南韓海軍高階官員會面，又一次凸顯了美韓聯盟的牢固。柏德中將與他的南韓海軍同行緊密合作，以提升第七艦隊與南韓海軍之間的作業互通能力與情報共享能力。美國及南韓海軍將領一同合作，以提升他們的反水雷作戰能力。2010 年「復仇者號」（Avenger, MCM-1）及「防衛者號」（Defender, MCM-2）獵雷艦開始自佐世保海軍基地展開行動，而 MH-53 海龍式掃雷直升機前進到南韓的浦項部署。

9 月，柏德中將、他麾下的特遣艦隊各指揮官以及他們的南韓同行，在釜山及首爾見面，以理順並改善第七艦隊和南韓海軍之間的指揮與管制流程。為了強化美國對南韓承諾的重要性，柏德中將與他的將官們藉此良機前往當年簽訂停戰協定的板門店，他們就站在南韓最前沿防線，與北韓只有數呎之遙。

2009 年 10 月，第七艦隊與南韓海軍進行了一次雙邊演習，以凸顯出東北亞安全及穩定的重要性。這是 12 年以來的第一次，美國海軍前進部署的「華盛頓號」航艦駛入黃海／西海。作為凱文‧多尼甘海軍少將（Kevin M. Donegan）所指揮的第七艦隊戰鬥部隊（第 70 特遣艦隊）的一部分，與這艘尼米茲級核動力航艦同行的還有「考本斯號」、「夏洛號」（Shiloh, CG-

---

5　編註：2022 年 8 月 24 日，美韓聯軍舉行的「乙支自由護盾」演習期間，韓軍才第一次從駐韓美軍手中接過並行使「戰時指揮權」。

2010 年 1 月，「復仇者號」獵雷艦正在佐世保港內掛滿全艦飾，慶祝美日安保條約簽訂 50 週年。

67）飛彈巡洋艦及「費茲傑羅號」飛彈驅逐艦。兩艘南韓海軍船艦——「世宗大王號」飛彈驅逐艦及「姜邯贊號」驅逐艦——亦與美軍航艦特遣艦隊一同演習。

　　2010 年 3 月，一艘北韓潛艦以魚雷攻擊南韓海軍「天安號」護衛艦，擊沉該艦並導致 46 名南韓水兵死亡。2010 年 5 月與海上自衛隊新掛階的海軍少尉對話時，柏德中將強調「我們對北韓充滿擔憂，那是一個危險且難以預測的政權……這是因為他們的挑釁、武器擴散以及進一步發展大規模殺傷性武器的行為。」7 月，國務卿希拉蕊·柯林頓（Hilary Clinton）說道：「孤立且好戰的北韓，已經著手從事一個態度挑釁且危險的行動了。」2010 年夏天，第七艦隊及南韓海軍單位在日本海／東海展開了反潛演習，以展示美韓同盟的團結一致。儘管平壤揚言要「使用他們強大的核武嚇阻來反制（這個演習）」，這個演習還是按計劃舉行了。7 月，聯合國安理會的五大常任理事國，包括中國在內通過了一項決議案譴責以魚雷攻擊天安艦的行為，不過在北京的堅持下，當中並未提及北韓是罪魁禍首。

中國：
是區域夥伴，還是區域威脅？

　　二十一世紀的前十年，中國在國際舞台上經常表現出負責任的一面，而且在挑釁行為方面十分克制，但還是有例外的時候。2004 年 11 月，日本海上自衛隊的 P-3C 巡邏機在日本先島群島附近領海內，發現了一艘身份不明的潛水器。東京對最終被撤出到國際水域的闖入者，判斷其實是一艘中國的核動力潛艦。日本防衛廳[6]隨即發佈《防衛計畫大綱》，重申日本意圖防止其周邊海域在未來再發生同樣違法的事故。當年秋天，解放軍海軍一支由俄製「現代級」飛彈驅逐艦組成的分艦隊，於中日兩國在東海有主權爭議的島嶼周邊威脅性地繞島航行。據報告指出，中國人還將艦載防空武器指向飛近解放軍船艦的日本 P-3C 巡邏機。

　　2007 年 1 月，中國以反衛星飛彈

2009 年，南韓海軍「世宗大王號」飛彈驅逐艦與第七艦隊的「華盛頓號」航艦編隊航行。

7th Flt PA

6　編註：日本防衛省的前身，2007 年 1 月 9 日才改制成防衛省。

軍事海運司令部的「救難者號」救難艦（*Salvor*, T-ARS-52）支援南韓海軍回收 2010 年 3 月被北韓潛艦擊沉的天安艦。

2010 年 5 月，第七艦隊司令柏德中將訪問橫須賀的日本海上自衛隊「鹿島號」訓練艦時，與海自的新掛階軍官交談。

在能力了。

2007 年 11 月，中華人民共和國採取行動，使美中關係轉趨冷淡。首先，北京拒絕批准第七艦隊兩艘燃料不足且面臨風暴迫近的獵雷艦「愛國者號」（*Patriot*, MCM-7） 及「守衛者號」（*Guardian*, MCM-5）在香港補充燃料。隨後，中共又拒絕「小鷹號」戰鬥群對這個前英國殖民地一個規劃已久的訪問計劃。華府只好下令航艦戰鬥群 —— 通過台灣海峽 —— 北上日本。不久之後，美軍太平洋司令部司令蒂莫西・基廷上將（Timothy J. Keating）告訴在北京的中國領導人，美軍船艦要通過台灣海峽之間的國際水域，並不需要得到他們的批准。

擊落了屬於他們的其中一顆老舊氣象衛星，當時這枚衛星位處地球上空 537 英里作軌道飛行中。擁有這個能力後，中共就具備癱瘓美國海軍艦隊在導航、通訊、情報及目標標定衛星的潛

到 2008 年，中國已經在與台灣隔海相望的地區部署超過了一千枚的彈道飛彈及巡弋飛彈，而且還以每年

一百枚的數量增加中。為了勸阻北京勿使用軍事手段對台灣 2008 年 3 月的大選施壓，華府便將「小鷹號」及「約翰斯坦尼斯號」航艦打擊群部署到台灣東部的海域。

2009 年 3 月，在一次有組織、協調的行動下，五艘中國船艦騷擾了「無瑕號」海測船（Impeccable, T-AGOS-23），這是一艘軍事海運司令部所屬，無武裝的海洋測量船，當時正在中國海南島以南 75 英里外的水域執行任務。兩艘中國船艦駛至與「無瑕號」極其危險的近距離範圍，迫使「無瑕號」緊急全停以避免相撞，而且中國船艦還試圖使用鈎繩破壞「無瑕號」的拖曳式聲納。美軍高層認為，中國的行動危險且違反了《聯合國海洋法公約》，也違反了被普遍接受的海洋安全守則。

數月之後，中共海軍軍官在與第七艦隊指揮官溝通時，使用了挑釁的言辭。中共海軍船艦妨礙了美國海軍船艦的航行安全，藉此表達北京那個遭受廣泛爭論的論點──整個南海都是中國的。

在 2010 年間，北京不斷重覆宣稱南海是其「核心利益」，而且暗示會動用武力來支持這個主權聲索。在該年夏天的東協亞洲區域論壇當中，美國、越南及其餘十個在當地有相關利益的國家，都呼籲採取多邊行動來應對這個問題。國務卿希拉蕊指出美國反對「任何主權聲索國使用或威脅動用武力」來解決南海問題。

美方高層越來越擔心北京的長期打算。中國對美國在 2010 年 1 月宣佈會為台灣提供總值六十四億美元的防禦性武器表示強烈不滿，也使得北京決定暫停雙方之間的軍對軍接觸。5 月，柏德中將就此表達了他的看法：「我們……對中國十分擔憂。讓我把話說在前頭，我們沒有把中國視為敵人，但我們對於他們缺乏透明度方面感到擔心，因為他們正在以極快速度擴充其軍事力量。」他補充道，「想想看上個月發生了什麼事，當十艘中共海軍東海艦隊的船艦及潛艦穿過琉球群島島鏈，在（一個日本島嶼）周邊海域進行演習，他們的直升機還極為接近日本船艦。日本政府與民眾都為此憂心忡忡，他們的擔憂不是沒有道理的。」

中共持續不斷把資源投放在海軍發展，使得在二十一世紀前十年結束之際，中共海軍已經獲得了先進的水面作戰艦、兩棲作戰艦、飛機、巡弋

7th Flt PA

2009 年 3 月，在海南島以南 75 英里外的南海水域，一艘中國船艦的船員正試圖破壞「無瑕號」的拖曳式聲納。

7th Flt PA

軍事海運司令部的海測船「無瑕號」，透過被動及主動聲納偵測、追蹤水下威脅來為海軍提供支援。

2010 年 6 月，「貝里琉號」
兩棲突擊艦的陸戰隊 AH-1W
超級眼鏡蛇直升機。

2006 年 11 月，第七艦隊訪問湛江，這些保持立正姿勢的是
中共的海軍陸戰隊員。

2010 年 1 月，在菲律賓東邊的太平洋海域，照片中最靠近鏡頭的美國海軍「伊利湖號」飛彈巡
洋艦（Lake Erie, CG-70），正與不期而遇的中共「石家莊號」飛彈驅逐艦及「洪澤湖號」補給
艦一起航行。

2010 年一次位於沖繩白灘外海舉行的演習期間，AAV7 兩棲突擊車正從「哈波渡口號」船塢登陸艦的井圍甲板駛進大海。

「艾塞克斯號」的二級航空帆纜下士（燃料）拉勞福・剛薩雷茲（Ranulfo C. Gonzalez），正搬動一條 JP-5 燃油軟管。

職責，就是防止在違背台灣人民意願或涉及動用軍事力量的情況下，出現台灣併入中國的情況。第七艦隊作為美國在西太平洋的主要政策工具，進行了無數次聯合或同盟演習，意在挫敗中共打算在台灣周邊確立制海權，進而把美國海軍單位拒止於這些水域外、或對台灣發動兩棲／空降入襲的計劃。

為未來的威脅做好準備

為了應付區域內的突發情況，特別是一個主要戰區衝突，太平洋艦隊在 1999 成立了第519 聯合特遣部隊（Joint Task Force 519）。這個決策的出發點，是要為太平洋艦隊重新注入動力，使其成為戰鬥單位，而非一個單純的兵力提供者。第七艦隊司令過去是、現在仍是第 519 聯合特遣部隊的海上組成部隊指揮官。在

飛彈及潛艦。北京其中一個主要目標，也是他們的官方發言人經常掛在口邊的，就是讓台灣及其居民併入中華人民共和國。

華府其中一個最優先的外交政策

德高望重的旗艦

　　沒有一艘美國海軍的船艦會像第七艦隊指揮艦「藍嶺號」一樣，曾經歷過以及實際上在現代史上創造過如此多的足跡[1]。自 1970 年 11 月成軍後，「藍嶺號」首次在西太平洋登場，就是在 1972 年 1 月，於蘇比克灣成為第七艦隊兩棲部隊旗艦。同年，該艦參與了在南越北部海岸的一次兩棲登陸行動，並規避了從非軍事區附近的北越砲兵陣地發射的砲火。「藍嶺號」協助了 1973 年清除海防市港口水雷的「終末清掃行動」（Operation End Sweep），於 1975 年 4 月回到越南水域，參與越南漫長戰爭當中的最後一幕。與其他第七艦隊船艦組成的龐大艦隊，「藍嶺號」共同在「常風行動」當中協助撤離了成千上萬名越南人及美國人。

　　1979 年 10 月，美國海軍決定讓「藍嶺號」成為第七艦隊司令的旗艦，並且前進部署到橫須賀港。從此時起，「藍嶺號」便參與了無數最終變成她專長的任務——訪問西太平洋各個港口、招待外國貴賓到艦上參觀，還有在與日本海上自衛隊、皇家澳

2009 年 9 月，在橫須賀港內的「藍嶺號」指揮艦。

7th Flt PA

1　編註：「藍嶺號」自 2014 年 8 月起，即成為美國海軍艦齡最久的船艦（不含憲法號紀念船），「藍嶺號」預計在 2039 年之前都維持在現役。

「藍嶺號」艦長 J．史蒂芬．梅納德上校，感謝中共海軍溫汝浪大校為紀念這艘指揮艦在中共南海艦隊湛江港進行兩天訪問而準備的紀念冊。

洲海軍及其他盟國海軍舉行聯合演習時擔任指揮所。

　　冷戰高峰期間，「藍嶺號」及其他第七艦隊單位在蘇聯東部邊陲的東北亞海域展開行動。在一次行動當中，這艘第七艦隊旗艦通過蘇聯佔領的千島群島及日本的北海道之間海域時，蘇聯作戰艦前來挑戰了。一艘蘇聯飛彈巡洋艦聯繫「藍嶺號」，指這艘美國船艦侵入了蘇聯領海。「藍嶺號」回應指，她「正在行使通過一道連接兩片國際水域海峽的權利」，後在沒有受到進一步妨礙的情況下航行。

　　1990 年秋，「藍嶺號」又一次奔赴戰場，這一次是在波斯灣的巴林，作為同時出任第七艦隊司令及美國海軍中央司令部司令亨利．莫茲中將（以及其後的史丹利．亞瑟中將）的旗艦。在北波斯灣的海上，當聯合國盟軍部隊在「沙漠風暴行動」解放科威特及擊敗海珊部隊時，「藍嶺號」正與「祖魯戰鬥部隊」其他船艦一同作戰。

　　波灣戰爭之後，「藍嶺號」繼續在訪問港口及其他官方活動場合方面擔任代表美國的任務。這艘旗艦頻繁地訪問了海參崴、上海及其他冷戰時期老對手的港口。例如在 2005 年 3 月，「藍嶺號」就訪問了中共海軍南海艦隊的母港湛江。在 2013 年以降至 2020 年的其他時間，「藍嶺號」將繼續擔任第七艦隊司令的海上總部，為了讓官兵與其他亞洲同僚會面而進行港口訪問，以及參與在第七艦隊責任區內的人道主義工作。

一場衝突當中，會有多達 400 名海軍人員從世界各地的執勤單位轉移到日本，並登上「藍嶺號」來加強聯合特遣部隊參謀人員的戰力。由於旗艦可以航向第七艦隊轄區內任何位置，聯合部隊指揮官在一場危機當中擁有接近前線指導作戰行動的能力，而不用擔心設立岸上司令部的問題。正如 2003 年太平洋艦隊司令多蘭上將所表示，第 519 聯合特遣部隊「擁有在戰區內行動自由這個顯著優勢，因為在這方面往往會因政治問題，或極度需要部隊保護的情況下而顯得困難重重。」第一輪測試旗艦運用方法代號名為「終端怒火」（Terminal Fury）的演習，是在 2002 年 10 月及 12 月舉行，確認了作為特遣部隊海上司令部的實用性。

海軍採取了其他手段來強化其處理遠東潛在衝突的能力。在小布希總統年代，國防部的《四年期國防總檢》（Quadrennial Defense Review, QDR）確立了六成的美國海軍作戰艦將會部署在太平洋的決策，而這個決定亦被其

2010 年在泰國外海舉行的金色眼鏡蛇演習期間，一艘登陸艇繫泊在「艾塞克斯號」井圍甲板。

7th Flt PA

後的歐巴馬政府承接了下來。

第 74 特遣艦隊——第七艦隊的潛艦部隊分支，被視為艦隊其中一支最為強大的戰鬥部隊之一。作為一名潛艦軍官，這些水下作戰艦總是在柏德的心中擁有一席之地，不過這位第七艦隊司令對潛艦的評價卻極為務實且精闢，「在太平洋你需要潛艦遠多於其他，它們是我們的箭筒之中最為致命的利箭，賦予我在他處難以尋覓的作戰選項及作戰能力。」

2010 年，「水牛城號」（*Buffalo*, SSN-715）、「聖體市號」（*City of Corpus Christi*, SSN-705）及「休斯頓號」（*Houston*, SSN-713）核動力攻擊潛艦在「法蘭克・克柏號」潛艦母艦（*Frank Cable*, AS-40）的支援下，對第七艦隊責任區內所有潛在的侵略者發出了一個令人敬畏的訊號。海軍四艘核動力巡弋飛彈潛艦當中的兩艘，「俄亥俄號」（*Ohio*, SSGN-726）及「密西根號」（*Michigan*, SSGN-727）在 2007 至 2010 年間的前進部署，大大強化了以關島為基地的潛艦特遣艦隊的戰力。此外，還有以迪亞哥加西亞為基地行動的「佛羅里達號」核動力巡弋飛彈潛艦（*Florida*, SSGN-728），這三艘改裝的巡弋飛彈潛艦，擁有發射總數多達 462 枚戰斧巡弋飛彈的能力[7]。

這些潛艦的戰鬥力，容許第七艦隊司令對潛在敵人展示貨真價實的傳統的嚇阻力。這些船艦的隱匿性、航速及靈活性，容許艦隊司令蒐集假想敵在公海及近岸活動的情報，並為任何即將發生的攻擊提供早期預警。假如嚇阻失敗，潛艦還可以發射戰斧飛彈執行打擊任務，以及透過無人機或無人艇，還有跟海豹部隊合作執行特種作戰。為了公開宣傳第七艦隊的戰鬥力，「密西根號」在 2010 年 6 月 28 日訪問了南韓釜山，「俄亥俄號」前往菲律賓蘇比克灣，「佛羅里達號」則在迪亞哥加西亞靠港——這三艘船艦的行動是同時進行的。

在重要的二十一世紀一開始的幾年，大體而言美國海軍，尤其是第七艦隊都加倍努力促進與亞太地區夥伴的海軍部隊的搭擋關係，以求為了整體利益以確保海洋領域的安穩。認知到「巧實力」能成為美國的強大工具

7　譯註：「俄亥俄號」、「密西根號」及「佛羅里達號」在改裝成巡弋飛彈潛艦後，每艦都能裝載總數 154 枚戰斧巡弋飛彈，三艘就能裝載總數 462 枚。

後，第七艦隊獻出可觀的關注來贏得海上與岸上朋友的認同。與此同時，為了保持重要的戰備及準備作戰的職責，第七艦隊亦採取行動來挫敗北韓、中國以及其他潛在敵對勢力的挑釁行為，還精進了軍官與水兵的專業技能。第七艦隊將會繼續為美國及盟友提供一支「維持和平的戰備力量」。

7th Flt PA

2010 年 7 月，第七艦隊與南韓海軍聯合演習期間的「土桑號」核動力攻擊潛艦（*Tucson*, SSN-770）。

後記
迎戰對海上自由與印太和平的挑戰

在 2013 到 2023 年這十年之間，美國海軍第七艦隊成為了國際行動的先鋒，嚇阻來自中華人民共和國與朝鮮民主主義人民共和國的挑釁行為，以及確保印太地區的海上自由。中共總書記習近平開始竭盡全力地行動，目標是要主張在所有中國相鄰海域的主權、佔領台灣、打倒中華民國、以及擴大中國人民解放軍海軍在區域內及全球的覆蓋力。在這一段不算長的時間，中共大部分的造船廠建造了一支包含性能持續提升中的航空母艦、水面作戰艦及潛艦在內的艦隊，使其成為地球上最龐大的海軍。舉例來說，在 2021 年中共就有 22 艘科技先進的彈道飛彈潛艦、大型飛彈驅逐艦、飛彈驅逐艦及兩棲突擊艦服役了。

在違反了 2016 年海牙常設仲裁法院有關中共在《聯合國海洋法公約》（中共為簽約國之一）之下，對南海並無有效主權聲索的裁決後，中共海軍與其武裝化的海警部隊及海上民兵監督了在南海非法進行的島嶼填海與要塞化工程。美國海軍太平洋司令部司令，哈利・哈里斯上將（Harry Harris）觀察後並指出，「中共很明顯正在武裝化南海，因為他們已經在西沙群島部署了先進的飛彈系統，而且已經在南沙群島建成了三條一萬英尺長的跑道」。中共的海上部隊多次騷擾了來自菲律賓、越南、馬來西亞與印尼的漁船，與這些國家在南海主權上發生爭執，甚至侵入了這些國家的專屬經濟區。

在這十年結束之際，中共海上部隊以具備威脅性的姿態在台灣周圍活動，更駛進了日本及南韓的領海，有時更與俄羅斯作戰艦結伴同行。當中共的盟友俄羅斯在 2022 年野蠻且毫無緣由地入侵烏克蘭後，更證明了獨裁國家對國際秩序、海上安全及民主治理帶來尤其危險的威脅。

中共的冒險主義，以及漠視國際

法及海上自由的最主要障礙，就是美國海軍第七艦隊。這支艦隊在韓戰、越戰與波斯灣戰爭當中歷經戰爭磨練，加上 1945 年開始在西太平洋的前進部署，都持續讓這個海上堡壘在抵禦洋上的挑釁行為時越發強壯。第七艦隊所負責的一億二千四百萬平方公里的轄區北起千島群島，西接印度洋，南抵南極洲。而且為了回應歐巴馬總統在 2011 年提出的「重返亞洲」戰略，海軍亦更新了其在西太平洋執行嚇阻任務的重點。

任何時候，第七艦隊都有 50 到 70 艘水面艦及潛艦在執勤，包括前進部署在日本橫須賀的尼米茲級核動力航艦「雷根號」、神盾巡洋艦與驅逐艦，以及彈道飛彈潛艦與攻擊潛艦。這些海軍作戰艦以及艦隊所屬的共 150 架戰鬥機、攻擊機、長程巡邏機及各式特殊用途的軍用機，都由總數 27,000 名的海軍水兵與陸戰隊員負責操作。顯而易見的是，當一場主要衝突爆發時，整支美國海軍，總數 35 萬名人員，2,600 架飛機，以及包括 11 艘核動力航艦與 67 艘核動力攻擊潛艦與彈道飛彈潛艦，都會投入支援第七艦隊的行動，這當然也包括來自陸戰隊及美軍武裝部隊的其他軍種的支援。

第七艦隊不光只在印太地區投入運作數量可觀的作戰艦及作戰飛機，同時亦提升這些裝備的科技水準與作戰能力。越來越多的美、日、韓艦隻裝備了神盾彈道飛彈防禦系統，以防禦中共、北韓及俄羅斯的中程飛彈攻擊。其中一個里程碑在 2020 年 11 月達成：當時神盾飛彈驅逐艦「約翰・芬恩號」（*John Finn*, DDG-113）發射了 1 枚標準三型防空飛彈，成功攔截並摧毀了 1 枚從夏威夷東北邊發射的測試用洲際彈道飛彈。

形成美國海軍整體嚇阻性的另一個關鍵，特別對第七艦隊尤為重要的，是美國與日本、澳洲、南韓、菲律賓及泰國長期共同防禦的關係。在任何一年的時間裡，第七艦隊與區域內盟友及有共同理念國家的海上部隊，執行了上千次的演習及安全協同行動。舉例來說，「聖體市號」核動力攻擊潛艦在 2015 年的馬拉巴演習當中，就曾與印度及日本艦隻一同行動。人道援助及危機應變行動，以及其他類似展現「軟實力」的行動，同樣為美國海軍在海外實力展示任務時，在區域內贏得不少認同。例如 2013 年，為應對強烈颱風海燕吹襲菲律賓時所造成的重大破壞，超過 13,000 名第七艦隊

的官兵及陸戰隊員便操作了 12 艘船艦及 66 架飛機，將 21,000 名菲律賓人從受災區撤離，以及為受影響地區提供運送了 2,500 噸的人道救援物資。

在這十年之間，美國重申了長久以來對海上自由的承諾，以及確保各國作戰艦與商船在國際水域不受阻礙航行的能力。2015 年 10 月，國防部長艾希頓·卡特（Ashton Carter）宣告：「美國會繼續在國際法容許之下繼續飛行、航行及行動，正如我們在世界各地所作的，而南海並不例外。」為支持這個主張，第七艦隊執行了多次被稱為「航行自由行動」（Freedom of navigation operations, FONOPS），即艦隊的作戰艦在南海航行時，抵近至中共，實際上還有區域內其他國家聲索主權的西沙及南沙群島島嶼 12 海里處航行。在這段期間，單艘美國海軍驅逐艦，後來還包括由多艘艦隻組成的航艦打擊群，便近距離從中共佔領的島嶼，以及其人為建造的「人工島」附近駛過。2017 年 11 月，在第七艦隊指揮節制之下，「雷根號」、「尼米茲號」及「羅斯福號」所組成的 3 個航艦打擊群，便在西太平洋演習，毫不含糊地向中共展示美國的海上力量。第七艦隊在 2018 到 2019 年間，

每年均在南海執行了 10 次「航行自由行動」，是此前任何一年的兩倍之多。再者，第七艦隊的作戰艦在 2020 年更穿越航行台灣海峽共 13 次之多。

中共增長中的軍事能力、在南海令人煩擾擔憂的行動、還有挑釁性的戰狼外交，都讓印太地區各國政府日益擔憂，從而使得各國尋求互助。2017 年 11 月，東協國家年度會議期間，美國、日本、印度及澳洲出席討論日後被稱為「四方安全對話」（Quadrilateral Security Dialogue，通常簡稱為 Quad）的成立事宜。在接下來的一年，四國的海軍高層在印度新德里會面，討論增加海軍在年度的馬拉巴多國海上演習，以及其他海上演習的參與力度。在這段時期，四國海軍能夠展現出來的艦隊，都是由現代化的作戰艦及數以中隊計的現代化飛機組成。五萬人的日本海上自衛隊被視為世上最專業及最先進的海軍之一，其艦隊擁有 4 艘輕型直升機母艦、超過 50 艘各式驅逐艦以及 20 艘以上柴電潛艦。兵員 67,000 人的印度海軍，下轄 295 艘作戰艦及輔助艦隻，還有接近 300 架飛機。只有 15,000 人的皇家澳洲海軍，規模雖然比其他四方安全對話的海軍要小，但也擁有 40 艘能

力極佳的作戰艦隻、潛艦及支援艦隻。

2021 年 3 月，拜登總統在四方安全對話的首次正式會議上，與成員國的政府首腦會面。與此同時，越南、菲律賓、英國、加拿大、德國及其他國家亦表達了對四方安全對話在海上自由、國際海洋法及民主治理議題上的支持。雖然許多國家的政府對將四國組織演變為「亞洲北約」的提議避而不談，但是 2022 到 2023 年之間的俄烏戰爭清楚表明，北約作為意見相近國家所組成的聯盟在保衛被侵略的受害者時卻是成效斐然。

盡管不是四方安全對話的正式成員國，很多國家仍然挺身而出，表達他們對台灣繼續保有自由的權利，以及對《聯合國海洋法公約》的支持。2018 年，法國海軍「葡月號」巡防艦（Vendémaire）穿越台灣海峽航行，2021 年法國海軍「翡翠號」潛艦（Emeraude）更公開在南海行動。在2020 與 2021 年，多艘加拿大海軍船艦通過台灣海峽航行，並與美、日兩國的作戰艦在西太平洋演習。2021 年，「卡加利號」巡防艦（Calgary）更近

距離駛過中共在南沙群島聲稱擁有主權的島嶼。2021 年 5 月，南韓總統文在寅及拜登總統一同強調了兩國在維護南海及其他領域的航行與飛行自由，以及維持台灣海峽的和平與穩定方面的承諾。

隨著中共對於國際間對南海問題協議的無視、台灣遭其入侵的威脅以及中共海軍的大規模增長，都令各國日益感到擔憂，這推動了美國與盟友之間進行更進一步在軍事上的合作。2021 年 9 月，華府、倫敦及坎培拉簽訂了澳英美三邊安全夥伴關係協定（AUKUS），目標是協助澳洲取得一支由至少 8 艘核動力攻擊潛艦組成的艦隊。這個協定還包括三國在網路戰及電子戰、人工智慧及其他先進科技方面的資訊共享。日本及南韓對這個協定的態度十分正面，展示出國際社會在抗衡對印太地區和平造成威脅的決心。一支由海軍中將喬納森・米德（Jonathan Mead）領導的任務小組，以協助澳洲執行取得潛艦的協議[1]。之後在 2023 年 3 月，美國同意對澳洲出售 3 艘「維吉尼亞級」核動力攻擊潛

1　編註：米德先是被任命為「核動力潛艦專案小組」（Nuclear-Powered Submarine Task Force,NPSTF）的主管，之後在 2023 年 7 月 1 日，任務小組改稱「澳洲潛艦管理局」（Australian

艦（*Virginia*-class）了。

在中共持續於南海進行軍事化及威脅要入侵台灣，以及俄羅斯入侵烏克蘭之際，拜登總統重申了捍衛遭受流氓國家入侵的民主國家的重要性。他在多個場合聲稱，美國、還有第七艦隊當然會涉及其中，將會繼續維護印太地區的海上自由，以及在中共侵入時援助台灣。正如由民主黨的南茜・裴洛西（Nancy Pelosi）及共和黨的凱文・麥卡錫（Kevin McCarthy）這兩位美國眾議院議長與中華民國官員的會面所反映出，美國就中共對國際和平的威脅所作的援助，是得到美國國內兩黨的跨黨派支持的。美國海軍第七艦隊在西太平洋水域的部署及武力展示曾經是，現在還是美國及其盟友，決心捍衛國際水域與世界上的自由國家免受挑釁的有力象徵。

Submarine Agency, ASA），米德將軍續任局長。

附錄（一）
大陳撤退
——第七艦隊協助大陳居民撤到台灣

　　1955 年 2 月 7 日美國海軍第七艦隊轄下第 502 特遣艦隊，開始了從大陳列島撤離國民政府軍民的行動。在中共開始攻擊大陳列島之後，美國海軍船艦及登陸艇將大概二萬九千至三萬名軍民運送至台灣。在撤離期間，一架從「胡蜂號」航空母艦上起飛，負責掩護撤離行動的 AD-5W 早期預警機在飛越中共領空時，遭防空砲火射擊並造成戰損。在海面迫降後，三名機組人員均獲國府巡邏艇救起。

　　參與了大陳撤離行動的美國海軍船艦包括：

　　航空母艦「約克鎮號」、「奇爾沙治號」、「艾塞克斯號」、「胡蜂號」、「中途島號」、重巡洋艦「匹茲堡號」（Pittsburgh, CA-72）、重巡洋艦「海倫娜號」、「托雷多號」（Toledo, CA-133）、驅逐艦「布萊恩號」（Braine, DD-630）、「伊瑟伍德號」（Isherwood, DD-520）、「梅蘭利號」（Mullany, DD-528）[1]、「斯托達德號」（Stoddard, DD-566）、「奧拜恩號」、「韋克號」（Walke, DD-723）、「哈利・哈伯德號」（Harry E. Hubbard, DD-748）、「巴塞爾號」（Bausell, DD-845）、「理查德・安德森號」（Richard B. Anderson, DD-786）[2]、「阿格海姆號」（Agerholm, DD-826）、「羅傑斯號」、「英格索爾號」（Ingersoll, DD-652）、「恩斯特・斯莫號」（Ernest G. Small, DD-838）[3]、「安敏號」（Ammen, DD-527）、「納普號」（Knapp, DD-653）、「科格斯韋爾號」（Cogswell, DD-651）、「納斐號」護航驅逐艦（Naifeh, DE-352）、「艾斯特斯號」兩棲指揮艦（Estes, AGC-12）、

1　譯註：1971 年 10 月 6 日移交海軍，改稱慶陽艦（DD-9）。

2　譯註：1977 年 6 月 10 日移交海軍，改稱開陽艦（DD-915）。

3　譯註：1971 年 4 月 16 日移交海軍，改稱富陽艦（DD-7）。

攻擊物資運輸艦「聯盟號」（*Union,* AKA-106）、「瓦士本號」（*Washburn,* AKA-108）、攻擊人員運輸艦「亨利科號」（*Henrico,* APA-45）、「貝薩號」（*Bexar,* APA-237）、「萊納維號」（*Lenawee,* APA-195）、高速人員運輸艦「霍雷斯·巴斯號」（Horace A. Bass, APD-124）、「鮑達克號」（*Balduck,* APD-132）、「阿斯卡利號」登陸艇維修艦（*Askari,* ARL-30）、船塢登陸艦「殖民地號」（*Colonial,* LSD-18）、「加太蒙號」、LST 戰車登陸艦 516 號、772 號、855 號、803 號、1159 號、兩艘 LSM(R) 中型火箭登陸艦、3 艘 LCU 通用登陸艇，以及其餘支援單位。

以上資料取自 NHHC 網站。

US Navy

1955 年 2 月 2 日，海軍軍令部長羅伯特·卡尼上將在五角大廈主持有關大陳島撤離行動記者會。

從卡車卸下彈藥之後，國軍官兵人手兩枚將它們搬上登陸艇。

國軍官兵協助搬運砲彈撤離。

NARA

撤離的大陳島，從岸上焚毀的屋子往遠處的海灣看去，可以看見一艘協助撤退的 LST 戰車登陸艦。

NARA

美軍攝影士跟國軍官兵在大陳島上圍繞著火堆取暖，可以想像 2 月天的大陳島是有多寒冷。

US Navy

一架準備從「胡蜂號」起飛的 AD-4W 反潛機,這跟在大陳島周邊被擊落的美軍軍機的型號相同,該機在下大陳島西邊 4 英里外迫降後,由國軍的巡邏艇將他們救起。

US Navy

1955 年 2 月 16 日,航空機械中士 R・K・德倫南(R. K. Drennan)是當時被中共防空砲火擊傷,並在海面迫降的 AD-5W 早期預警機機組人員之一。他正透過高線傳遞,從「納斐號」護航驅逐艦轉移到「胡蜂號」航艦。

NARA

登上人員運輸艦「萊納維號」的國軍官兵,從吊掛小艇的位置判斷這應該是
艦艏甲板。這批官兵服被與裝備都甚為整齊,很可能是經過整備的部隊。

US Navy

運送國軍官兵回台的「萊納維號」登上人員運輸艦。

NARA

登上人員運輸艦「亨利科號」的國軍傷兵，協助他的研判是一名醫護兵，他背著有紅十字的背包，上面寫著「軍醫署製」的字眼，頭上貌似舊日軍的頭盔，可見青天白日軍徽。

NARA

同一角度，位於左側的貌似醫護兵，背後原來還背了一把 M3 黃油衝鋒槍，伸縮槍托換成了折疊式的。

國軍士兵正在接受噴灑 DDT 殺蟲劑消毒。

US Navy

穿著淺色棉襖、掛著 M1 步槍的國軍官兵，通過攀爬繩網的方式，登上「萊納維號」。

US Navy

US Navy

艦上國軍士兵終於看到了台灣。照片中他們搭載的船艦很可能是「萊納維號」。

US Navy

1955 年 2 月 10 日，從「胡蜂號」航艦佈滿 AD「天襲者」攻擊機的飛行甲板往後看向「奇爾沙治號」航艦，兩艘納編 77 特遣艦隊的航空母艦在大陳撤退行動期間留下的珍貴照片。

附錄（二）
中美聯合兩棲操演

—— 美國海軍建築中士 James C. Harrison

編註：本篇報導取自美國海軍 1964 年 9 月號的 *All Hands* 期刊。根據美國海軍陸戰隊史，陸戰隊第七遠征軍（VII MEF）所屬的第 1、第 3 陸戰師、第 1 陸戰旅，以及陸戰隊第 1 航空聯隊，聯合國軍部隊於 1964 年 3 月 3 日起，在台灣南部地區進行代號「背包操演」的大規模兩棲登陸演習。

在本年稍早時候，美國兩棲部隊及海蜂工兵與中華民國的海軍陸戰隊員，一同參與了「背包操演」（Exercise Backpack），那是近年來西太平洋地區舉行最大規模的兩棲演習之一。

部署在沖繩的第 11 海軍機動工程營（MCB 11），在這次春季的聯合演習行動中擔當了重要的角色。

海蜂工兵的任務，是為本區域提供工程支援，以及在岸上行動期間，按任務形式為登陸部隊提供協助。第 11 海軍機動工程營在演習中，需要負責完成一系列的工兵任務，包括改善登陸灘頭及海港的狀態，以便進行裝載、維護主要及替代補給路線、修理損壞及被摧毀的橋樑，以及在必要時準備繞行道路。

海軍工程營官兵在沖繩的那霸登上「弗農郡號」戰車登陸艦（Vernon County, LST-1161），艦上還搭載了 682 噸物資及裝備，都是在演習時執行任務所必須的。「弗農郡號」與大概 80 艘其他美國船艦會合後，便一同離開沖繩，出發前往與在台灣的中華民國的船艦會合了。

經過持續八日在「敵方」水域以「之字形航行」後，第 11 機動工程營官兵在清晨 4 點抵達台灣的灘頭。他們小心謹慎地以戰術行軍沿河床而上，並設立了營地及指揮所。

這些無所不能的專家接下來著手準備食水淨化設施，這些設施不但為海蜂工兵供應食水，同時也需供應鄰近的陸戰隊分遣隊及第 1 兩棲工程營（ACB-1）。在台灣七天逗留期間，4 個三千加侖的便攜儲水囊總共提供了 53,811 加侖的食用水。

　　無線電及電話通訊是由 H 連所提供的。

　　海蜂工兵以及一個小型陸戰隊特遣隊被指派通訊的任務。他們同時負責監管設立無線電通訊網，以及佈設地下電話線的工作。A 連的裝備操作員在台灣南部的偏遠地區為陸戰隊航空大隊興建了兩條道路，還支援了在深山興建一條橋樑的工作。對這些裝備操作員來說，最重要的工作就是對本營的車輛進行保養及運輸——這些車輛包括流動式起重機、平地機、推土機、油罐車、卡車及吉普車。

　　在勤務及操演之間，第 11 海軍機動工程營官兵有了喘口氣的機會。他們出席了在附近城鎮的學校禮堂所舉行的聯合勞軍組織（USO）的表演活動。活動上的表演者大多都是中華民國國民，表演包括傳統舞蹈與歌曲，以及讓氣氛高漲到彷彿整個房間都為之震動的搖滾樂與扭扭舞節目。此外，海蜂工兵參觀了恆春古城，享受當地風光以及為了購買紀念品而討價還價的樂趣。

海軍機動工程營的車輛在台灣完成演習後，正被裝載上艦。

今天晚上露營，海蜂工兵正在搭建指揮所內的通訊帳棚。

一個儲水囊正在搭建中。

「弗農縣號」戰車登陸艦正前往台灣。

中華民國的陸戰隊官兵正在「艾爾多拉多號」兩棲指揮艦上聆聽導覽解說。

附錄（三）
在台灣的美國海軍福利站

編註：美國海軍第七艦隊與台灣社會的關係匪淺，然後自兩國斷交以來，美軍當年在台灣的足跡幾近沒有公開的資料，彷彿那段駐軍時期不曾發生過一樣。燎原在 1967 年 8 月號的美國海軍官兵月刊 *All Hands* 上面，找到這一篇少數在台灣的單位為主題的報導。

在台灣的海軍人員也許距離美國西岸達七千英里之遙，但在這個世上其中一個最美麗的島嶼之上，卻有一個地方顯得十分的美國。那就是由美國軍方人員及他們的家眷開設營運的福利站（Navy Exchange）。

這個設施是由海軍負責營運。在過去數年，從服務及銷售方面而言，這個海軍負責營運的機構，隨著時間穩步前進，把這盤大生意經營得很好。

海軍福利站的任務，是要滿足在台灣大概 15,000 名符合資格的客戶的需求。為了達成營運目標，33,000 項各種商品都得同時保持現貨在架上、在庫存，以及可供訂購的狀態。

讓在台灣的福利站保持貨品充足所面對的問題，與在美國境內的福利站所面對的頗為不同。在台灣並沒有為缺貨商品進行隔夜交付補貨的服務。由於往越南的物資流量極大，將貨品從西岸港口運送到台灣所需的時間，已經從三個月增加到五個月了。

可是，船運上的延誤，並沒有迫使福利站讓任何一間門市暫停服務。有時候，某些商品還是會出現短缺。當這種情況發生時，該項商品在船運抵達前，會被標示為「限量」。這個決定是為了讓貨品仍然保持在貨架上，而且盡可能延長客戶仍然能購買該商品的時間。

位於台灣的海軍福利站作為一個完整的機構，包括了一系列的各式零售及服

位於台灣的海軍福利站的自助購物部的特點，就是寬敞的走道與琳琅滿目的貨架，讓人易於購物。

福利站的顧客正在攝影櫃台購買底片，對於那些在逗留台灣期間，使用相機來拍攝記錄的美國人來說，這是一個熱門的商店。

務門市。它們包括有 15 間零售門市、6 間加油站、17 間自助餐廳與速食店、9 間理髮店、5 間美容店、2 間麵包坊、4 間裁縫店、4 間人員服務中心、3 間現役人員俱樂部及 3 間流動餐車。

海軍福利站的設施遍及台灣各處的主要美軍基地。美軍現役人員很少會在附近找不到一間零售門市、理髮店、自助餐廳以至是任何他所需要的福利站服務。

福利站這些服務的源頭，都在台灣北海岸的基隆，所有福利站的商品都是從這個港口進入台灣。從這裡，貨品會被運送到南方，抵達在台北、台中、公館、嘉義、台南以及高雄的門市。

大概 300 英里之外的鵝鑾鼻，台灣最南端的位置，也是海軍福利站外島補給線的總站所在。金門及馬祖兩個外島同樣設有海軍福利站的門市，同樣也必須保持貨源充足。

台北是遍佈全島的各個零售門市的總部所在。一般來說，一間福利站的活動，應該會獨立於其所在地區的總店而行事。但是在台灣，所有貨品的訂單，都會送到位在台北的總辦事處。

台灣的海軍福利站還要為 5 個空軍設施提供服務。台北、林口及嘉義的航空站；還有台南及清泉崗的空軍基地，全部都設有海軍福利站的設施。

儘管台灣及美國相隔七千英里，經常為貨品發送帶來問題，但福利站表示將會提供比美國境內門市找到的商品更多、種類更廣泛的商品。海外的商品要求的適用範圍更為廣闊，這些福利站所販賣的貨品，有很多是美國本土福利站不容許提供販售的。海軍福利站提供了

來自美國本土的新發行音樂，都透過黑膠唱片及錄音帶型式提供。

女性顧客正在布匹部尋找心目中的理想顏色。

例如大型家電、種類款式繁多的衣服、家具及外國商品，包括相機、手錶、高傳真音響設備及珠寶。

在台灣營業的四年時間當中，改進服務品質成為了海軍福利站發展背後的動力。福利站的經理表示，由於服務改善之故，台北的銷售額在 1966 年就比 1965 年增加了 66%。他認為業績的增長，是福利站對現有設施進行現代化改造及擴建，還有建造新設施所帶來的成果。

在林口航空站，一間新的零售店成立了。

在高雄的福利站設施都被全面改造整修了。

在公館，福利站增設了一間零售店、自助餐廳、洗衣及乾衣店，以及一間裁縫店。

在台南，福利站興建了一座全新的倉庫。

台北總店的服務改進，體現在為顧客提供更快的服務、更多的商品，以及為顧客提供更多的便利性。海軍福利站還設立了雜貨店，都是為了滿足福利站的顧客，在零售店及小賣店關門時的需求而成立的。

福利站人員表示，只要在台灣的美軍人員及其眷屬需要海軍福利站能提供的

服務，福利站就將會繼續成長發展下去。

忙個不停——海軍福利站的服務站保證了美軍人員的車輛擁有行駛必須的汽油及潤滑油。右圖：
　服務站的技師正在使用一早備妥的後備料件，讓美軍車輛保持妥善率。

位於台灣的美國海軍士官兵俱樂部餐廳，餐廳內以充滿東方風格的設計
為主。

附錄（四）
第七艦隊與台灣

由林彪統領的中共第四野戰軍撲向海南島的灘頭，該島於 1950 年 4 月落入侵略者之手。美國海軍觀察家推斷，中華民國政府所在的台灣將是毛澤東的下一個目標。

R.G. 史密斯的這幅畫作，可以看到兩架美國海軍 AD「天襲者式」攻擊機
飛越「福吉谷號」航空母艦。「福吉谷號」以及其他第七艦隊船艦，履行
杜魯門總統在 1950 年宣布防止共產黨入侵台灣的承諾。

一架洛克希德的 P2V-5「海王星」巡邏機從日本起飛。在 1950 年代，這些
飛機一直監控著中國的沿海地區，尤其是大陸與台灣之間那 100 英里的間
隙。

中華民國總統蔣介石大元帥。他重視所統領的武裝部隊與美國武裝部隊之間的密切聯繫。

1954 年 1 月 15 日，14,235 名在韓戰被俘的共軍士兵，拒絕返回原單位，希望可以前往台灣「歸隊」，因此在第七艦隊的安排下，執行「歸隊行動」（Operation COMEBACK），將這些前國軍官兵從濟州島送回台灣，也是「123 自由日」的由來。

雷德福海軍上將在 1950 年代訪問台北，圖中是國軍儀隊在松山機場歡迎雷德福的儀式。

在 1950 年代先後擔任太平洋艦隊司令、美國太平洋司令部司令，以及在 1953 至 1957 年之間擔任參聯會主席的雷德福上將，與蔣介石總統共享輕鬆時刻。雷德福主張美國海軍應在中國附近海域展現強大的兵力存在。

右起，雷德福海軍上將、蔣總統、雷德福夫人、蔣夫人，以及和負責
遠東事務的助理國務卿饒伯森（Walter S. Robertson），手挽著手出席
社交活動。照片右下方可見「勵志社」字樣。

1955 年 7 月，「菲律賓海號」航空母艦以及「華特號」驅逐艦
（Watts, DD-567）通過艦隊油輪「普拉特號」（Platte, AO-24）獲得油料
補給，其他第七艦隊的航艦、巡洋艦以及驅逐艦在遠處的中國外海航行。
第七艦隊對 1954 至 1955 年的台海危機得以落幕有舉足輕重的影響力。

NH 97639

「漢考克號」是 1958 年八二三砲戰期間，於大陸外海與所屬特遣艦隊的巡洋艦和驅逐艦一起偵巡的五艘中的一艘航艦。

US Navy

一架隸屬「列克星頓號」航艦的 A3D「空中武士」攻擊機，在台海附近執行偵巡任務。該艦於 1958 年 9 月 25 日期間在第七艦隊責任區內支援陷入八二三砲戰的台灣。

USMC

1958 年 10 月美國海軍陸戰隊司令親自到屏東空軍基地北機場,檢閱進駐台灣的陸戰隊第 115 戰鬥機中隊的 F4D-1 戰機。該中隊曾在台海危機期間吊掛響尾蛇飛彈,並且飛往鄰近金門的空域執行偵巡。

USMC

1960 年,陸戰隊第 531 戰鬥機(全天候)中隊的 F4D-1,來到台灣參與「藍星演習」(Operation Blue Star)時,在當時鋪設了全新鋁製跑道的簡易機場起降。

NHHC S-522.01

1960 至 1962 年擔任美軍顧問團海軍顧問組組長的唐納 · 爾瓦艾上校（Donald Irvine）面見蔣介石總統。

NH 58571

1965 年 3 月，美台軍事將領共同站在閱兵台上檢閱我國海軍新訓中心的官兵。左起，美軍顧問團團長桑鵬空軍少將、海軍總司令黎玉璽上將、海軍訓練司令部司令周非少將。

NH 58572

海軍樂隊在 1965 年 3 月的閱兵典禮上行進。

US Navy

美國海軍迪西號驅逐艦母艦 25 名官兵參加 1966 年在高雄愛河舉行的龍舟賽。

NH 104912

太平洋艦隊司令湯瑪士‧穆勒上將（即將赴任），於 1967 年 7 月在松山機場落地後
召開記者會。陪同出席的是海軍總司令馮啟聰海軍二級上將（右），以及美軍協防台
灣司令部司令耿特納中將（左）。

US Navy

兩名美軍帆纜下士製作精美的繩結紀念品，於左營基地贈送給巡邏艦東江號（PC-119）的
兩位國軍官兵，以作為基層官兵之間的交流。兩位國軍代表亦回贈禮物給美軍。這張取自
1965 年 8 月的美國海軍 *All Hands* 雜誌的報導，顯然是東引海戰以後的友好拜訪的留念。

1954 年 9 月 9 日，蔣介石總統
登上訪問基隆港的「查爾號」
潛艦（*Charr, SS 328*）參觀，並
出海參與海上操演。蔣總統在
艦長懷特中校介紹下，使用潛
望鏡觀察外頭狀況。

US Navy

USMC

1975 年 3 月 24 日，台東上空發生 3 架國軍 T-38 教練機互撞意外，進駐台南的陸戰隊第 6 偵察
機中隊，連續兩天派出各兩個架次協助尋找機組員。事後，空作部司令姚兆元中將頒布獎狀褒
揚美軍 OV-10 輕型攻擊機的機組員。

L38-16.08.04

1996 年 4 月 17 日，柯林頓總統以及第一夫人希拉蕊於東京灣的「獨立號」航艦上接受軍禮。在第七艦隊司令克萊門斯中將（左），以及駐日美國海軍部隊指揮官小布萊恩・托賓少將（右）的陪同下參訪。過程中，柯林頓表示：「你們最後一次的任務部署中（1996 台灣飛彈危機）解除了危機。」他還說道：「在沒有發出一槍一彈，你們就使得太平洋的國家安下了心。以這種沉默力量為典範，你們在此向世界展示美國的實力以及美國的特質。」

L45-162.07

「拉森號」飛彈驅逐艦 2015 年在歐巴馬總統的指示下，於南海實施「航行自由行動」，重申在國際海域伸張這項權力的合法性。在不符合現行法律的情況下，中華人民共和國主張整個南海都為其主權的範圍。

2018 年 5 月，隸屬第七艦隊的「安提頓號」巡洋艦，駛近西沙群島再次實施「航行自由行動」，華府同時在該年取消邀請解放軍海軍參與美國主辦的「環太平洋」聯合演習。

2018 年 11 月，解放軍海、空軍派機艦監控無害通過西沙群島附近海域的飛彈巡洋艦「錢瑟勒斯維爾號」，北京表示反對該艦在該水域的通行。

「貝瑞號」飛彈驅逐艦（*Barry, DDG-52*）在西太平洋上航行。當「貝瑞號」與「碉堡山號」飛彈巡洋艦在 2020 年 5 月實施「航行自由行動」之後引起北京的怒火。第七艦隊的發言人表示：「只要國際法許可，美國將來會以飛行、航行及作業的方式 —— 無論那些過度主張海事主權的地點位於何處。

2021 年 7 月起接任第七艦隊司令的卡爾‧湯瑪士中將。

US Navy

2009 年 8 月，第七艦隊的船塢登陸艦「丹佛號」接到命令後，奔赴台灣支援在莫拉克風災中受創的災區。美軍直升機沒有在台灣過夜停留，都是每天返回艦上隔天再來。

US Navy

深入台灣山區救援莫拉克風災的美國海軍 MH-60S 海鷹直升機，由於不熟悉台灣山區的飛行環境，加上政治因素提高了作業難度，美軍的救援行動沒有維持很久。

隸屬第七艦隊第十五驅逐艦支隊的「麥坎貝爾號」飛彈驅逐艦,在 2020 年 3 月 25 日,進入海灣海峽執行偵巡任務。照片右側遠處地平線,可見到一艘「成功 / 派里級」巡防艦伴航的身影。

「錢瑟勒斯維爾號」飛彈巡洋艦在 2022 年 8 月 28 日,在例行性駛入台灣海峽偵巡。在該艦後方,可以見到國軍的「沱江級」巡邏艦和「成功 / 派里級」巡防艦緊跟在旁伴航。

附錄（五）
第七艦隊司令列表

姓名	任期
亞瑟・卡本特中將	1943.2.19—1943.11.26
托馬斯・金凱德中將	1943.11.26—1945.11.19
丹尼爾・巴比中將	1945.11.19—1946.1.8
小查爾斯・柯克上將 *	1946.1.8—1948.2.24
奧斯卡・白吉爾二世中將 **	1948.2.24—1949.8.28
羅素・伯基中將 **	1949.8.28—1950.4.4
沃特・布內少將，代理司令	1950.4.4—1950.5.19
史樞波中將	1950.5.19—1951.3.28
哈羅德・馬丁中將	1951.3.28—1952.3.3
羅伯特・布里斯奎中將	1952.3.3—1952.5.20
約瑟夫・克拉克中將	1952.5.20—1953.12.1
小阿爾弗雷德・柏立德中將	1953.12.1—1955.12.19
斯圖亞特・英格索爾中將	1955.12.19—1957.1.28
華萊士・畢克萊中將	1957.1.28—1958.9.30
弗里德里克・契維特中將	1958.9.30—1960.3.7
查理・吉芬中將	1960.3.7—1961.10.28
威廉・史維西中將	1961.10.28—1962.10.13
湯瑪士・穆勒中將	1962.10.13—1964.6.11
羅伊・詹森中將	1964.6.11—1965.3.1
小保羅・布雷克本中將	1965.3.1—1965.10.7

約瑟夫・威廉二世少將，代理司令	1965.10.7—1965.12.13
約翰・希蘭中將	1965.12.13—1967.11.6
威廉・布林格爾中將	1967.11.6—1970.3.10
莫里斯・維斯納爾中將	1970.3.10—1971.1.18
威廉・馬克中將	1971.1.18—1972.5.23
詹姆士・霍洛韋三世中將	1972.5.23—1973.7.28
喬治・史第爾中將	1973.7.28—1975.1.14
湯瑪士・海沃德中將	1975.1.14—1976.7.24
羅伯特・鮑德溫中將	1976.7.24—1978.5.31
小席維斯特・福雷中將	1978.5.31—1980.2.14
卡萊爾・特羅斯特中將	1980.2.14—1981.9.16
M・史塔瑟・赫康博中將	1981.9.16—1983.5.9
詹姆士・霍格中將	1983.5.9—1985.3.4
小保羅・麥卡菲中將	1985.3.4—1986.12.9
保羅・米勒中將	1986.12.9—1988.10.21
小亨利・莫茲中將	1988.10.21—1990.12.1
史丹利・亞瑟中將	1990.12.1—1992.7.3
蒂姆西・懷特中將	1992.7.3—1994.7.28
亞奇・克萊門斯中將	1994.7.28—1996.9.13
羅伯特・奈特中將	1996.9.13—1998.8.12
沃特・多蘭中將	1998.8.12—2000.7.12
詹姆士・梅茲格中將	2000.7.12—2002.7.18
羅伯特・威拉德中將	2002.7.18—2004.8.6
喬納森・格林納中將	2004.8.6—2006.9.12

道格拉斯・克勞德中將	2006.9.12—2008.7.12
約翰・柏德中將	2008.7.12—2010.9.10
斯科特・范・布斯克中將	2010.9.10—2011.9.7
斯科特・斯威夫特中將	2011.9.7—2013.7.31
小羅伯特・湯瑪士中將	2013.7.31—2015.9.7
約瑟夫・奧克林中將	2015.9.7—2017.8.22
菲利普・索耶中將	2017.8.22—2019.9.12
威廉・梅茲中將	2019.9.12—2021.7.8
卡爾・湯瑪士中將	2021.7.8—2024.2.15
佛瑞德・凱徹中將	2024.02.15—

* 第七艦隊司令在 1947 年 1 月 1 日更改成美國西太平洋海軍部隊司令。

** 美國西太平洋海軍部隊司令，在 1949 年 8 月 1 日至 1950 年 2 月 11 日間，獲授予第七艦隊司令的額外職權，其後職稱又一次更改成僅有第七艦隊司令。

US Navy photo

2006 年 4 月，第七艦隊司令喬納森・格林納中將正在佐世保的「艾塞克斯號」兩棲突擊艦上，讚揚艦上官兵及陸戰隊員在菲律賓「肩並肩」演習中的表現。

US Navy

2024 年 2 月 15 日接任第七艦隊司令的凱徹中將。他的前一個職務是海軍官校代理校長。

附錄（六）
參與台海危機任務船艦名錄

　　編註：美軍對那些八二三砲戰期間在台澎周邊海域（1958 年 8 月 23 日至 1959 年 6 月 1 日）、金門馬祖（1958 年 8 月 23 日至 1963 年 6 月 1 日）值勤的所有以下單位所屬官兵頒贈「三軍遠征勳章」（Armed Forces Expeditionary Medal），表揚他們在任務期間的優異表現。本書收錄這份艦名錄，以彰顯他們守護台澎金馬的功勳，並以此讓國人了解在當年台海面臨最危險的時候，盟友為台灣做出了哪些貢獻。

船艦

攻擊航空母艦（**CVA**）

Bennington (CVA 20) 24 Sep 1958, 12 Oct-2, Nov 1958; 24 Nov-3 Dec 1958

Hancock (CVA 19) 26 Aug 1958, 2-9 Sep 1958

Lexington (CVA 16) 27 Aug-2 Sep 1958; 3-16 Sep 1958; 26 Sep-15 Oct 1958, 15 Nov 1958

Midway (CVA 41) 6-28 Sep 1958; 21-30 Oct 1958; 11-15 Nov 1958; 30 Nov-4 Dec 1958

Shangri La (CVA 38) 30 Aug 1958; 1 Sep 1958; 3-27 Sep 1958; 15-16 Oct 1958; 21-29 Oct 1958

Ticonderoga (CVA 14)-12-15 Nov 1958; 20-22 Nov 1958; 5-8 Dec 1958; 29 Dec 1958- 1 Jan 1959

反潛支援航空母艦（**CVS**）

Essex (CVS 9) 16-27 Sep 1958

Princeton (CVS 37) 27 Aug-1 Sep 1958; 3-14 Sep 1958

水上飛機母艦（**AV**）

Pine Island (AV 12) 23 Aug-16 Oct 1958; 22-30 Oct 1958; 5-15 Nov 1958

小型水上飛機母艦（AVP）

Onslow (AVP 48) 23 Aug-27 Sep 1958

巡洋艦（CA）

Columbus (CA 74) 30 Aug-19 Sep 1958; 25 Sep 1958; 28 Sep-2 Oct 1958; 12-16 Oct 1958;
    23-30 Oct 1958; 18-21 Nov 1958; 25-30 Nov 1958; 2-5 Dec 1958; 17-27 Dec 1958

Helena (CA 75) 23 Aug 1958; 26-31 Aug 1958; 3-10 Sep 1958; 12 Sep 1958; 21- 22 Sep 1958;
    1-4 Oct 1958; 13- 15 Oct 1958; 14 Nov 1958

Los Angeles (CA 135) 11-22 Sep 1958; 2 Oct 1958; 4- 10 Oct 1958; 21 Oct-7 Nov 1958

驅逐艦（DD）

Ammen (DD 527) 30 Aug 1958; 11 Oct-8 Nov 1958; 14 Nov 1958; 27 Nov 1958

Black (DD 666) 30 Aug-20 Sep 1958

Boyd (DD 544) 23-31 Aug 1958

Braine (DD 630) 30 Aug-6 Nov 1958

Buck (DD 761) 15 Oct-18 Nov 1958

Charles H. Roan (DD 853) 20-27 Sep 1958

Cogswell (DD 651) 17 Oct-2 Nov 1958

Collett (DD 730) 6 Sep-16 Oct 1958

Cowell (DD 547) 17-29 Sep 1958

Cushing (DD 797) 12-20 Sep 1958; 29 Oct 1958; 3-6 Dec 1958

DeHaven (DD 727) 22 Sep-16 Oct 1958

Edmonds (DD 406) 12 Sep-29 Oct 1958; 7 Nov 1958-1 Jan 1959

Everett F. Larson (DD 830) 6-27 Sep 1958

Forrest Royal (DD 872) 20-27 Sep 1958

Forrest Sherman (DD 931) 20-27 Sep 1958

Gregory (DD 802) 23 Aug-24 Sep 1958; 26 Oct 1958; 30 Oct-3 Nov 1958

Hale (DD 642) 22 Sep 1958

Halsey Powell (DD 686) 26 Aug-1 Oct 1958; 3 Nov 1958

Hopewell (DD 681) 23 Aug-4 Sep 1958

Ingersoll (DD 652) 19-Sep-14 Oct 1958; 10-14 Nov 1958; 23-24 Nov 1958

Isherwood (DD 520) 26 Aug 1958; 3 Sep-31 Oct 1958

J. W. Thomason (DD 760) 16-28 Oct 1958; 4 Nov 1958; 17 Nov 1958

Jarvis (DD 799) 6 Sep 1958; 24 Sep 1958, 21-29 Oct 1958; 2-22 Dec 1958; 29 Dec 1958- 1 Jan 1959

John A. Bole (DD 755) 13 Oct 1958; 19-21 Nov 1958

Kidd (DD 661) 26 Aug-11 Sep 1958

Lofberg (DD 759) 19 Oct-10 Nov 1958

Mullany (DD 528) 25 Aug-1 Nov 1958

Mansfield (DD 728) 30 Aug 1958; 4-19 Sep 1958; 16 Oct 1958

Marshall (DD 676) 2-6 Sep 1958; 18-27 Sep 1958

McDermut (DD 677) 23 Aug-10 Sep 1958

Picking (DD 685) 20 Nov 1958

Porterfield (DD 682) 24 Aug-15 Sep 1958

Prichett (DD 561) 20 Sep 1958; 29 Oct 1958

Shields (DD 596) 30 Aug-1 Sep 1958; 4-14 Sep 1958; 26 Sep-14 Oct 1958; 25 Nov-3 Dec 1958

Taussig (DD 746) 13 Oct 1958; 13-17 Nov 1958

Trathen (DD 530) 6-19 Sep 1958; 21 Oct-1 Nov 1958; 2-17 Dec 1958; 23 Dec 1958-1 Jan 1959

Twining (DD 540) 30 Aug 1958; 6-9 Sep 1958; 27 Sep 1958; 14 Dec 1958

Uhlman (DD 687) 26 Aug-3 Sep 1958

Wedderburn (DD 684) 23 Aug-3 Sep 1958

Stoddard (DD 566) 29 Aug-14 Oct 1958

Lyman K. Swenson (DD 729) 30 Aug 1958; 20-27 Sep 1958

護航驅逐艦（DE）

Bridget (DE 1024) 12-26 Sep 1958

Douglas A. Munro (DE 422) 29 Sep 1958; 7 Nov-7 Dec 1958; 14-31 Dec 1958

McGinty (DE 365) 10-26 Sep 1958; 3-12 Oct 1958

雷達哨戒驅逐艦（DDR）

Benner (DDR 807) 30 Aug-29 Sep 1958; 7-24 Oct 1958

Carson (DDR 830) 16 Sep 1958

Dennis J. Buckley (DDR 808)13 Sep-29 Oct 1958; 13-14 Nov 1958; 10 Dec 1958

Hanson (DDR 832) 13-30 Oct 1958; 2-24 Nov 1958

反潛驅逐艦（DDE）

Jenkins (DDE 447) 14 Oct 1958

Taylor (DDE 468)14-15 Oct 1958

驅逐領導艦（DL）

John S. McCain (DL 3) 27 Sep-5 Nov 1958

Wilkinson (DL 5) 1 Dec 1958- 1 Jan 1959

※ 大型 3700 噸驅逐艦

驅逐艦母艦 (AD)

Piedmont (AD 17) 29 Aug-27 Nov 1958

Hamul (AD 20) 14-31 Dec 1958

潛艦

Diodon (SS 349)12 Nov 1958; 15-30 Nov 1958

Sea Devil (SS 400) 27-29 Dec 1958

Spinax (SS 489) 28-29 Oct 1958

船塢登陸艦（LSD）

Alamo (LSD 33) 19 Nov 1958

Catamount (LSD 17) 30 Aug 1958; 13-23 Sep 1958; 21-31 Oct 1958; 7 Nov 1958

戰車登陸艦（LST）

Tioga County (LST 1158) 26 Dec 1958

Tom Green County (LST 1159) 3-10 Sep 1958

Westchester County (LST 1167) 23-30 Aug 1958

兩棲艦支援艦 (LST(M))

Hamilton County (LST(M) 802) 1 Sep-5 Oct 1958; 24 Oct 1958

攻擊人員運輸艦

Bayfield (APA 33) 26 Dec 1958

Montrose (APA 212) 1 Sep 1958; 8 Nov 1958

遠洋掃雷艦（無磁性）

Avenge (MSO 423) 9 Sep 1958

Constant (MSO 427) 7-14 Sep 1958

Fortify (MSO 446) 11 Sep 1958

Energy (MSO 436) 8-14 Sep 1958

Peacock (MSC 198) 6-10 Sep-16 Oct 1958

Pivot (MSO 463) 8 Oct 1958

Pluck (MSO 464) 7-14 Sep 1958; 24 Oct 1958; 30 Nov-3 Dec 1958; 17-19 Dec 1958

海岸掃雷艦（無磁性）

Vireo (MSC 205) 10 Sep-4 Nov 1958

Warbler (MSC 206) 6 Sep-4 Nov 1958

Whippoorwill (MSC 207) 10 Sep-4 Nov 1958

Widgeon (MSC 208) 9-29 Sep 1958; 15 Oct-4 Nov 1958

Woodpecker (MSC 209) 2 Sept-4 Nov 1958

補給艦（食品）

Aludra (AF 55) 2-4 Sep 1958

Zelima (AF 49)-30-31 Oct 1958; 8-13 Nov 1958; 2-13 Dec 1958

Pictor (AF 54) 7-14 Sep 1958

Graffias (AF 29) 17-21 Sep 1958; 15-20 Oct 1958; 18-22 Nov 1958

運油艦（AO）

Chemung (AO 30) 25-30 Sep 1958

Cimarron (AO 22) 6-18 Sep 1958; 29 Sep-10 Oct 1958; 24-27 Oct 1958; 11-19 Nov 1958; 26 Nov-5 Dec 1958

Guadalupe (AO 32) 13-14 Nov 1958

Hassayampa (AO 145) 22-26 Nov 1958; 27 Nov 1958-30 Dec 1958

Manatee (AO 58) 23-26 Aug 1958; 3-12 Sep 1958

Navasota (AO 106) 6-26 Sep 1958; 16 Oct 1958; 28 Oct-1 Nov 1958

Passumpsic (AO 107) 3 Nov 1958; 8 Nov 1958

Mispillion (AO 105) 27 Aug-5 Sep 1958

Ponchatoula (AO 148) 3-19 Sep 1958; 14 Oct 1958

Taluga (AO 62) 23 Nov 1958

Tolovana (AO 64) 2-7 Sep 1958; 18-28 Sep 1958; 13-17 Oct 1958; 21-22 Oct 1958

彈藥補給艦（AE）

Firedrake (AE 14) 3-16 Oct 1958

Mauna Kea (AE 22) 7 Sep 1958; 28 Sep 1958

Mount Baker (AE 4) 6-12 Sep 1958

Mt Rainier (AE 5) 13 Nov 1958; 28 Nov-1 Dec 1958

突擊物資運輸艦（AKA）

Chara (AKA 58) 31 Aug-1 Sep 1958; 3-27 Sep 1958

Skagit (AKA 105) 1 Sep 1958

輕型物資運輸艦（AKD）

Estero (AKL 5) 10-27 Sep 1958; 4-7 Oct 1958

一般軍品補給艦（AKS）

Castor (AKS 1) 17 Oct 1958; 3-7 Nov 1958

Pollux (AKS 4) 7-9 Sep 1958; 14-15 Sep 1958; 2-5 Oct 1958; 7-15 Oct 1958

內燃機修理艦（ARG）

Luzon (ARG 2) 6 Sep-17 Oct 1958

航空補給艦（AVS）

Jupiter (AVS 8) 19 Sep-3 Oct 1958

消磁艦（ADG）

Surfbird (ADG 383) 2 Sep-11 Oct 1958

艦隊遠洋拖船

Apache (ATF 67) 29 Oct 1958

Cocopa (ATF 101) 28 Sep-17 Oct 1958; 31 Oct-20 Nov 1958

Hitchiti (ATF 103) 3-6 Dec 1958

Mataco (ATF 86) 31 Aug-13 Sep 1958

Tawakoni (ATF 114) 12 Sep-28 Oct 1958

救難艦（**ARS**）

Conserver (ARS 39) 19 Sep-20 Oct 1958

Grapple (ARS 7) 30 Aug-15 Sep 1958

航空部隊

Airborne Early Warning Squadron 1 (VW 1) 23 Aug 1958-1 Jan 1959

Airborne Early Warning Squadron 2 (VW 2) 23 Aug 1958-1 Jan 1959

Airborne Early Warning Squadron 3 (VW 3) 23 Aug 1958-1 Jan 1959

All Weather Attack Squadron 35 Det A (VAAW 35, Det A) 23 Aug 1958-1 Jan 1959 All Weather Attack Squadron 35 Det C (VAAW 35, Det C) 23 Aug-25 Oct 1958

All Weather Attack Squadron 35 Det D (VAAW 35, Det D) 23 Aug-3 Oct 1958

All Weather Attack Squadron 35 Det K (VAAW 35, Det K) 26 Sep-4 Dec 1958

All Weather Attack Squadron 35 Det I (VAAW 35, Det 1) 23 Aug-1 Nov 1958

Attack Squadron 151 (VA 151) 23 Oct 1958-1 Jan 1959

Attack Squadron 156 (VA 156) 27 Aug-25 Oct 1958

Carrier Airborne Early Warning Squadron (VAW 11) 26 Sep 1958-1 Jan 1959

Commander Fleet Air Wing One (CVW-1) 23 Aug 1958-1 Jan 1959

Fighter Squadron 23 (VF 23) 23 Aug-3 Oct 1958

Fighter Squadron 112 (VF 112) 23 Oct 1958-1 Jan 1959

Fleet Tactical Support Squadron 21 (VR 21) 23 Aug 1958-1 Jan 1959

Fleet Tactical Support Squadron 21 Det Japan (VR 21, Det Japan) 23 Aug-24 Nov 1958

Helicopter Antisubmarine Squadron 4 (HS-4) 23 Aug-3 Dec 1958

Heavy Attack Squadron 16 (VAH 16) 23 Aug 1958-1 Jan 1959

Marine Transport Squadron 253 (VMR 253) 30-31 Aug 1958; 1-3, 5, 6, 8-30 Sep 1958; 1-10, 13-23, 28-31 Oct 1958; 1, 3, 6-9, 11-15, 17, 21-30 Nov 1958; 3, 5-10, 12, 14, 16-19, 21-31 Dec 1958

Marine Transport Squadron 352 (VMR-352) 1, 18, 19, 30, 31 Aug 1958; 1, 2, 5-8, 13-15, 18, 20-23, 25-28 Sep 1958; 1, 3-5, 8-10, 22, 24, 28 Oct 1958; 1, 2 Nov 1958

Patrol Squadron 4 (VP 4) 23 Aug 1958-1 Jan 1959

Patrol Squadron 40 (VP 40) 23 Aug 1958-31 Oct 1958

Patrol Squadron 46 (VP 46) 23 Aug 1958-1 Jan 1959

US Navy

隨列克星頓號航艦部署的第 213 戰鬥機中隊的 F4D-1 天光戰鬥機，在 1958 年的台海危機期間，
吊掛 AIM-9B 響尾蛇飛彈執行空中戰鬥巡邏任務。

鳴謝

假如沒有來自前第七艦隊司令約翰・柏德、斯科特・范・布斯克以及斯科特・斯威夫特中將，以及海軍歷史總監傑・德洛阿奇慷慨的支持與鼓勵，這本圖文並茂的歷史書是不可能成為現實的。上述諸位海軍的長官都了解這支前進部署的海軍部隊極其重要的歷史，還有其對美國履行在遠東的責任時重要且關鍵的貢獻，在啟發現役美國海軍官兵方面的價值。柏德中將以及同樣支持本書寫作的公共關係事務官傑夫・戴維斯中校（Jeff Davis），招待了我以及與我同行的海軍歷史及遺產司令部（Naval History and Heritage Command, NHHC）第 206 海軍預備役戰鬥文件分遣隊（Naval Reserve Combat Documentation Detachment 206）的詹姆士・賴德中校（James Reid），前往日本的訪問。我們透過與第七艦隊司令，以及他麾下主要的特遣艦隊指揮官、參謀及各個階級的官兵交流及正式訪談，了解到第七艦隊當前任務與職責的第一手資料。

假如我忘記表達我對過去及現在仍在海軍歷史及遺產司令部任職的同僚們的謝意的話，那將會是一種怠慢。要感謝的同僚包括前任海軍歷史總監保羅・托賓海軍退役少將（Paul E. Tobin）、歷史及檔案部主管葛列格・馬丁（Greg Martin），以及資深歷史學家麥克・卡福特博士（Michael Crawford）。我同樣十分感激在作戰行動檔案處、海軍部圖書館以及文物保管部的同仁們，在我研究及寫作本書時所提供的便利。美術部的 Pam Overmann 以及照片組的 Robert Hanshew 與 Ed Finney 在為本書挑選合適圖片時，提供了極大的幫助。我在海軍博物館冷戰廳計畫的同仁 Tim Frank，提供了極為豐富的說明資料。我的歷史學家同行，包括約翰・雪伍德博士（John Sherwood）、傑佛瑞・巴羅博士（Jeffrey Barlow）、大衛・溫格爾博士（David Winkler）、提摩西・法蘭西博士（Timothy Francis），以及特別是羅伯特・施內勒博士（Robert J. Schneller），都鼓勵了我完成這本書，還對於現代美國海軍作戰史方面提供了各自的真知灼見。確實，施內勒博士的 *Anchor of*

Resolve: A History of U.S. Naval Forces Central Command/Fifth Fleet，在很多方面都成為了這本第七艦隊歷史寫作上的典範。

我十分感激出版部的 Sandy Doyle 及 Wendy Sauvageot 以極其專業的態度及技術，把我的草稿及粗糙的解說資料，轉換成值得稱道的出版品。

海軍醫藥及外科局歷史辦公室的 Jan Herman 及 André Sobchinski，為我提供了不少引人注目的圖像。海軍歷史基金會的行政總監 Todd Creekman 上校，一如以往地鼓勵與促進我在海軍歷史方面竭精彈力地寫作。

我希望藉此機會，表達我對以下多位在現代美國海軍亞洲事務方面極為優秀的專家學者致以感激之情。他們每一位都閱讀過整本或部分書稿，並提供了各人堪稱睿智的建議：海軍分析中心的 Peter Swartz 上校、國防大學的貝納‧柯爾退役上校、南加州大學的榮譽教授 Roger Dingman、著作等身的海軍學者諾曼‧波馬（Norman Polmar）、海軍歷史基金會的大衛‧溫格爾博士（David F. Winkler）、海軍戰爭學院的布魯斯‧艾里曼（Bruce A. Elleman），以及在亞洲事務方面備受尊崇的兩位權威季艾瑞（Paul Giarra）及詹姆士‧奧爾（James Auer）。

一如以往，我無限感激我的妻子 Beverly，以及三位兒子 Jeffrey、Brian 及 Michael 對我堅定不移的支持，還有他們對於我著迷於海軍歷史所造成的影響方面所展示出極具耐性的理解。

最後，我謹將這本著作，獻給過去及現在於第七艦隊——美國在亞洲的守護者——服役的男女官兵。

7th Flt PA

2010 年 9 月的「勇敢之盾」聯合演習（Valiant Shield）期間，「艾塞克斯號」兩棲突擊艦在一次實彈射擊課目當中，發射一枚 RIM-7P 海麻雀防空飛彈。

建議讀物

考慮到第七艦隊涉及其中的諸多重大事件，以及第七艦隊歷史所覆蓋的漫長時光，實際上成千上萬本優秀的著作探討了第七艦隊在西太平洋、印度洋及亞洲捍衛美國國家安全利益的種種。不過，本書面世的其中一個主要原因，就是透過一本書的篇幅，來整理出第七艦隊與其當前任務有關的歷史。這份建議書目的目標，就是希望從與第七艦隊漫長歷史當中最重要的篇章有關的著作當中，挑選出最為全面、均衡、具可讀性，及對讀者有所裨益的優秀作品。

任何對美國海軍在二戰當中所扮演角色的研究，都不得不從海軍歷史學家之中的元老，塞繆爾・艾略特・莫里森洋洋灑灑十五卷的 *History of United States Naval Operations in World War II* (Boston, MA: Little Brown) 開始。這個系列當中，與第七艦隊參與過的戰役及戰鬥有關的，計有 *Breaking the Bismarcks Barrier*、 *New Guinea and the Marianas, Leyte* 以及 *Liberation of the Philippines*。他另一本篇幅較短的概史，*The Two-Ocean War: A Short History of the United States Navy in the Second World War* (New York: Galahad Books, 1963)，則覆蓋了第七艦隊在麥克阿瑟麾下，從索羅門群島到菲律賓之間的行動。有關海軍在向東京的艱難推進期間，如何與麥克阿瑟及其陸軍與陸航將官們互動的歷史，可以參看 Gerald Wheeler 的優秀作品 *Kinkaid of the Seventh Fleet: A Biography of Admiral Thomas C. Kinkaid, U.S. Navy* (Washington: Naval Historical Center/Naval Institute Press, 1996)。由金凱德手下最著名的兩棲作戰指揮官丹尼爾・巴比中將所著，書名為 *MacArthur's Amphibious Navy: Seventh Amphibious Force Operations, 1943–1945* (Annapolis, MD: Naval Institute Press, 1969) 的傳記，提供了艦隊行動當中的豐富細節。由前海軍歷史總監 Ronald H. Spector 所著的 *Eagle Against the Sun: The American War with Japan* (New York: Vintage Books, 1985)，對於第七艦隊如何適應盟軍在南太平洋及西南太平洋的整體計劃方面，提供了詳盡的論述。其他處理了新幾內亞及菲律賓戰役的優秀作品，還包括 William M. Leary 的

We Shall Return! MacArthur's Commanders and the Defeat of Japan, 1942–1945 (Lexington: University Press of Kentucky, 1988) 以及 Stanley L. Falk 的 *Liberation of the Philippines* (New York: Ballantine Books, 1971)。Thomas Cutler 的 *The Battle of Leyte Gulf, 23–26 October, 1944* (New York: Harper Collins, 1994)，精闢地探討了關鍵的雷伊泰灣海戰。而在這場海戰當中，有關恩內斯特・艾文斯中校及「塔菲 3」特遣區隊所扮演的角色及其戰鬥過程，沒有一本著作能比 James D. Hornfischer 的得獎作品 *The Last Stand of the Tin Can Sailors: The Extraordinary World War II Story of the US Navy's Finest Hour* (New York: Bantam Dell, 2005) 更為引人入勝了。

有關海軍及陸戰隊在戰後佔領朝鮮半島南部及華北地區的活動，在 Spector 的 *In the Ruin's of Empire: The Japanese Surrender and the Battle for Postwar Asia* (New York: Random House, 2007) 一書中有詳細記述。第七艦隊與蔣介石軍隊之間的互動，可見於 Edwin B. Hooper、Dean C. Allard 及 Oscar P. Fitzgerald 的著作 *The Setting of the Stage to 1959*，是 *The United States Navy and the Vietnam Conflict* (Washington: Naval Historical Center, 1976) 的第一卷。

有關第七艦隊的作戰艦、航空中隊及水兵們韓戰經歷的著作可謂汗牛充棟，但這些著作之中最為全面者，當首推以下三本：James A. Field 的 *United States Naval Operations: Korea* (Washington: Naval History Division, 1962)、Malcolm W. Cagle 及 Frank A. Manson 的 *The Sea War in Korea* (Annapolis, MD: Naval Institute Press, 1957)，以及 Edward J. Marolda 編著的 *The U.S. Navy in the Korean War* (Annapolis, MD: Naval Institute Press, 2007)。對於韓戰期間作戰行動的概述，包括海軍及陸戰隊參與的，在 Allan Millett 的 *The War for Korea, 1950–1951: They Came from the North* (Lawrence: University of Kansas Press, 2010) 一書中有詳細論述。至於兩棲作戰行動的話，在 Robert D. Heinl 經典的 *Victory at High Tide: The Inchon-Seoul Campaign* (Philadelphia: J.B. Lippincott, 1968)，以及 Merrill L. Bartlett 的 *Assault from the Sea* (Annapolis, MD: Naval Institute Press, 1983) 當中都有談及。在 Richard P. Hallion 的 *The Naval Air War in Korea* (Baltimore, MD: Nautical & Aviation Publishing Co. of America, 1986) 一書中，有關於航艦及岸基飛行單位在戰爭中極其詳細的資料。海軍將領在戰爭中的角色，則可以參閱 C. Turner Joy 的經典作品 *How Communists Negotiate* (New York:

7th Flt PA

2009 年的某一次戰備操練中，「華盛頓號」航艦上的一座方陣近迫武器系統正在射擊。

7th Flt PA [Aug 2010]

「柯蒂斯魏柏號」飛彈驅逐艦面對波濤洶湧的海象航行時激起重重大浪，這對於第七艦隊作戰艦來說是家常便飯。

Macmillan, 1955)；還有 Clark Reynolds 所撰，有關於第七艦隊其中一任司令約瑟夫·克拉克中將的傳記，極為精彩的 *On the Warpath in the Pacific: Admiral Jocko Clark and the Fast Carriers* (Annapolis, MD: Naval Institute Press, 2005)。

第七艦隊在 1950 年代台海危機、法屬印度支那戰爭以及越戰早期階段當中所參與的部份，在 Radford 及 Stephen Jurika 的 *From Pearl Harbor to Vietnam: The Memoirs of Admiral Arthur W. Radford* (Stanford, CA: Hoover Institution Press, 1980)、Marolda 的 *The Approaching Storm: Conflict in Asia, 1945–1965* (Washington: Naval History & Heritage Command)、Bruce A. Elleman 的 *High Seas Buffer: The Taiwan Patrol Force, 1950–1979* (Newport, RI: Naval War College Press, 2012) 當中都有概括地討論到 [1]。而在 Hooper 的 *The Setting of the Stage to 1959*、以及 Marolda 與 Oscar P. Fitzgerald 合著 *From Military Assistance to Combat*，*The United States Navy and the Vietnam Conflict* (Washington: Naval Historical Center, 1986) 的第二卷，均有就上述範疇作更深入的論述。至於把 1958 年台海危機論述得最好的，首推 Joseph F. Bouchard 所著 *Command in Crisis: Four Case Studies* (New York: Columbia University Press, 1991) 一書當中的內容。第七艦隊與日本海上自衛隊的緊密關係，在 James E. Auer 的 *The Postwar Rearmament of Japanese Maritime Forces, 1945–1971* (New York: Praeger Publishers, 1973) 當中，被作者以極具洞見的學識論述一番。至於在 Paolo E. Colletta 的 *United States Navy and Marine Corps Bases, Overseas* (Westport, CT: Greenwood Press, 1985) 當中，有關橫須賀及佐世保基地的條目（尤其是 Roger Dingman 所撰寫）以及在菲律賓基地的條目，對於讀者來說都極有幫助。

有很多優秀的作品，都為第七艦隊在漫長的越戰當中扮演的角色，提供了綜論以及作戰行動細節方面的論述。Richard L. Shreadley 的 *From the Rivers to the Sea: The U.S. Navy in Vietnam* (Annapolis, MD: Naval Institute Press, 1992)，以及 Marolda 的 *By Sea, Air, and Land: An Illustrated History of the U.S. Navy and the War in Southeast Asia* (Washington: Naval Historical Center, 1994)，都概述了越戰期間在南北越、寮國

1　編註：中文版由八旗文化出版，取名《看不見的屏障：決定台灣命運的第七艦隊》，2017年出版。

及柬埔寨的主要海軍作戰行動。東京灣事件是越戰的關鍵一幕，而 Edwin E. Moise 的 *Tonkin Gulf and the Escalation of the Vietnam War* (Chapel Hill: University of North Carolina Press, 1996) 可說是有關這事件的權威之作。有關第 77 特遣艦隊在戰爭中的貢獻，可見於 John B. Nichols 與 Barrett Tillman 的 *On Yankee Station: The Naval Air War over Vietnam* (Annapolis, MD: Naval Institute Press, 1987)、詹姆士・L・霍洛韋三世中將的 *Aircraft Carriers at War: A Personal Retrospective of Korea, Vietnam, and the Soviet Confrontation* (Annapolis, MD: Naval Institute Press, 2007)、Peter Mersky 與諾曼・波馬的 *The Naval Air War in Vietnam, 1965–1975* (Annapolis, MD: Nautical and Aviation Publishing Co. of America, 1981)、Carol Reardon 的 *Launch the Intruders: A Naval Attack Squadron in the Vietnam War, 1972* (Lawrence: University of Kansas Press, 2005)、以及約翰・雪伍德的 *Afterburner: Naval Aviators and the Vietnam War* (New York: New York University Press, 2004)，*Nixon's Trident: Naval Air Power in Southeast Asia, 1968–1972* (Washington: Naval History & Heritage Command, 2009)。

涉及海軍兩棲作戰部隊的行動，都在 Joseph H. Alexander 的 *Sea Soldiers in the Cold War: Amphibious Warfare, 1945–1991* (Annapolis, MD: Naval Institute Press, 1995)，以及陸戰隊出版一共八冊的 *U.S. Marines in Vietnam* (Washington: History and Museums Division, HQ USMC, 1977–1997)。第七艦隊及海岸防衛隊的海岸巡邏部隊所扮演的角色，在 Alex Larzelere 的 *The Coast Guard at War: Vietnam 1965–1975* (Annapolis, MD: Naval Institute Press, 1997) 有精湛的論述。Jeffrey Grey 的 *Up Top: The Royal Australian Navy and Southeast Asian Conflicts, 1955–1972* (St. Leonards, Australia: Allen & Unwin, 1998) 討論了澳洲海軍及第七艦隊在越南海岸線進行岸轟任務時的互動。

美軍戰俘在越戰時期的苦難，在 Stuart Rochester 的 *The Battle Behind Bars: Navy and Marine Corps POWs in the Vietnam War* (Washington: Naval History Heritage Command, 2010) 以及（與 Frederick Kiley 合著的）*Honor Bound: American Prisoners of War in Southeast Asia, 1961–1973* (Annapolis, MD: Naval Institute Press, 2007) 都有作全面探討。而 John Guilmartin 的 *A Very Short War: The Mayaguez and the Battle of Koh Tang* (College Station: Texas A&M University Press, 1995)，可以說是想了解「馬亞圭

斯號」行動的讀者應該一讀的權威之作。

第七艦隊針對越戰時期來自蘇聯及北韓挑釁行動的反應，在 David F. Winkler 的 *Cold War at Sea: High-Seas Confrontation between the United States and the Soviet Union* (Annapolis, MD: Naval Institute Press, 2000)、Richard A. Mobley 的 *Flash Point North Korea: The Pueblo and EC-121 Crises* (Annapolis, MD: Naval Institute Press, 2003)、Mitchell B. Lerner 的 *The Pueblo Incident: A Spy Ship and the Failure of American Foreign Policy* (Lawrence: University of Kansas Press, 2002)，以及 Narushige Michishita 的 *North Korea's Military-Diplomatic Campaigns, 1966–2008* (London and New York: Routledge, 2010) 等著作當中，都得到諸位作者以優秀的手法梳理了。

第七艦隊與蘇聯太平洋艦隊之間的對抗、海洋戰略的發展，以及 600 艦海軍建軍方案，都在約翰．雷曼的 *Command of the Seas* (New York: Scribner's, 1988)、朱瓦特的 *On Watch: A Memoir* (New York: Quadrangle/NY Times Book Co., 1977)、John Hattendorf 的 *The Evolution of the U.S. Navy's Maritime Strategy, 1977–1986* (Newport, RI: Naval War College Press, 2004)、以及 Peter M. Swartz 的 *U.S. Navy Forward Deployment, 1801–2001* (Alexandria, VA : Center For Naval Analyses, 2001) 等書籍當中都有概括性的論述。

第七艦隊在「沙漠之盾」及「沙漠風暴」行動當中的主要角色，在 Marolda 及 Robert J. Schneller 的 *Shield and Sword: The United States Navy and the Persian Gulf War* (Annapolis, MD: Naval Institute Press, 2001)，以及 Marvin

7th Flt PA

2010 年 9 月，當格林維爾號核動力攻擊潛艦（*Greeneville*, SSN-772）正進入南韓海軍在鎮海的基地時，官兵正在甲板就進出港部署。

Pokrant 的兩卷著作 *Desert Shield at Sea: What the Navy Really Did* 與 *Desert Storm at Sea: What the Navy Really Did* (Westport, CT: Greenwood, 1999) 當中，有全面性的論述與梳理。

關於 1995 至 1996 年台海危機最好的一本著作，是 John Garver 的 *Face Off: China, the United States, and Taiwan's Democratization* (Seattle: University of Washington Press, 1997)，不過 Bernard D. Cole 的 *The Great Wall at Sea: China's Navy Enters the Twenty-First Century* (Annapolis, MD: Naval Institute Press, 2010) 也為中共海軍及第七艦隊從 1990 年代中期至今的諸多行動，提供了豐富的細節及分析。

沒有任何一本著作提及第七艦隊在二十一世紀第一個十年期間，針對挑釁性國家、恐怖份子及海盜進行反制行動的經歷。不過，在這些範疇處理得最好的文章，相信是 *Naval War College Review* 當中的綜合性論文，而在美國海軍學會出版的期刊 *Proceedings* 當中，有部分文章提及。即便如此，還是有不少書籍提供了珍貴的相關資料，包括 Bernard D. Cole 的 *Sea Lanes and Pipelines: Energy Security in Asia* (New York: Praeger Security International, 2008)、Martin N. Murphy 的 *Small Boats, Weak States, Dirty Money: Piracy & Maritime Terrorism in the Modern World* (London: Hearst and Co., 2010)、以及 Toshi Yoshihara 與 James R. Holmes 的 *Red Star over the Pacific: China's Rise and the Challenge to U.S. Maritime Strategy* (Annapolis, MD: Naval Institute Press, 2010)。Bruce A. Elleman 的 *Waves of Hope: The U.S. Navy's Response to the Tsunami in Northern Indonesia* (Newport, RI: Naval War College Press, 2007)，則為讀者提供了第七艦隊參與 2004 年那場天然災難的救災行動的豐富細節。

2010 年 9 月 10 日履新的第七艦隊司令斯科特・范・布斯克中將，他在演說中強調，美國海軍第七艦隊對有時變幻莫測的西太平洋地區的和平與穩定的重要性。

第七艦隊旗艦藍嶺號在相模灣外留下與駐地日本的聖山富士山合影。

US Navy

春暖花開的橫須賀港，這裡是前進部署的第七艦隊的母港。

US Navy

第七艦隊與日本海上自衛隊在演習中拍攝全編隊大合影。

藍嶺號搭載的 SH-60F 海鷹直升機，降落在橫須賀內直升機坪，
一旁東洋味十足的小鳥居是駐日美軍圖騰的特色。

US Navy

第七艦隊：民主與和平的守護者

Ready Seapower: A History of the U.S. Seventh Fleet

作者：愛德華・馬洛達 Edward J. Marolda

譯者：葉家銘

主編：區肇威（查理）

封面設計：倪旻鋒

內頁排版：宸遠彩藝工作室

出版：燎原出版／遠足文化事業股份有限公司

發行：遠足文化事業股份有限公司（讀書共和國出版集團）

地址：新北市新店區民權路 108-2 號 9 樓

電話：02-2218141 7

信箱：sparkspub@gmail.com

法律顧問：華洋法律事務所／蘇文生律師

印刷：博客斯彩藝有限公司

出版：二○二四年三月／初版一刷
二○二四年四月／初版三刷

電子書二○二四年三月／初版

定價：六二○元

ISBN 978-626-98028-3-8（平裝）
9786269802852（EPUB）
9786269802845（PDF）

讀者服務

第七艦隊：民主與和平的守護者 / 愛德華.馬洛達
(Edward J. Marolda) 著；葉家銘譯. -- 初版. -- 新北市：
遠足文化事業股份有限公司燎原出版：遠足文化事業
股份有限公司發行, 2024.02
336 面；17×23 公分
譯自：Ready seapower : a history of the U.S. Seventh Fleet
ISBN 978-626-98028-3-8(平裝)

1. 海軍　2. 海權　3. 歷史　4. 美國

597.952　　　　　　　　　　　113000823